普通高等教育"十二五"部委级规划教材(高职高专)

普通高等教育"十一五"国家级规划教材(高职高专)

染整技术(后整理分册)

田　丽　主　编

张瑞萍　副主编

U0216851

中国纺织出版社

内 容 提 要

本书系统地介绍了纺织品的一般整理、树脂（防皱）整理、功能整理的工艺原理、工艺条件、工艺分析及设备。为了适应纺织品整理技术的发展，还增加了丝织物整理、涂层整理、仿真整理、生物酶整理、成衣整理等相关内容。

本书可作为高等职业技术学院及高等专科学校染整技术专业的教材，也可供纺织染整企业的技术人员和技术工人学习参考。

图书在版编目（CIP）数据

染整技术. 后整理分册/田丽主编 . —北京：中国纺织出版社，2014.12（2022.12重印）

普通高等教育"十二五"部委级规划教材. 高职高专
普通高等教育"十一五"国家级规划教材. 高职高专
ISBN 978 - 7 - 5180 - 0927 - 5

Ⅰ. ①染… Ⅱ. ①田… Ⅲ. ①染整—高等职业教育—教材②纺织品—后处理—高等职业教育—教材 Ⅳ. ①TS19

中国版本图书馆 CIP 数据核字（2014）第 231894 号

策划编辑：秦丹红 责任编辑：范雨昕 责任校对：余静雯
责任设计：何 建 责任印制：何 建

中国纺织出版社出版发行
地址：北京市朝阳区百子湾东里 A407 号楼 邮政编码：100124
销售电话：010—67004422 传真：010—87155801
http：//www. c-textilep. com
中国纺织出版社天猫旗舰店
官方微博 http：//weibo. com/2119887771
北京虎彩文化传播有限公司印刷 各地新华书店经销
2014 年 12 月第 1 版 2022 年 12 月第 6 次印刷
开本：787×1092 1/16 印张：16.25
字数：330 千字 定价：38.00 元

出版者的话

《国家中长期教育改革和发展规划纲要》（简称《纲要》）中提出"要大力发展职业教育"。职业教育要"把提高质量作为重点。以服务为宗旨，以就业为导向，推进教育教学改革。实行工学结合、校企合作、顶岗实习的人才培养模式"。为全面贯彻落实《纲要》，中国纺织服装教育学会协同中国纺织出版社，认真组织制订"十二五"部委级教材规划，组织专家对各院校上报的"十二五"规划教材选题进行认真评选，力求使教材出版与教学改革和课程建设发展相适应，并对项目式教学模式的配套教材进行了探索，充分体现职业技能培养的特点。在教材的编写上重视实践和实训环节内容，使教材内容具有以下三个特点：

（1）围绕一个核心——育人目标。根据教育规律和课程设置特点，从培养学生学习兴趣和提高职业技能入手，教材内容围绕生产实际和教学需要展开，形式上力求突出重点，强调实践。附有课程设置指导，并于章首介绍本章知识点、重点、难点及专业技能，章后附形式多样的思考题等，提高教材的可读性，增加学生学习兴趣和自学能力。

（2）突出一个环节——实践环节。教材出版突出高职教育和应用性学科的特点，注重理论与生产实践的结合，有针对性地设置教材内容，增加实践、实验内容，并通过多媒体等形式，直观反映生产实践的最新成果。

（3）实现一个立体——开发立体化教材体系。充分利用现代教育技术手段，构建数字教育资源平台，开发教学课件、音像制品、素材库、试题库等多种立体化的配套教材，以直观的形式和丰富的表达充分展现教学内容。

教材出版是教育发展中的重要组成部分，为出版高质量的教材，出版社严格甄选作者，组织专家评审，并对出版全过程进行跟踪，及时了解教材编写进度、编写质量，力求做到作者权威、编辑专业、审读严格、精品出版。我们愿与院校一起，共同探讨、完善教材出版，不断推出精品教材，以适应我国职业教育的发展要求。

中国纺织出版社
教材出版中心

前言

　　《染整技术》是高职高专染整技术专业核心课程的配套教材，是根据国家教育部统一教学大纲，由全国纺织服装职业教育教学指导委员会组织专家、资深教师编写的。该套教材按纺织品加工内容共分为四个分册：第一分册为前处理分册、第二分册为染色分册、第三分册为印花分册、第四分册为后整理分册。

　　本教材为《染整技术》后整理分册，按照工学结合的教学模式，以印染后整理理论知识和企业岗位技能构建课程内容，尽可能贴合印染企业的生产实际，采用生产任务引领的教学方法。

　　本教材由安徽职业技术学院田丽老师、南通大学张瑞萍老师、辽东学院林杰老师、丹东祺光染织有限责任公司徐敏工程师（副总经理）、武汉职业技术学院何方容老师、浙江工业职业技术学院张奇鹏老师编写。全书共包括 11 个学习情境，其中，学习情境 1 和学习情境 5 由林杰老师编写，学习情境 2 中的任务 2－1、任务 2－2 和任务 2－3 由徐敏工程师编写，学习情境 2 中的任务 2－4、学习情境 3、学习情境 10 由田丽老师编写，学习情境 4、学习情境 8 由张奇鹏老师编写，学习情境 6、学习情境 7、学习情境 11 由何方容老师编写，学习情境 9 由张瑞萍老师编写。全书由田丽任主编，张瑞萍任副主编；全书由田丽统稿。

　　本教材承蒙安徽淮北维科印染有限公司杨晓丽高级工程师（教授级）在百忙之中认真审阅，并组织相关专业院校和企业的多位专家研讨，对本教材提出了许多宝贵意见，在此表示感谢。

　　由于时间紧，编者水平有限，经验不足，书中难免有疏漏之处，敬请各位读者指正。

编　者

2014 年 2 月

👉 课程设置指导

课程名称 整理技术

适用专业 染整技术

总 学 时 52

理论教学学时 40

实践教学学时 12

课程性质：本课程为染整技术高职高专染整（轻化）工程专业的专业主干课，为必修课。

课程目的：

1. 掌握纺织品整理的目的、方法及基本概念。

2. 掌握对棉、羊毛、丝绸、涤纶等各种纤维整理基本原理、主要的工艺流程、工艺条件和参数因素的分析，学习相关的设备的使用和维修。

3. 了解纺织品整理的发展方向，为将来的生产实践打下良好的理论基础，以适应现代化纺织染整工业对高层次专业人才的需要。

课程教学的基本要求：

教学环节包括课堂教学、现场教学、作业、课堂练习、阶段测验和考试。通过各教学环节重点培养学生分析和解决染整工程实际问题的能力。

1. **理论教学**：在讲授基本概念的基础上，采用启发、引导的方式进行教学，举例说明整理理论在生产实际中的应用，并及时补充最新的发展动态。

2. **实践教学**：本课程的实践教学为现场教学，安排学生做实验、实训，让学生自己动手操作；或者到印染厂生产一线，通过现场讲解工艺实现的整个过程，提高学生理论联系实际的能力。

3. **课外作业**：每个学习情境给出若干思考题，尽量系统反映该学习情境的知识点；老师可布置适量书面作业，也可以布置一些产品整理工艺设计大作业，这样更能提高学生理论联系实际的能力。

4. **考核**：采用课堂练习、阶段测验、实践考核、课程设计等多种考核形式。考核形式根据情况可以采用闭卷笔试方式，题型一般包括填空题、名词解释、判断题、分析论述题等。也可进行纺织品整理的产品设计，考核形式以开卷或者实践两种形式。

教学学时分配表

学习情境	讲 授 内 容	理论教学学时	实践教学学时	学时分配（合计）
学习情境 1	纺织品整理概述	1		1
学习情境 2	一般性整理	6	1	7
学习情境 3	防皱整理（树脂整理）	10	2	12
学习情境 4	功能性整理	6	2	8
学习情境 5	涂层整理	3	1	4
学习情境 6	生物酶整理	2		2
学习情境 7	合成纤维仿真整理	2	2	4
学习情境 8	丝织物整理	2	2	4
学习情境 9	毛织物整理	4	2	6
学习情境 10	针织物整理	2		2
学习情境 11	成衣整理	2		2
总　　计				52

目录

学习情境1　纺织品整理概述

学习任务描述：

织物的后整理是改善织物外观、手感和增加服用性能的工艺过程。通过学习，了解织物整理的内容、方法和分类，对织物整理的发展有初步的认识。

学习目标：

1.能初步了解纺织品整理的概念；

2.能了解纺织品整理的内容、方法和分类；

3.了解纺织品整理的发展历程。

一、纺织品整理的概念

纺织品整理是指通过物理、化学或物理和化学联合的方法，采用一定的机械设备，从而改善纺织品的外观和内在品质，提高其服用性能或赋予某种特殊功能的加工过程。纺织品整理从广义来理解，是指从纺织品离开织布机或针织机以后所经过的全部加工内容。但在实际生产中一般认为，纺织品的整理就是指机织物或针织物在染整加工中完成前处理、染色及印花后的加工过程。

二、纺织品整理的内容

纺织品整理的内容十分丰富，其目的概括起来就是使纺织品"完美化"或"功能化"，大致可归纳如下：

1.**使纺织品规格化**　包括使织物幅宽宽度整齐划一，尺寸和形态稳定。如拉幅整理、机械预缩整理、化学防皱整理和热定形整理等。

2.**改善纺织品的手感**　赋予纺织品柔软而丰满风格或者硬挺的手感。如柔软整理、硬挺整理。

3.**改变纺织品的外观**　改善纺织品表面光泽或赋予一定的花纹效应，改变织物外观。如轧光、电光、轧花、起毛、磨绒等。

4.**赋予纺织品某种特殊功能**　使织物具有某种特殊性能，如拒水拒油、阻燃、防辐射等防护性，易去污及亲水、抗静电、保暖等舒适性，抗菌、防臭、防霉、抗昆虫等抗生物功能。

三、纺织品整理的方法和分类

纺织品整理的范围十分广泛，方法比较多，因此，分类方法也比较复杂。

1.**按织物整理加工的工艺性质分类**　这种分类方法是以织物整理工艺对织物中纤维的作

用及加工工艺类型来区分的。具体可分为机械物理性整理、化学整理及物理—化学整理三种。

（1）机械物理性整理：纺织品的机械物理性整理又称为一般性整理。是利用水分、热能、压力及其机械作用来改善和提高织物品质的加工方式。这种整理方法的工艺特点是，组成织物的纤维在整理过程中不与任何化学药剂发生作用。因此，整理效果一般是暂时性的。如拉幅、轧光、起毛、机械预缩整理等。

（2）化学整理：化学整理是通过树脂或其他化学整理剂与织物纤维发生化学反应，以达到提高和改善织物品质的加工方式。这种整理方法的工艺特点是：化学整理剂与纤维在整理过程中形成化学的和物理—化学的结合，使纺织品不仅具有物理性能变化，而且还有化学性能的改变。化学整理一般整理效果耐久，并具有多功能效应，例如棉及其混纺织物的防皱整理、拒水拒油整理、阻燃整理、抗菌防霉整理等。

（3）物理—化学整理：随着整理加工技术的发展，人们往往把化学整理与机械物理性整理合并完成，提高了机械整理的耐久性。该方法的工艺特点是：纺织品在整理加工中，既受到机械物理作用，又受到化学作用，是两种作用的综合。例如，织物耐久性轧纹整理就是把树脂整理和轧纹整理结合在一起，仿麂皮整理就是把树脂整理与磨毛整理相结合，此外还有真丝织物的砂洗、水洗等。

2. 按纺织品整理目的分类　这种分类方法是以通过整理，改善纺织品的性能或赋予其某种特殊功能来区分的。

（1）常规整理：又称为一般整理，通常把使织物幅宽整齐划一、尺寸和形态稳定的定形和预缩整理、外观整理、手感等整理划分为常规整理。

（2）功能整理：又称特种整理，是赋予织物某种特殊性能的整理加工方式。主要包括防护性功能整理、舒适性功能整理、抗生物功能整理等。此外，还有一些新型的功能性整理，这些整理除了使纺织品具有单一的功能外，还可将几种功能叠加在一种纺织品上，使其成为具有多功能的纺织品。

此外，还有以纺织品保持整理效果的程度来分类的。具体可分为暂时性整理、半耐久性整理和耐久性整理三种。但是不管哪一种分类方法都不可能划分得十分清楚。

四、纺织品整理的发展历程

早期的纺织品整理，大多采用机械物理方法进行，或施加以简单的化学整理剂，在整个印染加工中往往处于辅助的从属地位。随着高新技术的不断发展，特别是精细化工产品的开发、新纤维和新材料的不断出现，加之使用对象也在发生变化，使得纺织品从单一的服用纺织品向装饰用纺织品、产业用纺织品等领域扩展。这些都对纺织品的整理提出了更高的要求，产品性能已从单一功能发展为复合的多功能效应，包括一些特殊功能。整理效果也从暂时性发展为具有半耐久性和耐久性。纺织品的整理已摆脱过去在印染加工中的从属地位，并在改善织物品质，提高产品附加价值，增强市场竞争能力中发挥主导作用。

学习引导

思考题

1. 什么是纺织品整理?

2. 纺织品整理的目的是什么?

3. 什么是功能整理? 哪些整理是功能整理?

学习情境2 一般性整理

学习任务描述：

织物的一般性整理,包括稳定织物形态的定形整理(如拉幅、预缩、热定形等),增进织物外观的整理(如轧光、电光、轧纹、起毛、磨毛等),改善织物手感的整理(如柔软、硬挺等)。要实现一般性整理的目的,生产技术部门要根据整理的目的和要求来设计工艺,包括:工艺流程、设备选择、工艺条件制订、工艺实施等。

学习目标：

1.掌握拉幅整理工艺、机械预缩整理工艺;

2.熟悉柔软整理、硬挺整理方法,掌握柔软整理、硬挺整理的工艺并实施;

3.熟悉绒面整理的方法,能设计起毛整理、磨毛整理的工艺并实施;

4.能根据面料特点设计一般性整理工艺。

学习任务2-1 定形整理

纤维在纺纱、织造及织物在前处理、染色及印花加工过程中,经常要承受各种外力的作用,使织物的幅宽收缩变窄、长度增加、尺寸不稳定、手感粗糙、外观欠佳。为了使织物恢复原有的特性,并在某种程度上使织物品质获得改善和提高,一般要经过定形整理。定形整理是使纤维制品经过一系列处理后,获得某种形式的稳定(包括状态、尺寸或结构等)的加工过程。即消除织物中积存着的应力和应变,使织物内的纤维能处于较适当的自然排列状态,从而减少织物的变形因素。纺织品的定形整理一般采用以下三种基本方法:

第一种方法,通过拉幅、热定形、预缩整理等机械作用调整织物的结构,如幅宽、织物的缩水率等。

第二种方法,用浓烧碱、液氨等强力膨化剂处理,消除织物中纤维的内在应变,如丝光。

第三种方法,用树脂整理剂通过交联、成膜的方法固定纤维的结构,例如树脂整理。

从理论上讲,采用上述任何一种方法都可以提高织物的稳定性、改善织物的缩水变形现象,但事实上,往往要联合采用两种,甚至三种方法才能达到定形整理的目的。本学习任务主要讨论第一种定形方法中的拉幅整理和预缩整理,树脂整理在学习情境3中介绍。

一、拉幅整理

拉幅整理的主要作用是提高织物幅宽的整齐度,调整纱线在织物中的状态,纠正纬斜,提高产品的尺寸稳定性。拉幅整理是利用纤维在湿热状态下具有一定的可塑性能,将织物幅宽(主要指纬向)缓缓拉宽至规定的尺寸,以符合印染成品的规格要求。此外,含有合成纤维的织物还需经高温定形。常用的拉幅设备有布铗拉幅机、热风拉幅机、针板拉幅机、针板布铗拉幅机及短环松式预烘拉幅机。一般由给湿、拉幅和烘干等部分组成,有时还附有整纬等辅助装置,针板拉幅机还带有超喂装置。

拉幅整理是利用纤维在湿热状态下具有一定的可塑性能,织物在进行定幅整理前,应先给予织物以适量的含湿率,这样有利于织物接受机械或物理作用。给湿主要用于干布拉幅整理,给湿程度因工艺要求而不同,一般要求含湿率15%～20%,给湿要求均匀、透彻。最理想的给湿方法是织物在给湿后打卷,放置2h以上保湿,使水分能均匀地渗透到纤维中。但此法属于间歇式生产,故很少采用。实际生产中常采用其他给湿方法有毛刷辊筒泼水给湿、蒸汽给湿等;还有浸轧给湿,即将织物浸轧水分,烘至半干,然后进行拉幅。

拉幅是通过拉幅机完成的,拉幅机具有许多布铗或针板链环组成左右两条长链,它们长度一般为15～34m,织物在布铗或针板的握持下,通过蒸汽热辐射管的上方,或在烘房中受到上下对吹的高温热风,而均匀烘燥,在逐渐拉幅和烘燥过程中被烘干,达到规定的幅宽后冷却。

常用拉幅机有布铗拉幅机和针板拉幅机。其中布铗拉幅机由于烘干形式的不同,又可分为普通拉幅机和热风拉幅机两种。热风拉幅机烘干效率比较高,可用于轧水、上浆、增白、柔软整理、树脂整理及拉幅烘干等工艺。针板拉幅机能给予织物一定超喂量,又利于布边均匀干燥,故树脂整理的烘干大多采用这种形式,但由于拉幅烘干后,布边留有小孔,对某些有特殊要求的织物不适用。

1.布铗拉幅机 布铗拉幅机可分为普通布铗拉幅机和热风布铗拉幅机两种。

普通布铗拉幅机如图2-1所示。这种拉幅机对织物进行拉幅整理时,织物由导布辊喂入机内先经蒸汽喷雾给湿,然后拉幅。由于烘干采用的是蒸汽热辐射管,烘干效率较低,仅适合于一些轻薄织物的拉幅。

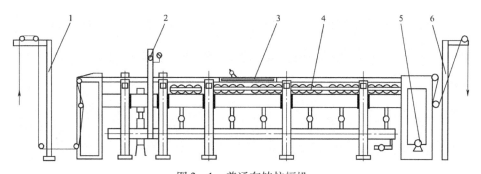

图2-1 普通布铗拉幅机
1—进布机架 2—蒸汽管 3—拉幅布铗 4—蒸汽热辐射管 5—电动机 6—出布装置

热风布铗拉幅机是常用的一种拉幅设备,如图2-2所示。

(1)进布装置:经烘筒初步干燥的织物,进入拉幅前首先进入进布架。进布架装有扩幅自动对中装置,根据不同织物组织规格设置有多种剥边装置。进布架处采用桥架控制台,热风布铗拉幅机一般还配有可以方便控制出布状况的显示屏幕。

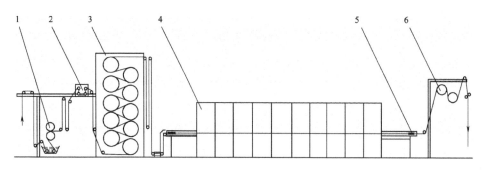

图2-2 热风布铗拉幅机

1—两辊浸轧机 2—四辊整纬装置 3—辊筒烘干机 4—热风烘箱 5—布铗 6—冷却辊

（2）拉幅部分：织物进入拉幅机即由左右两串布铗啮住布边，随布铗链的运行进入烘房，织物的幅宽因布铗链间的距离逐渐增大而增加；稍后布铗链间保持一定的距离，使织物保持所需幅度，最后距离又逐渐减小，以利布边脱离布铗。布铗链道有许多节组成，可全自动调幅，也可分段手动调幅。调幅如图2-3所示。

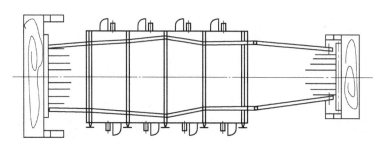

图2-3 调幅示意图

（3）烘干部分：主要以热风式烘房为主。热风式烘房是用强力鼓风机将空气送至加热器加热，再经热风管喷口喷射至织物的上下面，喷风口可随织物的幅宽任意调整宽度，烘房温度可达到200℃以上，以满足涤棉混纺织物热定形的要求，同时还发挥了拉幅、热定形、热熔等一机多用的特点。

（4）整纬装置：由于湿加工时，织物中部与两边所受的张力不一致，往往会产生纬斜，如不加以纠正，就会影响成品质量，特别会影响花布、色织布的图形和格形。故在拉幅整理时一般需进行整纬。整纬装置有差动式齿轮和导辊式两种。随着加工织物的质量标准和加工速度不断提高，整纬装置已趋向自动化。

织物经整纬以后，按照棉印染布国家标准（一等品），纬斜❶应小于4%，条格花型应小于3.5%（涤/棉织物均应小于3%）。整纬时织物含湿率最好控制在50%以上，干燥织物不易整纬，所以整纬装置应装于拉幅机前，在织物润湿状态下进行矫正纬纱，最后在拉幅机内拉幅，烘干，将纱的正确形态固定下来。

---

❶ 织物的布料组织以及针织物的布纤维会成为纬斜状态，或者布料组织发生蛇行扭曲状，这种现象称为纬斜。

（5）其他辅助装置：拉幅机中的其他辅助装置包括剥边器，当使用布铗时，采用二指剥边器，当使用针板时，采用三指剥边器；探边器有机械式和光电式两种。此外还有自动导布装置以及织物含湿控制器等。这些装置的合理使用，有助于拉幅机正常运行，提高工作效率，控制产品质量和减少疵病。

2. 针板热风拉幅机 针板热风拉幅机的机械结构基本上与热风布铗拉幅机相同，它和热风布铗拉幅机的其最大区别在于针板代替布铗。针板热风拉幅机特点是可以超速喂布，这样在拉幅过程中可以减少经纱张力，有利于拉幅，同时又使织物经向有一定的回缩，适用于合成纤维织物的热定形和树脂整理等，近年来采用较多。超喂装置如图2-4所示。

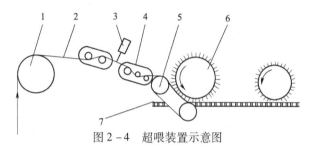

图2-4 超喂装置示意图

1—超喂辊　2—织物　3—探边器　4—被动橡胶辊　5—主动橡胶辊　6—毛刷　7—针板

超喂装置用同步电动机或机械方法控制，可在任何速度下保持固定的超喂率。一般超喂范围为0～20%，但对机织物而言，超喂率常控制在3%～8%，具体视织物结构而异。

3. 多层式热风拉幅机 随着合成纤维及其混纺织物的发展，在印染加工过程中织物都需经过定形、焙烘、拉幅等工序。为了节约能源与减少占地面积，多层式热风拉幅机就应运而生。其设备除层数较多外，其余与针板拉幅机基本相同，因此属于针板拉幅机的一种。一般将机内织物分成6层，往复运转，机内加热区用隔热板分成两区，上面为热风烘干区，可容布四层；下面为热定形区，可容布两层。多层式热风拉幅机一般由多段联合组成，段数多少，视要求而定。如图2-5所示。

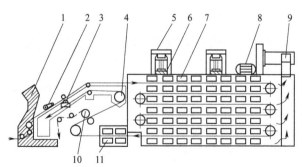

图2-5 多层式热风拉幅机

1—控制系统显示装置　2—毛刷辊超喂装置　3—布边上胶装置　4—平行拉幅架　5—空气循环风机
6—风机快停装置　7—加热装置　8—电动机　9—排气控制装置　10—布边切割装置　11—喷嘴冷却装置

二、机械预缩整理

织物经过织造和染整加工之后，尺寸和形状易处于不稳定状态，如果在松弛状态下且处于湿热环境中，就会收缩变形，这种现象称为收缩性。这种收缩性分为缩水性和热收缩性。不论何种收缩均会降低织物的尺寸稳定性，影响服装的外观和舒适性，给消费者带来不必要的损失。

织物在松弛状态下被水润湿，而发生的尺寸收缩，叫缩水性。通常把织物按规定的洗涤方法洗涤，洗涤前后经向或纬向的长度差占洗涤前经向或纬向长度的百分率，称为该织物的经向或纬向缩水率。

$$缩水率 = \frac{L_0 - L_1}{L_0} \times 100\%$$

式中：L_1——洗涤后织物经向（或纬向）长度；

L_0——洗涤前织物经向（或纬向）长度。

不同纤维制成的织物，它们的收缩情况不完全相同。纤维素纤维经过染整加工后，会出现缩水现象；毛织物除了有上述所说的缩水现象之外，在湿、热和机械作用条件下，还会产生毡缩现象，严重影响织物的尺寸稳定性；纤维素纤维和合成纤维混纺的织物，经过热定形后，其缩水问题与纤维素纤维相比较，已经变得不突出了。

为了解决织物缩水的问题，目前的防缩整理主要有两种方法：机械防缩方法和化学防缩法（即树脂整理）。本学习任务主要讨论纤维素纤维织物的缩水的机理和机械防缩整理的方法。

1. 织物缩水机理　纤维、纱线或织物在纺、织、染整加工过程中经常受到拉伸，特别是在潮湿条件下，更易发生伸长，如果将这种拉伸状态的织物进行干燥，则会使这种伸长状态暂时固定下来，形成"干燥定形"的形变，使纤维、纱线和织物内部积存应力。当这种织物再次被润湿时，由于水分的进入导致纤维膨化，使分子间力减弱，内应力松弛，纤维和纱线的长度缩短，从而导致织物的缩水。然而具有正常捻度的棉纱的缩水率一般很少超过2%，而棉布的缩水率有时却可达到10%。显然纤维和纱线的内应力松弛，并不是织物缩水的最主要原因，其中必然另有原因。

经过人们长期的实践和研究发现，织物的缩水的主要原因是润湿后纤维的各向溶胀异性，引起织缩增大。织缩是指织物中纱线长度与织物长度之差与织物长度的百分比。织物是由经纬纱起伏交织而成。纱线在织物中处于弯曲状态，因此，织物中的纱线长度总是大于织物长度，故形成织缩。织物中的纱线弯曲程度越大，织缩就越大。

织物经过润湿时，纤维发生各向异性的溶胀，即直径的溶胀程度远大于长度方向的溶胀。如棉纤维溶胀后直径约增加20%，而长度仅增加1%左右。当织物润湿时，因直径方向增大很多，势必引起织物中纱线环绕状态发生变化。如图2-6所示。

图2-6(a)是未缩水前织物的纬向截面。润湿后，纤维溶胀，由于纱线直径增大很多，如果纬纱要维持原来的间距和环绕状态，那么经纱就一定要增加长度。如图2-6(b)所示，斜线部分表示经纱长度的增加部分。但是，经纱在纺、织、染整加工过程中已经受到张力的反复作用，内部积存了应力，润湿后本来就有缩短的倾向，因此，实际上经纱润湿后不可能自行伸长。并且织物中的纱线相互挤压，经纱也没有机会通过退捻来增加长度。为了保持原来的环绕状态，唯一的方法是缩小纬纱间的距离，增加密度，结果导致经纱的织缩增加，见图2-6(c)。织物干燥

后,纤维的溶胀虽然消失,但由于纱线之间的摩擦阻力,织物仍将保持收缩状态,织物的面积减小,厚度增加。织物的纬向的变化也是如此。

此外,织物缩水还和纤维的性质、织物的结构、加工时的张力等因素有关。

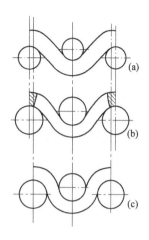

图2-6 纱线润湿溶胀对
织物收缩的影响

(1)纤维吸湿性对织物缩水的影响:纤维的吸湿性越大,其织物的缩水率越大。如黏胶纤维,因其分子链短,结晶度低,所以湿模量低,湿态变形大,如果在保持变形的状态下干燥,纤维中就存在较大的"干燥变形",当纤维再度润湿时,由于内应力松弛必然会产生较大的收缩,缩水率可达10%。毛织物除上面谈到的内应力松弛、纤维各向溶胀异向性这些因素外,羊毛的缩绒性也是影响缩水率的重要原因。

(2)织物结构对缩水的影响:同一种纤维制成的不同结构织物的缩水率不同,其中以织物的经密和纬密影响最大。经纱密度比纬纱密度大的织物(如卡其、华达呢、府绸等),由于纬纱之间空隙大,吸湿溶胀后纬纱直径增大,使经纱弯曲程度增大,所以经向缩水率比纬向缩水率大;同样道理,纬纱密度比经纱密度大的织物(如麻纱类),纬向的缩水率比经向缩水率大;经纱密度与纬纱密度接近时(如平纹),经向和纬向缩水率接近。此外,结构疏松的织物缩水率较大(如女线呢类)。

综上所述,应根据织物缩水的主要原因来采取防缩方法。棉织物一般需先进行机械预缩,如果有必要的话,还需要进行树脂整理;黏胶纤维织物需进行松式加工和树脂整理;羊毛织物可进行氯化及树脂整理等。

2.机械预缩的目的和原理 机械预缩主要解决经向缩水的问题,就是利用物理机械的方法给经纱回缩的机会,即增大经向织缩和纬密,消除原来潜在的收缩,让经向收缩预先产生在成品之前,达到产品规定的缩水率,减少织物服用过程中的收缩,提高尺寸的稳定性。

机械预缩是利用可压缩的弹性物体,如橡胶毯、呢毯等作为预缩工作材料,由于这种物质具有很好的伸缩特性,当织物被紧紧压在弹性材料的表面上时,随着弹性材料的伸缩,织物也随之伸缩,从而达到预缩的目的。

具有一定厚度的弹性物质在正常的情况下,$AB = CD = EF$,如图2-7中(a)所示。当受力弯曲时,其外侧表面受拉伸而伸长,内侧必然受压而缩短,使$A'B' < C'D' < E'F'$,如图2-7中(b)所示。当弹性物质的受力状态发生改变时,被拉伸表面和被压缩表面也随之转变,如图2-7中(c)所示,$A''B'' > C''D'' > E''F''$。

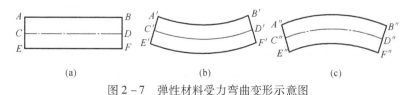

图2-7 弹性材料受力弯曲变形示意图

如果在湿热条件下，将织物紧紧压贴在弹性物质的表面上，并且保证两者无相对运动（如滑动、起皱），则运行时织物会随着弹性物质伸缩状态的变化，来实现织物的拉伸与收缩。若织物紧压在弹性物质拉伸部分，而且随着弹性物质从外弧转入内弧的运动，即从拉伸部分转入收缩部分，织物必然会随着弹性物质的压缩而收缩，使织物的纱线（尤其是经纱）有了回缩的机会，恢复了纱线的平衡交织状态，从而达到减少缩水率的目的。

织物的机械预缩整理多在压缩式预缩机上进行。以三辊橡胶毯机械预缩机为例，其预缩装置如图2-8所示，这一压缩装置是预缩整理机的核心部分，它由给布辊（加压辊）、加热承压辊、出布辊、橡胶毯张力调节辊、橡胶毯等组成。

（1）给布辊：即外径为100~200mm的无缝钢管辊，它是压缩装置的重要部件，用来给橡胶毯施加压力，调节橡胶毯压缩的厚度并拖动橡胶毯运转。因为橡胶毯的变形是通过加压使之曲率发生变化而达到的，给布辊的压力大小对织物的收缩率有重要影响，加压压力越大，预缩效果越好。

（2）加热承压辊：承压辊是中空的，其作用是承压，赋予织物一定的压力和热量。它是由薄钢板卷制而成，表面为钢、铜或镀铬的光洁表面，直径为300~600mm，辊内可通蒸汽加热。

（3）出布辊：国内老式预缩机一般以出布辊作为主动辊，而国外预缩机以承压辊作为主动辊，两种方式各有利弊，在此不做详述。

（4）橡胶毯张力调节辊：用来调节橡胶毯的张力，其结构与进布辊基本相同。

（5）橡胶毯：环状无接缝的橡胶毯是预缩装置的关键配件，橡胶的性能在很大程度上影响着织物的收缩。要求橡胶毯耐高温，即在高温条件下不易老化、不发黏，耐腐蚀、耐磨损、弹性好。橡胶毯的厚度一般为25~70mm，肖氏硬度为40~60。另外，为了防止橡胶毯老化后引起龟裂，橡胶毯的边缘一般磨成圆角。

通常织物进入预缩装置前，先经给湿装置给湿，使织物具有可塑性，易于接受机械作用。橡胶毯的拉伸、压缩原理如图2-9所示。

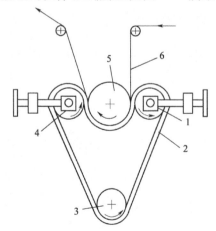

图2-8 三辊橡胶毯预缩机预缩部分示意图

1—给布辊 2—橡胶毯 3—橡胶毯张力调节辊

4—出布辊 5—加热承压辊 6—织物

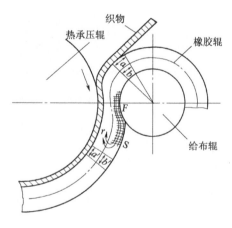

图2-9 橡胶毯拉伸、压缩原理示意图

织物预缩时,织物紧贴于橡胶毯进入预缩机,当橡胶毯包覆于给布辊上时,其外侧面伸长,内侧面压缩,当橡胶毯运行到包覆于加热的承压辊上时,原来伸长的外侧面 a 段转变为受压缩的内侧面 a' 段,而橡胶毯中部在整个运行过程中长度保持不变,$b = b'$,形成了在给布辊处 $a > b$,在承压辊处 $a' < b'$,因此有 $a > a'$。同时橡胶毯进入承压辊轧点时,受到进布加压辊剧烈的压缩作用而变薄伸长,在出轧点时借助其自身的弹性又逐渐恢复到原来的厚度,产生了指向承压辊方向的反作用力即挤压力,大大增强了对织物的压缩作用。

(6)橡胶毯冷却装置:此装置用于橡胶毯的冷却。喷水装置可以将水均匀喷洒在橡胶毯的表面及两侧,达到降温的目的,然后利用轧水辊轧去水分,再继续进行预缩整理。

3.机械预缩设备　机械预缩的设备类型很多,应用最普遍的是橡胶毯预缩机和呢毯式机械预缩机。一般主要采用橡胶毯式预缩机。同时还开发了新型防缩整理联合机。

(1)三辊橡胶毯预缩机:该机主要由进布装置、喷雾给湿箱、三辊橡胶毯预缩装置、落布装置、传动装置等组成,如图 2 – 10 所示。

该机设备结构简单,无补充烘干设备,生产方便,造价低。但织物经这种设备预缩整理后,回缩稳定性差。

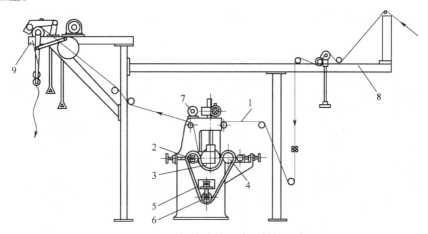

图 2 – 10　三辊橡胶毯预缩机结构示意图

1—织物　2—出布辊　3—热承压辊　4—给布辊　5—环状弹性橡胶毯
6—橡胶毯张力调节辊　7—承压辊升降电动机　8—进布装置　9—出布装置

(2)呢毯式机械预缩机:该机主要由进布装置、蒸汽给湿装置、小型布铗拉幅装置、电热靴、呢毯及大烘筒等构成,并配有两组呢毯电热预缩装置,可根据工艺需要对织物进行一次或连续两次预缩整理,如图 2 – 11 和图 2 – 12 所示。

呢毯式机械预缩机的预缩部分由给布辊、电热靴、呢毯和大烘筒组成,其中呢毯厚度、给布辊直径、电热靴内径对织物预缩效果有直接影响。给布辊直径一定时,呢毯越厚,织物的压缩率越大;另外,电热靴的内径过小时,易造成呢毯损坏。该机的预缩效率较高,处理后织物的缩水率在1%左右。但该设备复杂,操作要求高,对于不同织物及不同的缩水率要求,需要更换不同直径的给布辊和不同内径的电热靴及不同厚度的呢毯。

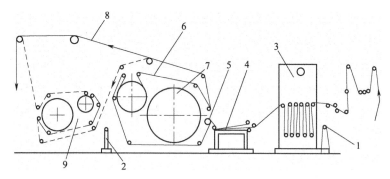

图2-11　呢毯式机械预缩机结构示意图

1,2—给湿装置　3—汽蒸室　4—小型布铗拉幅装置　5—电热靴
6—呢毯　7—大烘筒　8—织物　9—二次预缩装置

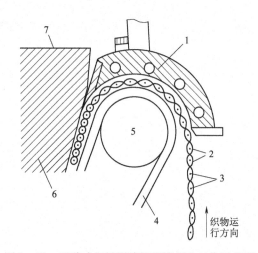

图2-12　呢毯式机械预缩机预缩部分工作示意图

1—电热靴　2—经纱　3—纬纱　4—呢毯
5—给布辊　6—缩布区　7—烘筒

（3）新型防缩整理联合机：该机主要由给湿装置、短布铗拉幅装置、橡胶毯预缩装置、呢毯烘燥装置等组成。它是在简易的三辊橡胶毯预缩机的基础上，强化了给湿装置，增设了短布铗拉幅和呢毯烘燥等关键工序，提高了织物的预缩率，确保了各类织物的缩水稳定性，减少了极光的产生，并可改善织物的手感。通常情况下，织物的预缩率可达16%，缩水率能稳定在2%以内。新型防缩整理联合机结构示意图如图2-13所示。

4. 机械预缩机的工作过程　以新型防缩整理联合机为例，其主要组成部分及工作过程如下。

（1）给湿装置：在织物进入预缩装置之前，通常先经过给湿装置给湿，一般给湿量控制在10%～20%范围内，使纤维或纱线充分润湿，以获得可塑性。通常的给湿方式有以下几种，可根据需要选择。

①直接喷湿式：它是将压缩空气经喷气管喷出，将流经水槽中的水流吹成水雾喷到织物的表面，使织物获得均匀、较大的给湿量。

还有一种比较新颖的低给湿量形式。水槽中的水落到高速旋转的圆盘上，由于圆盘的离心作用，将水转变成雾状直接甩向织物。这种方式给湿量较低，适合真丝类织物。这种低给湿量装置，常采用瑞士威可喷盘式均匀低给液系统。

②蒸汽、喷雾混合式：此装置由喷雾器与汽蒸箱构成。织物在喷雾给湿后，经过汽蒸箱，箱内蒸汽管喷出的蒸汽直接喷向织物，使织物被充分润湿、膨胀。采用这种给湿形式，可提高对织物的给湿量。该方式适合于厚实、紧密、吸湿性差的织物。

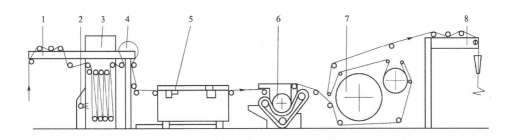

图 2 – 13　新型防缩整理联合机示意图

1—进布装置　2—给湿装置　3—汽蒸装置　4—烘筒
5—短布铗拉幅装置　6—橡胶毯预缩装置　7—呢毯烘燥装置　8—出布装置

③金属网转鼓给湿式:这是一种新颖的给湿方式,可取代给湿、汽蒸和预烘烘筒。不锈钢转鼓两端封有环行夹套,转鼓表面嵌有不锈钢丝编织网,在网外还包覆着多层织物。工作时,蒸汽由转鼓轴芯进入两端的环行夹套,再从金属网眼透过多层织物喷射到被加工的织物上。蒸汽可以在整个幅面上均匀地润湿织物,并可获得良好的给湿效果。而且,可以通过调节蒸汽的压力来控制对不同织物的给湿量。

④轧烘辅助给湿装置:此装置适合厚重织物,如牛仔布类。它是在进入三辊橡胶毯预缩机前增设轧烘单元,织物经轧水后至烘筒烘燥机烘燥。采用这种给湿装置时,可根据织物的品种通过调节车速和蒸汽的压力,以控制织物的湿度。

(2)短布铗拉幅装置:采用这种短布铗拉幅装置的目的是使给湿织物在进入预缩装置前,达到工艺所规定的幅宽,以保证织物平整、无皱地进入三辊橡胶毯预缩装置。此短布铗拉幅机前后链盘间距约3m,布铗链间距为51mm,可根据需要调整进布状态及织物经、纬向张力。

(3)预缩装置:三辊橡胶毯预缩部分如图2 – 8所示,这一压缩装置是预缩整理机的核心部分,它由给布辊、加热承压辊、出布辊、橡胶毯张力调节辊、环形橡胶毯等组成。

(4)呢毯烘燥装置:呢毯烘燥装置是机械预缩整理联合机的重要组成部分。它的作用是烘干织物,改善织物的手感,消除预缩时在织物表面形成的小皱纹和极光,赋予织物自然的光泽,最重要的作用是可以使织物获得稳定下机缩水率,使织物的尺寸和形态更稳定。

呢毯烘燥机主要由呢毯大烘筒、小烘筒,呢毯导辊,呢毯,张力调节装置,呢毯位置校正装置等组成。

大烘筒由不锈钢或碳钢制成,一般为夹套蒸汽加热结构,其作用是在织物紧密地夹在烘筒与呢毯之间时,将热传给织物,定形并烘干织物。

小烘筒用于烘燥环状运行的呢毯,保证呢毯的干燥。

呢毯是该装置的关键。要求呢毯具有耐高温、耐湿,尺寸稳定,工作时不变形、不老化,毯边和中间有相同的低的伸长率。呢毯通常为毛锦或毛涤混纺材料,或用纯涤纶等合成纤维制成,这种合成纤维呢毯更耐热,具有更好的尺寸稳定性和烘燥特性。

张力调节装置可以使呢毯两侧绷紧和放松,重要的是保证呢毯左右两侧张力均匀一致。

呢毯位置校正装置的作用是通过探边传感器自动调节呢毯运行位置。

5. 影响机械预缩效果的因素 织物经预缩装置作用后,所减少的收缩程度用预缩率表示。最大理论预缩率的经验计算公式如下:

$$最大理论预缩率 = \frac{橡胶毯变形厚度(mm)}{承压辊半径(mm) + 橡胶毯变形厚度(mm)} \times 100\%$$

影响预缩效果的因素是多方面的,主要有纤维性质,织物组织结构、线密度、捻度、密度,织物的含湿率,设备,进布方向等。

从上述计算预缩率的经验公式可以看出:设备方面的因素影响很突出,尤其橡胶毯的厚度及承压辊的直径影响最大。

承压辊的直径越小,压力越大,越有利于提高预缩效果。橡胶毯的厚度与预缩效果有直接关系,橡胶毯越厚,弹性越好,预缩效果就越好。给布辊既要拖动橡胶毯运行,又要给橡胶毯加压,调节给布辊与加热承压辊间的间隙,使其小于橡胶毯的厚度,这样,间隙越小,橡胶毯所受压力越大;但压力过大,会造成橡胶毯的损伤。考虑到承压辊的强度,尽量延长预缩时间以及橡胶毯的寿命,给布辊直径、橡胶毯厚度、承压辊直径需合理选择与搭配。

另外,织物沿切线方向进入橡胶毯预缩效果最佳。因为切线方向是橡胶毯弯曲变形的起点,开始由受拉伸的外侧面转变为受压缩的内侧面,使紧贴于橡胶毯内侧面的织物发生同步收缩,此时预缩效果较好。

学习任务 2-2 手感整理

织物的手感是个很复杂的问题,是受主观和客观双重因素影响的。随着织物用途的不同,人们对织物手感的要求也不同,需要进行不同的整理。最常见的是柔软整理和硬挺整理。如休闲面料、内衣面料应当让人感到柔顺,需要有柔软感,而用于垫衬的织物或装饰用织物则要求硬挺。

一、柔软整理

纤维制品产生粗糙的手感(如板结和僵硬等),除了与纺织纤维自身的特性有关外,织物在练漂、染色及印花加工过程中纤维上的蜡质、油剂等被去除,都会使织物失去柔软的手感;织物在印染加工过程中因工艺条件控制不当(如机械张力过大、温度过高等),使纤维受损伤,染料色淀或金属盐类的助剂遗留在织物上等,也都会使织物手感变得粗糙;树脂整理后的织物和经高温处理后的合成纤维及其混纺织物的手感会变得粗硬。

柔软是指人们在服用过程中所感受到织物所具有的物理上和生理上的高度舒适感,为了使织物具有这种柔软、滑爽、丰满的手感,或富有弹性,满足服用要求,几乎所有纺织品都不得不在后整理时进行柔软整理。国内外在柔软整理领域进行了全方位的研究,例如化学柔软剂的使用、生物酶技术的开发及物理机械式柔软整理的研究等。为获得令人满意的高档化整理效果,单一的柔软整理是不够的,往往需要采用多种整理技术同时进行,如在气流式柔软整理机整理过程中加入化学柔软剂进行物理机械——化学联合柔软整理。本节只分析机械柔软整理和化学柔软整理,生物酶技术在学习情境 6 中介绍。

(一)机械柔软整理

机械柔软整理主要用机械的方法,在有张力或无张力的状态下,把织物多次揉曲、弯曲,以降低织物的刚性,而适当提高其柔软度。常用的机械柔软整理方法很多,如利用橡胶毯预缩机或呢毯整理机对织物进行柔软处理,以改善织物交织点的位移,但整理时的压力与温度均应低于预缩整理,布速也应较快;也可以利用轧光机,织物在轧光机上会穿过多根张力方杆,然后借助导入的轧光机两个软辊筒所构成的软轧点中进行轻轧光,织物在通过张力方杆时受多次弯曲,再经软轧点压平,从而获得平滑、柔软的手感。不过这些整理方法的效果不是很理想,而且耐洗性差。现在,一般采用专用的机械柔软整理设备对织物进行柔软整理,如气流式柔软整理机。

用气流式柔软整理机对织物进行柔软整理是近年来新开发的柔软整理技术。它是将多种物理机械作用,如气流传导膨化、机械揉搓拍打等手段融合在一起对织物进行加工的方法。$40 \sim 700 g/m^2$ 的棉、麻、丝、毛及各类化纤等纺织品都可以在该设备上进行柔软整理,整理后的织物手感柔软丰满、滑爽蓬松、结构活络。在加工中减少了化学品的使用,使得织物纤维受损减小,对人体和环境的损害降低。气流式柔软整理机主要由容布槽(处理槽)、导布装置、喷管(文氏管)、释放格栅(气布分离器)、风力循环系统、水循环系统、加热器、出布装置等组成。气流式柔软整理机结构框图如图 2 – 14 所示。

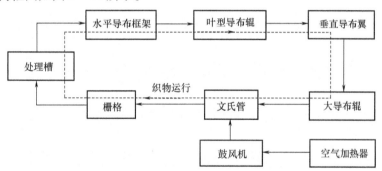

图 2 – 14　气流式柔软整理机结构框图

气流式柔软整理机的柔软整理是利用喷管(文氏管)的风动原理:织物以绳状方式进入处理槽,经导布装置以干态或湿态方式,由高速空气流引入文氏管进口端,接着强大的气流驱动织物以极高的速度在管内运行,并在加速状态下被揉搓;当织物运行到文氏管尾端出口时,因压力骤减,空气量骤增,使得织物松开扩幅;织物在失压状态下得以膨化,并被高速撞击到机器后部的不锈钢栅格上,得到击打和摔打,从而起到柔软处理的作用;接着织物滑落到布槽内,并继续向布槽的前方滑动。在此过程中,由于气流和织物、织物和管壁、织物与织物、织物和栅格、织物和助剂间的物理摩擦、搓揉、拍打及化学作用,消除了织物在纺纱、织造和印染过程中的内应力,使织物组织蓬松、纤维蠕动、微纤起绒,就这样,经过多次高速往返的物理搓揉、拍打及化学作用,最终使织物获得良好柔软的手感和蓬松效果。

气流式柔软整理机中,织物的运行速度为 $30 \sim 100 m/min$,加热系统可以将气流温度加热到

150℃以上,能满足织物在绳状和一定温度下高速循环运行时的加工要求。

(二)化学柔软整理

化学柔软整理主要是利用柔软剂对织物进行柔软整理的方法。化学柔软整理的作用原理是通过柔软剂处理织物,减少织物中组分间(如纱线之间、纤维之间)的摩擦阻力和织物与人体之间的摩擦阻力,借以提高织物的柔软度。

1.柔软剂的作用机理 柔软整理其实是通过柔软剂来调节织物各组分之间或织物与人体之间的摩擦力而获得柔软效果的。摩擦力的大小可以反映纤维的柔软程度,但我们一般不直接用摩擦力的大小来表示,而是以摩擦系数(μ)表达柔软程度。摩擦系数有静摩擦系数(μ_s)和动摩擦系数(μ_d)两种,当纤维和纤维受力尚能保持静止状态接触时的摩擦系数叫静摩擦系数,当纤维有相对滑动时的摩擦系数叫动摩擦系数。

降低纤维与纤维的静摩擦系数和动摩擦系数,纤维之间的相对滑动就容易。如静摩擦系数的降低,意味着用很小的力,就能使握在手中的纤维之间产生滑动;动摩擦系数越小,表示对已经滑动的纤维或织物,使其继续滑动所需的力越小,以致感到柔软、平滑。平滑作用主要是指降低纤维与纤维间的动摩擦系数;柔软作用是指在降低纤维与纤维间动、静摩擦系数的同时,更多地降低静摩擦系数。静、动摩擦系数的相对比较($\Delta\mu = \mu_s - \mu_d$)一般被作为评价柔软整理效果的主要因素。测定摩擦系数时的影响因素很多,误差也大,故只能用相对比较值$\Delta\mu$来表示。各种表面活性剂的整理效果及$\Delta\mu$见表2-1。

表2-1 各种表面活性剂$\Delta\mu$值及整理效果

表面活性剂的类型	$\Delta\mu$	平滑性	手 感
非离子/阴离子型	0.13以上	不良	相当粗糙
非离子型	0.10～0.13	发涩感强,有平滑性	挺括,有弹性
阴离子型	0.051～0.10	发涩感弱,有平滑性	柔软但稍涩
阳离子型	0.05以下	柔软过度,无抱合性	滑爽

2.柔软剂的化学结构与柔软性能的关系 柔软剂的化学结构主要由疏水性基团和亲水性基团两大部分组成,下面主要介绍这两部分对柔软剂柔软性能的影响。

(1)疏水基对柔软性能的影响:柔软剂的柔软平滑作用,主要来自直链脂肪烷烃结构。

$$H_3C \quad \begin{matrix} H_2 \\ C \end{matrix} \quad C \quad \begin{matrix} H_2 \\ C \end{matrix} \quad C \quad \begin{matrix} H_2 \\ C \end{matrix} \quad C \quad \begin{matrix} H_2 \\ C \end{matrix}$$

一般认为,C—C键在保持键角109°28′的情况下,绕单键进行内旋转,使长链形成无规则排列的卷曲状态,从而形成了分子长链的柔曲性。当在有外力的作用的情况下,由于长链分子的这种柔曲性,能赋予其延伸、收缩的性能,这样,柔软剂分子分布在纤维表面就能起到润滑作用,降低了纤维间的动、静摩擦系数,增加了织物的平滑柔软性。

疏水基的烷基若呈细长链形,则有利于分子链的凝聚收缩,增加了分子的柔曲性,因此常用直链碳氢链基化合物为原料制备柔软剂,且碳原子数高的比碳原子数低的效果更好。

而有机硅柔软剂的柔软平滑作用,则是由于有机硅结构中的甲基(疏水基)定向排列,从而使甲基之间有很大的空隙。因此,连接在硅原子上的甲基像张开的伞面绕着连接在其上的硅原子转动,甲基几乎能将硅氧烷链蔽覆。

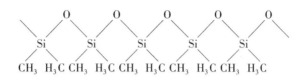

由于非极性的甲基能使大分子链间引力降低,从而使甲基硅氧烷分子呈螺旋形或线圈形结构。当用有机硅柔软剂处理织物时,氧原子吸附在织物纤维表面,柔软剂分子链的键角在外力作用下可以改变,外力取消后键角又可复原,从而使分子链可自由收缩,赋予织物弹性。

当织物经有机硅柔软整理剂整理后,便在表面形成了一层透气、透明,并具有坚韧、柔曲和拒水等性能的连续薄膜,使织物获得柔软、平滑的手感。

(2)亲水基对柔软性能的影响:亲水基有阴离子、非离子、阳离子和两性离子型。但即便是同类型的亲水基,它们在性质上也有很大的差异。从图2-15可以看出不同类型的表面活性剂和摩擦系数的关系。

对降低静摩擦系数起主要作用的柔软剂,应以阳离子型柔软剂及多元醇非离子型柔软剂为主。当然,柔软平滑要兼顾动、静摩擦系数和表面张力的降低,所以一般柔软剂均采用几种表面活性剂复配,取长补短,以期达到柔软整理要求的效果。

3. 常用的柔软剂种类及性能　柔软整理中所用柔软剂是指能使织物产生柔软、滑爽作用的化学药剂。目前所使用的柔软剂主要有三大类:表面活性剂类柔软剂、反应型柔软剂及有机硅系等非表面活性剂类柔软剂。

(1)表面活性剂类柔软剂:大部分柔软剂品种属于表面活性剂类柔软剂。阴离子型和非离子型柔软剂过去主要用于纤维素纤维织物的柔软整理,现在应用相对较少。阳离子型柔软剂既适用于天然纤维织物,也适用于合成纤维织物的整理,是应用较广泛的一类。两性型柔软剂品种较少。

①阴离子型柔软剂:这是一类应用最早的柔软剂,但由于天然纤维在水中也带负电荷,所以这类柔软剂不易被天然纤维织物吸附,柔软效果差,且耐用性差,对硬水、酸性介质及电解质都敏感。常用的有动植物油的硫酸化物(土耳其红油等)、脂肪醇类、无机酸酯盐、磺化琥珀酸酯等。其中磺化琥珀酸酯是一类重要的阴离子型柔软剂,柔软性和平滑性均较好,除适宜于纤维素纤维织物的

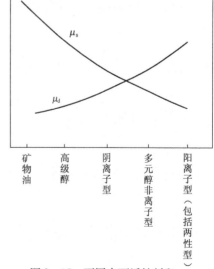

图2-15 不同表面活性剂和
摩擦系数的关系

μ_d—动摩擦系数　μ_s—静摩擦系数

柔软整理和油剂组分外,还可用于丝绸精练,能防止擦伤;脂肪醇磷酸酯除了作为腈纶织物柔软剂之外,还主要作为抗静电剂。

②非离子型柔软剂:非离子型柔软剂不带电荷,对纤维的吸附性、耐洗性较差,但与其他整理剂的相容性好,且对硬水、盐类的稳定性好。最大的优点是不会使织物泛黄或使染料变色。主要应用于纤维素纤维织物的后整理及作为合成纤维油剂中的柔软和平滑组分。但这类柔软剂对织物的整理效果是暂时性的,且品种不多。主要类别有:脂肪酸聚乙二醇酯、二乙醇脂及酰胺、季四醇脂肪酸酯、失水山梨糖醇脂肪酸单酯及聚醚类等。聚醚类柔软剂具有优良的耐高温性能,特别适用于作为高速缝纫线的平滑剂。

③两性型柔软剂:两性型柔软剂是为了克服阳离子型柔软剂的缺点而发展起来的,对合成纤维的亲和力较强,没有泛黄和使染料变色等副作用。但柔软效果不如阳离子型柔软剂,且品种较少,一般和阳离子型柔软剂配合使用。

④阳离子型柔软剂:阳离子型柔软剂是目前应用最广泛、最重要的一类柔软剂,柔软效果好。其特点是:对各种天然纤维和合成纤维的吸附性好,结合力强,且具有一定耐洗性;用这类柔软剂进行柔软整理可获得优良的柔软效果,织物手感滑爽、丰满;它可使合成纤维具有一定的抗静电性能,并能改进织物的耐磨性和撕破强度;价格便宜,使用方便。它的缺点是阳离子型柔软剂与阴离子型助剂不相容,不能与阴离子染料、增白剂或助剂同浴处理,有些阳离子柔软剂有泛黄现象,阳离子型柔软剂与荧光增白剂和某些染料会相互发生作用,影响织物尤其是棉织物的白度,并使某些染料的色光改变、日晒牢度降低,因此,它的使用也受到一定的限制,一般情况下不能和阴离子型表面活性剂合用。从结构上看,阳离子型柔软剂主要为烷基叔胺盐或季铵盐类、烷基咪唑啉季铵盐和吡啶季铵盐等。

(2)反应型柔软剂:也称为活性柔软剂,它是一种能与纤维分子中的羟基发生反应形成酯键或醚键共价结合的柔软剂。因其具有耐磨、耐洗的效果,故又称为耐久性柔软剂。

①酸酐类衍生物柔软剂:有两个分子的脂肪酸脱水生成的酸酐化合物,或由一个分子的脂肪酸本身脱水生成的烯酮(R—CH $=\!=\!=$ C $=\!=\!=$ O)化合物,可以和—OH、发生反应生成脂键结合,处理后织物具有耐洗、耐酸、耐碱和拒水性能,且手感柔软。一般用于纤维素纤维织物的柔软整理,反应式如下:

$$C_{16}H_{33}—CH\!=\!C—CH—C_{16}H_{33} \xrightarrow{\text{纤维素—OH}} C_{16}H_{33}—CH_2CO—CH—COO—\text{纤维素}$$
$$\qquad\qquad\qquad |\qquad\qquad\qquad\qquad\qquad\qquad\qquad\qquad\qquad |$$
$$\qquad\qquad\quad O—C\!=\!O\qquad\qquad\qquad\qquad\qquad\qquad\qquad\quad C_{16}H_{33}$$

整理后的织物具有耐久的柔软和拒水效果。由于烯酮还可以和—NH$_2$、—COOH 等发生反应,故可用于羊毛、丝绸、锦纶等织物的整理。

②羟甲基硬脂酰胺:羟甲基硬脂酰胺分子中含羟甲基活性基团,在高温下,经酸性催化可与纤维素纤维反应,反应式如下:

$$C_{17}H_{35}CONHCH_2OH + HO—\text{纤维素} \xrightarrow[140\sim150℃]{H^+} C_{17}H_{35}CONHCH_2O—\text{纤维素}$$

③吡啶季铵盐类衍生物:这类柔软剂除了具有良好的柔软性能外,还具有优良的拒水性能,也可以作为拒水整理剂使用。国外商品有 Velan PF 和 Zeilan PA,国内防水剂 PF 和防水剂 PA

均属此类。

Velan PF 对热较敏感,高温处理后,一部分分子与纤维素分子上的羟基或蛋白质上的氨基发生化学键合,另一部分则变成具有高疏水性的双硬脂酰胺甲烷,包覆于纤维表面,使织物具有耐久的柔软、拒水性能,反应式如下:

$$C_{17}H_{35}-\overset{\overset{O}{\|}}{C}-NH-CH_2-\overset{+}{N}\langle\hspace{-1mm}\bigcirc\hspace{-1mm}\rangle\cdot Cl^- \xrightarrow{\text{纤维素}-OH} C_{17}H_{35}-\overset{\overset{O}{\|}}{C}-NH-CH_2O-\text{纤维素} + N\langle\hspace{-1mm}\bigcirc\hspace{-1mm}\rangle + HCl$$

大多数反应型柔软剂在整理过程中需经一定条件的高温处理,以促进反应性基团与纤维分子的化学反应,这样能显著提高整理效果的耐洗性能。由于这种反应型柔软剂一般均较活泼,故不宜长期贮存,溶解时应用40℃以下的冷水,并应随配随用。

(3)有机硅系柔软剂:有机硅系柔软剂的主要成分是硅氧烷基聚合物及其衍生物,也称硅氧烷、硅醚或硅酮。由于其纯态多为不溶于水的油状液体,故又称硅油,在这类柔软剂分子结构中,硅氧原子以共价键相间排列构成主链,并配以各种不同的官能团侧链,它们相互之间具有不同的分子结构和相对分子质量。但由于它们的相对分子质量都很大,一般不溶于水,故都加工成乳液来应用。结构通式如下:

$$\begin{matrix} & R & & \begin{bmatrix} R \\ \end{bmatrix} & & R \\ R-&Si-&O-&Si-O&-&Si-R \\ & R & & R \end{bmatrix}_n & & R \end{matrix}$$

其中,R 为有机基、—H、—OH 等,n 为聚合度。

①聚二甲基硅氧烷:简称甲基硅油,分子结构如下:

$$\begin{matrix} & CH_3 & & \begin{bmatrix} CH_3 \\ \end{bmatrix} & & CH_3 \\ CH_3-&Si-&O-&Si-O&-&Si-CH_3 \\ & CH_3 & & CH_3 \end{bmatrix}_n & & CH_3 \end{matrix}$$

这类柔软剂属早期应用的一类有机硅柔软剂,由于其侧链及端基是甲基(或乙基),聚合度不高,没有反应性基团,故不能与纤维发生反应,也不能自身交联成网状结构,整理后,织物的手感、牢度及弹性一般不理想。

此类柔软剂适用于涤/棉,涤/黏等织物,能赋予织物一定的平滑性、柔软性,也能与 2D 树脂同浴使用,在一定程度上提高织物弹性,改善织物手感。

②聚甲基氢硅氧烷:分子结构式如下:

$$CH_3-Si-O-\left[Si-O\right]_n-Si-CH_3$$

聚甲基氢基硅氧烷一般被制成乳状液,在酸性有机金属盐(锌、钛等)的催化作用下,经高温焙烘,其分子结构中的Si—H键可以经空气氧化或水解成羟基,并进一步缩合、交联、固化成具有一定强度和弹性的网状薄膜,包覆在纤维表面。由于键合作用,其分子结构中的Si—O键指向纤维,增加了有机硅膜与纤维的固着力,而疏水基朝向基布外呈定向排列,赋予织物优异的拒水性能。但经其整理后,织物的手感不够理想,且随着堆放时间的延长,手感会变得越来越硬,故一般情况下,均将它与端羟基聚硅氧烷乳液一起使用,能使织物获得优良柔软性和拒水性。

③羟基聚二甲基硅氧烷:简称羟基硅油,其结构特点是在聚二甲基硅氧烷分子两端由羟基取代,使其具有一定的亲水性。分子结构式如下:

$$HO-Si-O-\left[Si-O\right]_n-Si-OH$$

单独应用时,它主要用于合成纤维织物,如涤纶仿毛织物,整理之后织物手感柔软、滑爽、丰满、仿毛感强,而且有一定的抗起毛起球和抗静电效果。

羟基硅油与聚甲基氢基硅氧烷合用时,在催化剂和高温焙烘作用下,相互交联形成网状结构。除了能赋予织物优良的柔软、滑爽感外,还使织物具有一定的抗皱性,同时不降低纤维强力,且耐洗性良好。这类柔软剂的商品化产品非常多,根据乳化剂的不同,可分为阳离子型、阴离子型和非离子型。羟基聚二甲基硅氧烷乳液是目前国内外最广泛应用的一类有机硅类柔软剂。

羟基聚二甲基硅氧烷可用作树脂整理的柔软组分,有助于提高织物的干、湿回弹性及洗可穿性能,改善织物强力。但由于此类柔软剂乳液的颗粒很难控制达到细小、均一效果,因此乳液的稳定性也很难掌握,在应用中常有破乳飘油现象,造成织物表面产生油斑、油沾等疵病。

④反应性聚甲基硅氧烷:这是一类有反应性基团的聚甲基硅氧烷,也称作改性硅油,其分子结构如下:

$$H_3C-Si-O-\left[Si-O\right]_n-\left[Si-O\right]_m-Si-CH_3$$

其中,n 和 m 两部分为嵌段共聚时的聚合度;R 一般为—CH—,X = —NR、—OH、—CONH$_2$、

$$—\overset{\displaystyle O}{\overset{\diagdown\diagup}{CH—CH_2}}、—\overset{\displaystyle O}{\overset{\|}{C}}—OCH_3 \ 等。$$

由于在聚合体的侧链上引入了上述反应性基团,可进一步提高其反应活性,有利于柔软、防皱、防起球、亲水、吸湿、抗静电等作用。

改性硅油主要有环氧改性、醇基改性、醚基改性、环氧和聚醚改性、羧基改性、氨基改性等类型,它们的结构不同,性能也不同。

a.环氧改性硅油:此类产品为乳液,加工后织物有耐久的柔软性,回弹性提高,若与其他硅类或非硅类亲水性柔软剂拼用,可提高织物的亲水性,织物加工整理之后具有温暖感。

b.醇基与醚基改性硅油:聚合体中因引入醇基或醚基,使产品可直接溶于水,无须制成乳液,又由于它们的亲水性,故能提高织物的吸湿、抗静电和防沾污等性能。

c.环氧和聚醚改性硅油:这类柔软剂能自身乳化,除具有耐洗性、柔软作用外,还具抗静电、防污等性能。

d.羧基改性硅油:这类有机硅柔软剂适于羊毛和锦纶织物的柔软整理,干洗时也具有良好的牢度。

e.氨基改性硅油:又称氨基硅油,适用于高档纺织品的整理,如应用于毛织物或化纤仿毛织物上,具有优良的柔软、丰满的手感,耐洗性好,且应用工艺简单,整理织物时,当水分蒸发后即发生交联,并可室温固化。但由于氨基的存在,使经这类柔软剂整理后的织物易泛黄,泛黄程度随氨基中活泼氢的减少而有所改善,但同时柔软性也随之降低。

(4)聚乙烯乳液:低分子聚乙烯经氧化处理,并控制其反应产物达到一定酸值后用乳化剂乳化,可用于柔软整理,以改善织物的手感,提高织物的柔软平滑性,对提高织物撕破强力,耐曲磨性也有一定的帮助。

4. 柔软整理工艺

(1)浸轧法:浸轧法常用于匹布加工,对所有柔软剂都适用,并可用于大批量连续性生产。该方法给液均匀,能保证一定量的柔软剂施加到织物上,经烘干或高温热处理即可。若烘干过程采用松式烘干,则柔软整理的效果更好。柔软整理还常与增白或防皱整理同时进行,浸轧法工艺流程及工艺条件如下:

织物浸轧整理液[柔软剂用量 1% ~3% (owf),温度 30 ~50℃,布速 40 ~70m/min]→热风拉幅烘干(105 ~120℃)。

如果棉织物需要增白,则可在柔软整理液中加入荧光增白剂。若用荧光增白剂 VBL,即可采用上述工艺流程及条件进行整理,VBL 的加入量为 1 ~3g/L,并加入适量的涂料着色剂;若用荧光增白剂 DT 进行增白,则除按上述工艺流程及工艺条件加工外,烘干后的织物还要在 160 ~180℃焙烘 30 ~50s,再平洗、烘干,DT 的加入量为 5 ~25g/L。

目前使用的有机硅柔软剂大多数需用乳化剂乳化,配制成乳液。根据所用的乳化剂的离子性,可分为非离子型、阳离子型和阴离子型乳液产品,现多用阳离子或非离子型乳化剂。在应用

反应性有机硅系柔软剂时，需经高温焙烘，使之在织物表面交联，形成弹性膜，从而提高织物的柔软性。

（2）浸渍法：适用于各种类型纺织品（纱线、成衣、针织品等）的柔软整理，也可用于散纤维加工。浸渍法一般在绳状水洗机、转鼓式水洗机、染纱机、溢流染色机或水槽内进行，浴比（1∶10）～（1∶20），柔软剂用量0.5%～1.5%（owf），温度为30～60℃，处理时间10～20min，脱液后用松式热风烘干即可。

二、硬挺整理

织物的硬挺整理是通过浸轧硬挺剂，使织物纱线中的纤维之间在一定条件下产生了黏结作用，硬挺剂在纤维内部、纤维之间或纤维的表面形成薄膜或产生交联，从而使织物产生硬挺、厚实、丰满的手感。

硬挺整理是极为重要的一种织物风格整理。它被广泛地应用于装饰织物的后整理中，其中对窗帘布、箱包布、经编织物尤为重要。从整理效果来讲，除与化学整理相结合的硬挺整理外，大多属于暂时性整理。

（一）硬挺整理液

织物硬挺整理所用浆液组分因整理要求不同而异。整理液中一般含有浆料、填充剂、防腐剂、着色剂及增白剂等。

1. 浆料　硬挺整理中，织物所用的硬挺剂主要是浆料。浆料一般可分为天然浆料、改性浆料及合成浆料三大类。

（1）天然浆料：织物硬挺整理所用的天然浆料有小麦淀粉、玉蜀黍淀粉、马铃薯淀粉、橡子粉、槐豆粉、田仁粉、海藻酸钠及动植物胶等。其中应用最多的为小麦淀粉和玉蜀黍淀粉。经这类浆料整理之后，织物的硬挺度好，但黏着力较低，不耐洗，属于暂时性整理。一般用于天然纤维织物的硬挺整理，且工艺简单，主要通过浸轧、烘干即可。

（2）改性浆料：改性浆料就是将天然浆料进行化学改性的产物。如一般淀粉分子中含有羟基而具有醇的性质，可以进行醚化，制成改性淀粉；纤维素经化学处理后所制得的浆料称纤维素浆料。其中应用最多的是中取代度、中黏度的羧甲基纤维素（CMC）等。通过化学改性可以改善这些天然浆料的增稠性、溶解度、黏度、上浆效果等性能。

（3）合成浆料：合成浆料是通过化学反应合成的高分子化合物，与天然浆料相比，它不易发霉、腐败且耐洗性好。合成浆料的浆膜有较高的强度和较大的延伸性，透明度好，并且可以根据工艺要求，人为地控制高分子聚合特性，从而达到改善不同织物的硬挺度的要求。目前，国内应用较多的合成浆料有聚乙烯醇（PVA）、聚丙烯酸酯（PMA）及脲醛树脂或三聚氰胺—甲醛树脂。

①聚乙烯醇（PVA）：用作织物硬挺整理的聚乙烯醇可根据织物纤维特性而选用，全醇解、中聚合度的聚乙烯醇适合纤维素纤维织物，部分醇解的聚乙烯醇对疏水性纤维有很高的黏着力。部分醇解的聚乙烯醇皮膜柔软，弹性好，吸湿性较好；而可完全醇解的聚乙烯醇皮膜坚硬，吸湿性差。

②聚丙烯酸酯（PMA）：将交联型聚丙烯酸酯乳液作为永久性硬挺整理剂处理纺织品，可以得到优良和耐久的硬挺效果，具有抗悬垂性和耐磨损性，整理后的织物还能保持尺寸的稳定。

③脲醛树脂或三聚氰胺—甲醛树脂：这一类硬挺整理剂使用起来比较复杂，整理效果不够理想，还会对环境造成污染。如六羟甲基三聚氰胺树脂(HMM)用作硬挺整理时，即使经过甲醚化处理，游离甲醛含量还大于1%，定形时大量游离甲醛逃逸在空气中，给操作环境造成极为不利的影响，而且织物上也会残留甲醛，影响人们的身体健康。应用时，为提高织物硬挺度，一般和淀粉、PVA混配使用，作为织物硬挺整理的耐久性浆料。

此外，合成浆料还有聚醋酸乙烯乳液、聚丙烯酸酯和聚丙烯腈共聚物乳液、聚氨酯类等，它们都是不溶于水的高分子化合物，都具有良好的耐洗性。

2. 填充剂　织物硬挺整理过程中还要使用填充剂，其作用是填塞布孔，增加织物重量，使织物具有厚实、滑爽的手感，它是单面上浆整理液的重要组成部分。填充剂大多是无机盐或无机复盐，常用的有滑石粉、膨润土、硫酸钡、天然重晶石粉及陶土等。它们本身不具有黏性，而是依靠浆料黏附在织物上的。

3. 防腐剂　天然浆料在微生物作用下易腐败变质。为了防止浆液变质和整理后的织物贮存时发霉，浆液中应加入苯酚、甲醛、水杨酰替苯胺或乙萘酚等防腐剂。

(二)织物硬挺整理设备

硬挺整理设备通常由浸轧机和烘干机两部分组成。随着织物硬挺整理的要求不同，设备的组成与选用也不相同。织物上浆后，一般都经过辊筒或热风初步烘干，再进行拉幅和焙烘。对于黏着性高的浆料如聚丙烯酸酯，为了减少搭浆疵病，辊筒表面需要聚四氟乙烯喷涂，进行防粘处理。图2-16、图2-17分别为不同的上浆方式。

1. 浸轧上浆　浸轧上浆采用浸轧上浆机，它有两辊和三辊两种。织物进行硬挺整理时，可根据织物上浆工艺的要求，采用不同的穿布方式进行一浸一轧、一浸两轧、二浸二轧或不浸面轧。两辊浸轧式[图2-16(a)]适用于稀薄浆液，由于浸渍时间长，上浆量多，常用于增重要求高的织物。两辊面轧式[图2-16(b)]适用于稠厚浆液，通过挤压作用，把浆液挤入纱线空隙中，给予织物丰满厚实的手感。

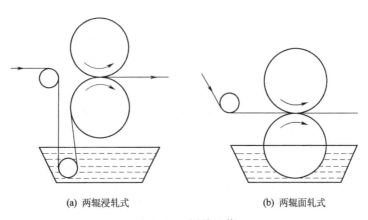

(a) 两辊浸轧式　　　　　　　(b) 两辊面轧式

图2-16　浸轧上浆

2. 单面上浆　单面上浆的目的是使织物具有较大的上浆量，织物进行上浆时不浸入浆槽(图2-17)，只从给浆辊上面擦过，织物上的剩余浆液用玻璃刮刀刮除。当变动刮刀的角度和

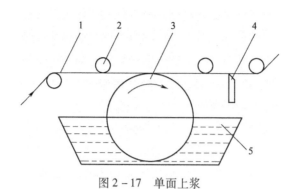

图 2 - 17　单面上浆

1—织物　2—导辊　3—给浆辊　4—刮刀　5—料槽

高度时,可以调节织物的上浆量和浆液在织物上的渗透程度。单面上浆要求织物只一面有浆料,不得透过另一面,故浆的稠度较高。

(三)硬挺整理工艺

织物硬挺整理工艺比较简单,一般轧浆整理工艺流程如下:

一浸一轧或二浸二轧→预烘→拉幅烘干→(轧光)

对于采用热固型树脂或热固型树脂与普通浆料的混合物进行耐久性硬挺整理时,织物还需要进行焙烘。如甲醚化多羟甲基三聚氰胺与聚乙烯醇的混合浆料的硬挺整理时,其整理工艺处方和流程如下:

混合浆浸轧液处方:

六羟甲基三聚氰胺树脂(HMM)(50%)	300g/L
聚乙烯醇	25g/L
氯化镁	20g/L
渗透剂 JFC	1g/L

工艺流程:

二浸二轧(轧液率为65%～70%)→预烘(90～100℃)→焙烘(150～155℃、3～4min)→水洗→烘干、落布

学习任务 2 - 3　轧压整理

织物除了通过前处理(如丝光、碱减量处理)可以改变织物的表面特征,还可以通过后整理达到这种效果。如改变织物表面光泽的轧光整理、电光整理;使织物表面产生凹凸花纹效应的轧花整理。

一、光泽整理

织物的光泽主要由织物表面对光的反射情况决定。当光线射到织物上时,会产生一定的反

射光,反射光较强,织物光泽就强。织物的表面性能赋予了织物不同的光泽效果。实际上,对部分织物来说,由于其特有的用途,要求有较强的光泽;而对另一部分织物来讲,并不用单纯追求其光泽强度,往往是适度的反射与透射光,便能获得较令人满意的光泽效果。因此可以根据织物品种、用途、对光泽的不同要求,对织物进行轧光或电光整理。

1.轧光原理及方法　光的反射主要是由物体的表面特征决定的,织物的表面可视作由多层纤维所组成,除了纤维、纱线品种和织物的组织结构影响织物表面的光泽度之外,织物表面纤维的排列整齐度及表面光洁度对织物表面的光泽度也会产生直接影响。织物经前处理、染色、印花等湿加工后,纱线的弯曲程度加剧,织物表面的光洁度与平整度变差。再者,织物表面上附着的绒毛也造成织物表面的不光滑,对光形成漫反射,所以就大大地影响了织物表面的光泽度。

轧光整理就是利用纤维在湿、热条件下,具有一定的可塑性或热塑性,经轧光后,纱线被压扁,耸立的纤毛被压伏在织物的表面上,使织物变得比较平滑,降低了对光线的漫反射程度,从而达到提高织物光泽的目的。

根据整理要求不同,轧光工艺可以选择不同的温度,常用的有以下三种方法:

(1)热压法(150~200℃):采用热压法可使织物表面变得平滑,并获得均匀和一定程度的光泽。

(2)轻热压法(40~80℃):采用轻热压可使织物手感柔软,但不影响纱线的紧密度,织物稍有光泽。

(3)冷压法:采用冷压使纱线压扁,排列更紧密,从而封闭了织物的交织孔,使织物表面平滑,但不产生光泽等效果。

轧光整理效果,很大程度上取决于轧辊辊面材料、轧压力及温度,根据软辊与硬辊轧点的不同组合以及压力、温度、穿布方式的变化,轧光设备可分为普通轧光机、摩擦轧光机和叠层轧光机三大类。

2.常用轧光机及轧光辊筒

(1)常用轧光机:

①普通轧光机:普通轧光机可由3~6根软、硬轧辊组成多种软、硬轧点,以适应不同的织物整理要求。习惯上,织物通过硬轧点即硬轧辊与软轧辊之间的轧点的,称为平轧光;通过软轧点即两个软轧辊的轧点的,称为软轧光。平轧光和软轧光广泛用于棉织物、涤棉混纺织物等改善外观风格的整理中,轧光又可作为涂层整理的前处理工序,以防止涂层浆渗透,并改善涂层表面的平滑性。轧辊组多为立式排列,也有L形排列。穿布方式不同时,轧光效果也不同,如图2-18所示为普通轧光机的各种穿布方式。

图2-18(a)表示织物在加热钢辊和聚酰胺均匀辊之间通过,可获得高光泽度;图2-18(b)表示织物在棉轧辊和聚酰胺均匀辊之间通过,可获得消光整理的效果,织物手感柔软、丰满;图2-18(c)表示织物依次通过两组轧点,并施加不同的压力,这样既可获得需要的光泽,又能获得手感柔软、丰满的效果。

②摩擦轧光机:摩擦轧光机一般为三辊轧光机,下辊筒用铸铁制成,中间辊筒为软轧辊,上面为摩擦辊,是可加热的经过镜面抛光的镀铬钢辊。摩擦轧光是由于摩擦辊运转的表面线速度

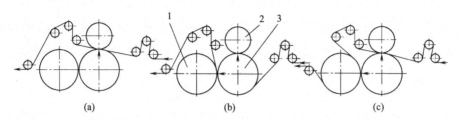

图 2 - 18 穿布方式

1—棉轧辊 2—钢辊 3—聚酰胺（Nipco）轧辊

大于织物通过轧点的线速度，即两者的速度差使被加工织物表面受到摩擦作用而取得磨光效果，从而使织物获得强烈的光泽。

摩擦辊与软轧辊构成摩擦点，下辊筒与软轧辊构成硬轧点，织物先通过硬轧点，再经过摩擦点。摩擦辊运转的表面线速度大于织物通过轧点的线速度，两者之比，最大可达 4:1，通常速度比为（1.3:1）~（2.5:1），摩擦辊的温度通常为 100~120℃，织物带液率控制在 10%~15%。

③叠层轧光机：叠层轧光机由 5~7 根轧辊组成，再配备一组装有 6~10 套导辊的导布架，穿布示意见图 2-19。

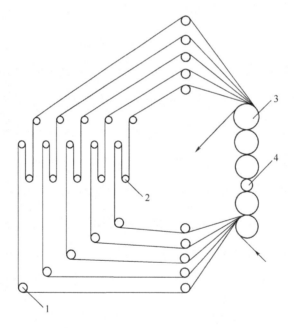

图 2 - 19 叠层轧光机的穿布示意图

1—齐边辊筒 2—张力辊筒 3—纤维软轧辊 4—加热硬轧辊

叠层轧光机是将织物叠层通过同一轧点进行轧光，利用织物的相互压轧作用，使布面上产生波纹效应，并使纱线圆匀，手感柔软，线纹清晰，具有类似麻织物的光泽。织物在进行叠层轧光时，先依次穿过轧光机各辊筒，经导布辊再重复穿绕 1 次，如此循环往复 3~6 次，以致在同一轧点上同时有 3~6 层织物受到挤压作用。府绸类织物经过叠层轧光整理后，可改善其府绸效应,使纬纱组织粒纹更显突出。

(2)轧光辊筒:轧光机的轧光辊筒主要有硬轧辊(金属轧辊)和软轧辊两大类。

①硬轧辊:轧光机的硬轧辊多由冷铸钢和中碳钢等金属制得,辊径一般为 200 ~ 300mm,辊芯中空,可加热,其热源常用蒸汽、电热与煤气。磨光钢辊即摩擦辊一般表面镀铬并经镜面抛光、磨平处理。

②软轧辊:软轧辊多以棉、纸片等纤维物质高压制成。软轧辊直径较大,一般为 350 ~ 660mm,近年来,德国研制出了聚酰胺塑料弹性辊(Nipco 轧辊),它是采用塑造工艺,将聚酰胺塑料浇压成圆筒形,并用螺栓固定于钢轴上,辊筒内通油压,可解决轧压挠度问题,达到使织物均匀受压的目的。软轧辊的各种材质及其使用性能见表 2 – 2。

表 2 – 2　软轧辊的材质及其使用性能

弹性辊名称	材　质	弹性性能耐热程度	适应整理工艺
羊毛/纸辊	羊毛40%,纸60%	弹性好,轧痕易恢复,不耐高温	普通轧光、电光
棉花辊	100%一级埃及棉	弹性好,较耐高温	摩擦轧光、轧花等
棉/亚麻辊	棉、亚麻	表面硬度高,不耐高温	摩擦轧光
塑料辊	聚酰胺塑料	表面光滑,不耐高温	电光、轧光
橡胶辊	丁腈橡胶	弹性好,不耐高温	只适用于轧花、无光品种

3. **电光整理**　电光整理是使织物通过表面刻有密集细平行斜线的加热辊(电光辊)与软辊组成的轧点,经轧压后,织物表面形成与主要纱线捻向一致的平行斜纹,对光线呈规则地反射,使织物表面获得犹如丝绸般柔和的光泽。电光整理的原理和轧光整理的原理基本相同。电光机多属两辊轧光机类型,但也有制成三辊式的。

为了形成良好的电光效应,织物表面形成的平行斜纹线的角度和密度与织物纱线的线密度和捻回角要吻合,这就要求电光辊上刻纹线的斜向要尽可能与织物表面上主要纱线的捻向一致,即电光轧纹的斜角以织物表面主要纱线的捻向为主,例如横贡缎的纬纱浮长于布面,故应以纬纱的捻向为主,多采用 25°左右的电光刻纹线。直贡缎的经纱浮长于布面,则应以经纱的捻向为主,采用 65° ~ 70°的电光刻纹线。至于平纹组织的织物,经纬纱浮长相似,一般采用 25°或 70°左右的电光刻纹线,而 45°刻纹线因正好轧在织物经纬纱的交织点上,造成局部反射率过强,有使织物表面上全部反射光线混乱的缺点,故常避开不用。如果电光轧纹的角度选用不当,则往往会将纱线中的纤维切断,导致织物在加工后强力显著下降。另外,电光辊刻纹线的密度与纱线的线密度大小及织物组织有关,一般线密度小的织物选用较大的刻纹线密度,而线密度大的织物,选用较小的刻纹线密度,一般以 8 ~ 12根/10cm 为最普通。

棉织物的规格不同,电光整理时所选用的电光辊也不同,见表 2 – 3。

表2-3 棉布规格与电光辊的选用

棉织物种类	纱线线密度（tex）	经纬密度（根/10cm）	纱的捻向（经/纬）	捻系数 T_M	捻回角 θ（经/纬）	选用钢芯		
						斜向	角度（°）	密度（根/10cm）
平纹布	19×19	311×319	Z/Z	330/300	21°17′/19°30′	S	20~25	7~9
横贡缎	15×15	371×511	Z/Z	382/302	24°16′/19°37′	S	20~25	9~10
直贡缎	18×18	457×315	Z/Z	384/332	21°31′/21°24′	Z	65~70	10
斜纹布	18×18	343×421	Z/Z	—	—	S	20~25	10

4. 光泽整理工艺因素分析 织物轧光、电光整理的效果与织物的含湿率、所受压力和整理的温度、布速等工艺条件有关。此外与织物上所含有的整理剂也密切相关。

（1）织物的含湿率：织物整理时的含湿率对成品的手感、光泽、成形性等影响很大。织物含湿率越高，光泽整理后制成品的手感越硬，织物的成形性和光泽越好，成品厚度越薄。反之，干燥织物可获得柔软的手感。一般经电光、摩擦轧光、热轧光、轧花整理的织物都因为要求其具有较强的光泽，硬挺的手感，所以整理时，需要这些织物有较高的含湿率，一般为10%～15%；对于平轧光和叠层轧光整理的织物，为了防止织物在加工过程中伸长而起皱，含湿率较低为好。

（2）整理温度：轧光整理温度不同，织物获得的轧光效果也不同。冷压法给予成品柔软平光效果；轻热轧法（40～80℃）整理的成品稍有光泽，手感较硬；热压法（150～200℃）整理的成品具有强光泽和较硬挺的手感。

（3）压力：整理时所用压力越大，整理效果越好，但成品的手感也随着压力的增大而变硬。压力的选择要和布速、整理温度、织物的含湿率等条件相适应。

（4）布速：布速往往要根据整理织物的品种、纤维材料、重量及轧光机辊筒的排列情况而定。一般控制在10～60m/min，但轧纹整理有时要低至10m/min以下。

5. 光泽整理工艺

（1）工艺流程：

①一般轧光工艺流程：

织物浸轧浆液或柔软剂溶液→烘干→拉幅→轧光

②一般棉织物的电光整理工艺流程：

浸轧浆液或柔软剂液→烘干→拉幅→平轧光（或摩擦轧光）→（给湿堆放）→电光

电光前，织物先经平轧光或摩擦轧光，有利于提高织物的光泽和改进电光后的手感。但要控制好电光前织物的含湿率，防止因织物含湿率过高而造成轧皱印。可采取在电光前将织物给湿堆放的措施。

③其他整理工艺：在光泽整理时，常与防缩防皱、拒水拒油和涂层等化学整理结合，提高织物的光泽耐久性，为此研究人员开发了一些多功能的整理新产品。

例如涤/棉耐久油光防水织物。这种织物要求具备的光泽酷似油一样，而且要持久，防水性能要优良、耐久，故需采用化学整理和机械整理相结合的方法。其整理工艺流程为：

浸轧树脂拒水剂(轧液率60%~70%)→预烘→拉幅烘干(落布时控制含湿率为12%~16%)→摩擦轧光→焙烘(150~155℃,4~5min)→摩擦轧光→打卷

树脂拒水剂溶液组成:

混合树脂初缩体(HMM/DMEU=1/4)　　　　　　4%(质量分数)

催化剂　　　　　　　　　　　　　　　　　　　适量

有机硅防水剂乳液(或拒水拒油剂乳液)　　6%(4%)(质量分数)

摩擦轧光工艺条件:

	第一次	第二次
摩擦比	80%	40%
线压力	>3437N/cm(350kgf/cm)	>2750N/cm(280kgf/cm)
钢辊温度	180℃	180℃
布速	25m/min	45m/min

(2)工艺条件:织物光泽整理时的工艺条件见表2-4。

表2-4　轧光、电光整理工艺条件及特点

类别 项目	平轧光	叠层轧光	摩擦轧光	电光
轧辊组成	软轧辊2根 硬轧辊1根	软轧辊5~6根 硬轧辊1根	软轧辊1根 摩擦硬轧辊1根 冷水硬轧辊1根	软轧辊1根 电光辊1根
穿布方式	通过一个或多个由软、硬辊组成的硬轧点	织物反复按顺序通过各个轧点,在轧点中形成叠层,一般为3~6层	织物顺序通过下、上轧点,摩擦辊按规定的速度比超速运转	织物通过电光辊与软辊之间的轧点
加热辊温度(℃)	30~100	30~60	100~120	140~200
线压力(N/cm)	200~1500	200~1500	400~2000	2000~4000
织物含湿率(%)	5~10	5~10	10~15	10~15
车速(m/min)	60~80	60~80	15~30	10~30
织物加工后状态	织物表面较平滑,纱线稍有压扁,织物光泽柔和,手感平滑厚实	织纹突出,纱线圆润,织物光泽柔和,手感柔软厚实	表面极其光滑,纱线压扁,织物表面反光强烈,手感薄而较硬挺	织物表面有细纹,纱线压扁,光泽柔和如绸缎,手感稍硬
应用范围	一般漂布或印花布	府绸类最佳	深色斜纹衬里布、中特纱平纹花布等	横、直贡缎,低特(高支)纱平布等

二、轧纹整理

纺织品的轧纹整理和轧光、电光整理相似,都是利用织物在湿热状态的可塑性,并利用光泽整理设备中硬轧辊(即金属辊)表面的变化,即使用刻有花纹的硬轧辊轧压织物,使其表面产生凹凸花纹效应和局部光泽效果。

1. **轧花** 轧花机多为两辊式,其软、硬辊为母子辊,硬钢辊筒上刻有深度较大的花纹,硬钢辊辊筒圆周长度与软辊圆周长度要保持一个整数比例,如1:2或1:3等,并以齿轮啮合,使软、硬轧辊保持相同线速度运转,软辊上压行的花纹图案与硬辊上雕刻的花纹紧紧地吻合。

2. **拷花** 又称轻式轧花,由轧纹辊筒(印花机用紫铜辊筒)与丁腈橡胶辊筒(胶层厚度约25mm)配合组成,只有硬辊刻有花纹,刻制方法采用腐蚀法,花纹深度较浅,只有0.4~0.6mm,压力也较小。拷花用的硬辊由刻有凸版花纹的淬火硬钢辊挤压而成。织物经整理后,被轧着花纹处显示出光泽。

轧纹用金属辊筒可以采用内加热或外加热方法加热至150~200℃,印轧含有热塑性纤维的织物,或先经热固性合成树脂初缩体处理过的纤维素纤维织物,焙烘以后即生成耐久性凹凸花纹和局部光泽。

耐久性轧花整理工艺流程为:

二浸二轧树脂整理液(轧液率60%~70%)→预烘→拉幅烘干→轧花(拷花)→松式焙烘→成品

学习任务2-4 绒面整理

目前,绒布的加工方法很多,除了通过织造的方法直接获得之外,与机械整理加工有关的方法主要有以下几类:

(1)通过起毛机获得绒布;

(2)通过磨毛机获得绒布;

(3)通过割绒方法获得灯芯绒、平绒等;

(4)通过静电植绒法获得植绒织物;

(5)纤维发生原纤化获得绒布;

(6)通过砂洗获得砂洗织物。

此处重点介绍通过起毛机和磨毛机获得绒布的加工方法。

一、起毛整理

古人用植物的荆刺反复刮剐织物表面,使织物中的绒毛被挑出剐起。而现代起绒已经进入设备仪表控制自动化时代,起绒技术应用领域涉及棉、毛、化纤、混纺等原料的机织或针织品,应用范围广。起绒改善了织物外观和风格,使织物表面蓬松厚实,手感柔软,质地丰满,大大提高了织物的服用性能和附加值。

1. **起毛设备** 起毛整理是利用起毛的钩刺将纤维末端从纱线中均匀地拉出来,使织物表面产生一层绒毛的加工过程。起毛也称作拉毛或起绒。

刺果起毛机和钢丝起毛机是常见的起毛设备。刺果起毛机作用温和,起绒力小,对织物强力损伤小,但效率低;钢丝起毛机作用强烈,起绒力大,效率高,但对织物损伤较大。目前,在实际生产中,钢丝起毛机应用较多。

钢丝起毛机的结构主要包括起毛大滚筒、起毛针布辊、除毛屑辊、进出布装置、吸尘装置等(图2-20)。

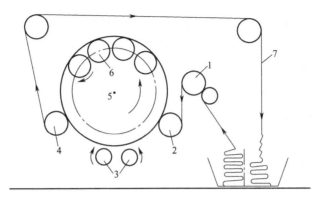

图2-20 双动式钢丝起毛机结构示意图
1—张力辊 2—进布辊 3—除毛屑辊 4—出布辊
5—起毛大滚筒 6—针布辊 7—织物

钢丝起毛机是将针布斜向缠绕在滚筒上形成针布辊,若干根针布辊以圆周状平行分布安装在大滚筒的表面,针布辊的数目有18、24、30、36、40。在钢丝起毛机中,大滚筒、针布辊、织物分别由各自的传动系统拖动,三者的速度可以独立调节、控制。通过调节大滚筒、针布辊、织物三者之间的速度,可以对织物产生起毛或梳理作用。

钢丝起毛机分为单动式(又称单式)和双动式(又称复式)钢丝起毛机。单动式钢丝起毛机的针布辊转向一致,钢针弯角方向均相同(图2-21)。工作时针布辊自转方向和大滚筒的转向相反,和织物运行方向相同,调节针布辊速度,可以达到不同程度的起毛:当针布辊速度大于织物速度时产生起毛作用,起毛方向与钩刺弯角方向一致;起毛作用随着针布辊速度的增加而增加。这种起毛机结构简单,调节幅度小,起毛效果较差,目前较少使用。

双动式钢丝起毛机的起毛大滚筒上装有两组数目相等、钢针钩刺弯角方向相反的针布辊,依次间隔排列。其中钩刺转角与织物运行方向一致的是顺针辊(PR),钩刺弯角方向与织物运行方向相反的是逆针辊(CPR)(图2-22)。工作时,顺逆针辊自转方向一致,均与织物运行方向和大滚筒转向相反。同样织物、大滚筒、顺逆针辊分别由不同的传动系统拖动,速度可以独立调节,结果使顺(逆)针辊的钩刺将纤维挑起起毛,而顺(逆)针辊钩刺则将纤维梳理,如此配合完成起毛过程。

双动式钢丝起毛机起毛效果好,调节范围大,适于多种产品的加工,只是操作复杂,目前被广泛使用。

2. 起毛原理 起毛作用是由针布辊和织物运行的速度差产生的。调节顺逆针辊的速度、大滚筒和织物运行的速度和张力,可以获得不同的起毛效果。

工作时,顺、逆针辊既随大滚筒公转,同时又作与大滚筒方向相反的自转。织物包绕在针布辊表面与大滚筒运行方向一致,且织物运行的速度低于大滚筒表面速度。由于起毛大滚筒、顺

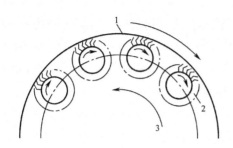

图2-21 单动式钢丝起毛机工作示意图

1—织物 2—针布辊 3—起毛大滚筒

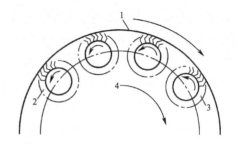

图2-22 双动式钢丝起毛机工作示意图

1—织物 2—顺针辊 3—逆针辊 4—起毛大滚筒

针辊、逆针辊和织物的运行速度可以分别独立调节（分别以 V_D、V_{PR}、V_{CPR}、V_F 表示），这样通过控制它们之间的速度，使其保持某种关系，即可决定起毛针布辊的起毛作用及效果。

对于逆针辊（CPR）来说，有三种情况：

①当 $V_{CPR} > V_D - V_F$ 时，逆针辊钩刺插入到织物内部，相对运动导致产生了相对位移，使钩刺再由内部向织物表面移动，并将纤维带出织物表面完成一次起绒过程。其中起绒的强弱取决于 $V_D - V_F$ 的差值。差值大，起毛力大，易于损伤织物。

②当 $V_{CPR} = V_D - V_F$ 时，逆针辊与织物相对运动，钩刺插入织物后同步运转又原状从织物中抽出，对织物不产生任何的刮挠作用，无起绒效果，此时称为零点，有柔软、疏松织物的作用。

③当 $V_{CPR} < V_D - V_F$ 时，则钩刺背面与织物接触可将绒毛压向织物一面。当钩刺离开织物表面时，由于有相对运动，可促使钩刺尖部将织物表面绒毛梳理，完成一次梳理过程，具有梳理织物的作用。

同理，顺针辊（PR）也存在三种状态：

①当 $V_{PR} > V_D - V_F$ 时，有梳理作用。

②当 $V_{PR} = V_D - V_F$ 时，为零点。

③当 $V_{PR} < V_D - V_F$ 时，有起绒作用。

由上述分析可知，通过控制各种速度参数，可以使顺（逆）针辊起毛或者梳理。在靠近零点时，由于钩刺与织物的相对运动小，起毛和梳理作用减弱；远离零点时，钩刺与织物的相对运动加大，起毛和梳理作用加强。

3.影响钢丝起毛机起毛效果的因素和工艺分析

（1）纺织原料。

①纤维种类：织物的起毛效果与纤维分子结构和形态、力学性能有直接关系。

棉纤维强度高，适合选用针杆挺壮、尖锐的钩刺或新针布。棉纤维遇到水后起毛困难，所以应先烘干再起毛。另外成熟度好且含一定蜡质的棉，利于起毛。

黏胶纤维与棉结构相近，起毛工艺与棉基本相同。化纤强度大，表面光洁，则选择弹性好、针杆粗、尖锐的针布进行起毛。羊毛强度低，所以选择不锐利的针布起毛。在湿态下起毛对羊毛损伤小。无论是干、湿起毛，对于新针布最好先经过一段时间的棉起毛后，再用于毛织物的起毛。

②纤维的细度和长度：起毛加工主要针对纬纱。通常棉纤维长度越短,线密度越高,起毛后强降小,利于起绒；反之纤维越长,成纱后纤维间的摩擦力越大,纱线难于解体,起毛困难。

纤维越细,刚性越差,起毛后的弹性差；线密度相同时,细纤维成纱时纤维根数多,相同捻度下纤维抱合力大,难于起毛。精梳纱使用的纤维较普通纱线长,捻度高,故难起绒。

对于化学纤维而言,粗纤维织物可以获得良好的起毛风格和外观。

总之,从起毛效果、织物强力损伤程度及外观等来看,短纤维织物效果好；而从风格上看,粗纤维织物效果好。

纤维的细度和长度对产品的强力、风格、外观的影响见表 2 - 5。

表 2 - 5　纤维细度、长度对起毛产品强力、风格和外观的影响

纤维	织物起毛后的特征	纤维	织物起毛后的特征
粗—长纤维	风格好	粗—短纤维	风格好、强降小
细—短纤维	强降小	细—长纤维	风格差、强降大

③纱的捻度和捻向：纱线经过加捻,纤维在纱线上的倾角变大,纤维内外缠绕,纱线结构紧密,纤维间摩擦力加大,纱线强度增加,不利于起毛。

若纱线中纤维螺旋排列方向与起毛针布在针布辊包覆缠绕方向一致时,起毛相对较难；反之起毛容易。

一般来说,Z 捻较 S 捻利于起毛。纬纱是 Z 捻的织物,用逆针辊(CPR)起毛,起毛效果较好；纬纱是 S 捻的织物,用顺针辊(PR)起毛,起毛效果较好。

因此,起毛坯布应含有低度的弱捻纱和纱线纤维捻合比较松散,这样利于起毛。同时要求织物的经纱有足够的强力以保证织物的强度。

(2)织物组织。

①纬纱密度：纬密小容易起毛,但绒毛长而稀；如果纬密过小,纱线容易位移,纬向强度过低。纬密大虽然强力大但出绒少,产生细短绒,绒面效果不好。总之,在保证纬向强力的条件下,纬密尽可能小。

实践证明：传统双面绒、单面绒产品纬密为 157.4 根/10cm(40 根/英寸)时容易起毛,效果也好。为获得细密短绒、强降小的产品,可采用低特(高支)经纱,并提高经纱密度。仿麂皮绒面织物为了获得绒毛短、密,纬密应选择大些。

②织物组织：在相同线密度、紧度条件下,起毛难易顺序为：平纹、斜纹、缎纹。在组织结构上分析,起毛效果与纬浮点数、纬浮线长度,织物结构的紧度有关。纬纱浮点多,起毛容易,但落毛多,强降大。纬纱浮点长度长,浮于布面的纬纱线量多,经纱对纬纱的压力少,起毛容易。织物结构紧度大,纬纱的屈曲程度大,纬浮点突出布面,容易起毛。

(3)染整工艺。织物起毛前需要经过退煮漂前处理工序、印染、化学整理等工序。为了保证起绒顺利进行,需要对以上工序进行合理的安排和控制。

①前处理:前处理的原则是重退浆、轻煮练、适当加重漂白。退浆后织物结构松弛,手感柔软,易于起毛。蜡质的存在可以降低摩擦系数,起毛容易。所以充分煮练的织物难于起毛。漂白时严格控制织物强力,如果强度损失大,起毛难度大。丝光棉初始模量大,不容易起毛,绒毛短,但弹性好。对于仿麂皮棉织物可先丝光后起毛,产品绒毛短匀、富有弹性而有别于其他绒布。对于一般的绒布产品来说,要求绒毛柔而长并容易起毛、出绒,因此不做丝光处理。

②印染:染料种类、浓度、上染条件、助剂等对起毛都有影响。实践证明:棉用直接染料染色时,非离子缓染剂存在会增加纤维间摩擦系数,使起毛困难。通常染浅色时,缓染剂用量多,因此浅色织物难起毛。

酸性染料染色时,降低 pH 值有利于染色。织物上残留的助剂如食盐、硫酸钠、磷酸二氢钠等都可以增大纤维间的摩擦系数,如果含量多,则起毛困难。

③后整理:织物经柔软剂或润滑剂处理后有利于起毛。研究表明:离子型柔软剂可降低摩擦系数,适合用作起毛柔软剂。阳离子型柔软剂效果好于阴离子型柔软剂。非离子柔软剂多数增大摩擦系数,对起毛不利。

织物经过树脂整理后,由于整理剂在纤维内部交联或沉积,增大摩擦系数,造成起毛困难。对于采用某些交联型整理,可以考虑将交联反应放在起毛后进行。也可以增加起毛次数。具体工艺流程为:

浸轧整理剂→烘干→起毛→焙烘

(4)设备因素。起毛机的型号,针布辊的根数和直径,针布材料和钩针锋利程度,钢丝号数、针杆长度、针密度等的合理选择也是保证起毛效果良好的重要因素。

4.起毛工艺分析

(1)起毛方法:包括干起法、湿起法和水起法。

①干起法。指织物在干燥状态下起毛,这种方法应用最普遍。干态下,纤维刚性大,针布对织物作用力大。棉型织物、黏胶织物、粗纺毛织物如毛毯和大衣呢等均采用干法起毛,钢丝起毛机可以用于干法起毛。

②湿起法。指织物在润湿状态下起毛。此时,纤维刚性小,起毛力缓和。刺果起毛机和钢丝起毛机都可以用于湿法起毛。

③水起法。指将织物浸在水中,带水直接起毛。一般用于刺果起毛机对羊毛的起毛。

(2)含湿率。纤维素纤维在干态下利于起毛,棉织物起毛时,含湿率控制在 6.5% 左右效果好;黏胶织物起毛时,也应保持相对低的含湿率,具体可以根据试验效果确定。毛织物在含湿率较高的状态下,起毛效果好,通常控制在 60% ~70%,以手摸上去不是水淋淋而是湿漉漉的感觉为宜。含湿率对化纤织物起毛效果影响不大。

(3)织物张力。起毛时,布面的张力大小直接影响起毛效果。布面张力大,针辊所受的阻力大,起毛力小,所起的毛绒短;张力太小,会引起起毛不匀和外观恶化。另外,经向张力大小均匀,可以保证起毛均匀。

(4)起毛次数及布速。通常采用分步起毛的方式,起毛的力度由弱逐渐变强,这样起出的绒毛厚密,也可以避免一步法强起毛给织物纤维带来的过度损伤。降低起毛力,同时增加起毛次数,有利于拉出短、密、匀的绒毛;提高起毛力,同时减少起毛次数,拉出的绒毛稀疏、长。

起毛布速慢,起毛力大,但生产效率低,此时,可以适当考虑减少起毛次数。但需注意,起毛次数太少,绒面效果不好。布速一般控制在5~20m/min。

(5)顺针辊和逆针辊的组合。从起毛效果来看,顺针辊(PR)适合起长绒,逆针辊(CPR)适合起短绒。操作上如果使逆针辊支撑织物,加大顺针辊的速度,使顺针辊深度起毛,可得到长绒毛,反之可得到短绒毛。当顺针辊速度过低时,织物易于朝着出布辊方向推移和堆积,造成织物运行时出布慢、进布快,织物不能紧贴于起毛大滚筒,并容易轧入针布辊中损坏织物。所以,工艺上合理协调控制顺针辊、逆针辊的速度很重要,一般 $V_{PR}:V_{CPR}$ 为 1:(1.2~1.5)。

(6)零点的调节与控制。零点分为机械零点(理论计算零点)和上机零点。机械零点是指顺、逆针辊的针尖与织物的接触点,在切线方向上合速度为零时的机械状态,这是起毛设备设计、调试和正常运行的参考基准。上机零点是指顺、逆针辊的针尖对织物产生最小梳毛和最小起毛作用时的上机机械状态,这是上机工艺调节的参考基准。

在上机零点状态时,由于起毛钢针的变形、张力作用和织物在针布辊上的包绕弧等因素,导致针尖与织物的接触点产生相对位移差,从而对织物起毛产生影响。从结构上看,织物在此时厚度增加和绒面效果的产生,主要是纬向收缩和纱线受到疏松作用的结果,而不是起毛作用所致。这种状况重复次数越多,则针尖在进出织物时损伤纤维的概率越大,造成织物纬向强力减小。不同织物对应不同的上机零点,但其机械零点都是一致的。随着起毛设备的使用,针布更换和起毛工艺参数的调整,会导致机械零点和上机零点产生漂移,所以事实上,起毛工艺操作都是以上机零点为基准,掌握好上机零点状态,就可以制订准确的上机工艺,从而获得满意的绒面效果。

5. 常用起毛产品的生产工艺流程

(1)纯棉中浅色单面绒产品的生产工艺流程。

翻布→缝头→碱退煮一步→漂白→(丝光)→染色→烘干→柔软整理→烘干→起毛→后处理→成品

纯棉绒布具有吸湿性高,柔软、厚实、保暖的特点,适合作内衣、睡衣、童装等。中浅色品种采用先染色后起毛的工艺。

为了保证绒布质地柔软、手感丰满、易于起毛,且强力损失小,纬纱要粗些,经密和纬密不宜高,捻度要小,棉纤维等级不要太高。如下的坯布规格比较适合起毛:28tex×28tex斜纹布,幅宽96cm,经纱密度157根/10cm,纬纱密度165根/10cm。

起毛前,一般要浸轧柔软剂或者上蜡处理,这样可以增强起毛过程中的润滑作用,降低摩擦系数,有利于起毛钢针的插入和脱离。

(2)纯棉双面绒印花产品的生产工艺流程。

翻布→缝头→碱退煮一步→氧漂→烘干→柔软整理→烘干→起毛→定形→上浆→印花→后处理→成品

纯棉双面绒印花产品要求绒毛短、密、匀,缩水率小,特别要保证织物的强力。为了便于起毛,还要保证织物在练漂后有一定的白度和渗透性,可采用轻煮练的前处理方法,一般练漂半制品的毛效控制在 7 ~ 8cm/30min 为宜。另外,由于双面绒织物厚,难以烘干,故加工时车速不宜快,可以采用复烘的方式。

上浆是为了保证花型轮廓清晰,提高印花质量和效果。绒布水洗后一般采用上轻浆(淀粉浆 10g/L)的工艺,将表面的绒毛粘压一下,绒毛压倒,表面平整,便于印花。上浆太厚则手感发硬,会给印花带来困难。

(3)涤/棉中浅色起毛产品的生产工艺流程。

翻布→缝头→精练→漂白→染色→烘干→起毛(剪毛)→定形→成品

6. 起毛产品的效果评定 起毛效果评定有感官评定法和仪器测定法。一般起毛后绒毛的密度、长度、光泽、均匀度、手感、遮覆性等常用眼看手摸的感官法予以判定。而强力、厚度、弹性等指标则采用相应的仪器测定。

二、磨毛整理

1. 磨毛设备 目前,磨毛机有砂磨机(利用金刚砂粒)和金属辊磨毛机(利用金属尖刺,又称磨粒)两类。

(1)砂磨机。砂磨机是利用表面粘有尖锐锋利的金刚砂粒的砂纸反复摩擦织物表面,使织物表面产生短、密绒毛,完成磨毛整理的。按砂纸在设备上的工作状态,分为砂辊式和砂带式磨毛机两种。其中砂辊式磨毛机,是国内大多工厂所采用的,而砂带式磨毛机应用较少。

①砂辊式磨毛机:将不同粒度的砂纸紧紧包覆在可转动的导辊上,制成砂辊,通过转动的砂辊与织物的摩擦来完成磨毛过程。

砂辊式磨毛机主要由砂辊、张力调节辊、轧布辊、吸除尘装置、进出布装置,传动装置等组成,如图 2 - 23 所示。

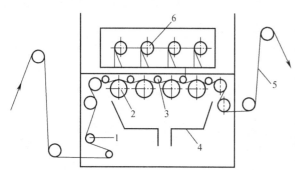

图 2 - 23 砂辊式磨毛机结构简图
1—张力调节辊 2—砂辊 3—轧布辊
4—吸除尘装置 5—织物 6—传动装置

砂辊是主要的工作件。砂辊式磨毛机有单辊,也可以是多辊,目前应用较多的是多砂辊磨毛机,砂辊最多可达 6 个以上;一般采用卧式排列,也可以是立式排列。砂辊可以任意升降位置。配合张力调节辊的使用,可以调节织物与砂辊的包覆角,改变砂辊与织物的接触状态,对不同品种、不同厚薄织物的磨毛程度进行合理的控制。砂辊是分别驱动的,速度可以独立调节,正反转均可。在工作时,砂辊内可通流动冷水降温。

张力调节辊通常位于砂辊两侧,用于调节织物与砂辊的包覆角,控制磨毛程度。

刷毛辊位于砂磨的后序,用来去除织物上的磨屑,保持绒面清洁。吸除尘装置通过真空吸尘作用,将机器内部的磨屑全部吸出机外,防止污染环境。轧布辊位于砂辊的上方或下方,可上下移动,调节织物与砂辊之间的间隙,控制磨毛作用力。

②砂带式磨毛机:砂带式磨毛机是将磨毛砂纸紧贴在无接缝的环形导带上,制成可循环运行的砂带,并使之与织物表面接触,进行磨毛加工。

砂带式磨毛机主要由环形砂带、主驱动辊、压辊、包覆角调节辊和刷毛、吸尘等装置组成(图2-24)。该设备主体为皮带传动系统,由主驱动辊环状砂带循环运行。通过改变包覆角调节辊的位置,增大或减小砂带织物接触面积,控制磨毛程度。

(2)金属辊磨毛机。金属辊磨毛机与砂磨机的工作原理、组成结构相同,都是通过摩擦使织物起毛;只是磨毛辊不同。金属辊磨毛机是利用金属磨毛辊,金属辊面上直接铸有密集锋利的小磨粒;工作时与织物接触,进行磨毛加工。它具有磨毛效果稳定,产生绒毛稠密,质量好,可赋予柔软、蓬松的手感等特点;特别是辊上的金属磨粒的耐磨性远优于砂纸,可以长时间保证良好的磨毛效果,适于大批量生产。

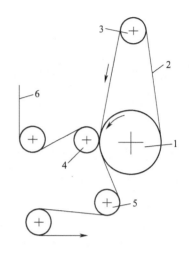

图2-24 砂带式磨毛机结构简图
1—主动辊 2—砂带 3—张力辊 4—轧辊
5—包覆角调节辊 6—织物

但这种磨毛机结构相对复杂,投资成本高,尤其在磨毛过程中会产生大量的摩擦热,使磨毛辊温度升高。此时若加工涤纶等合成纤维织物,高温的磨毛辊会使纤维发生熔融,以至不能磨出理想的绒毛。同时大量的纤维熔融会堵塞和黏附在磨毛辊,大大降低金属磨粒的锋利程度,使磨毛效率大幅度下降。

2.磨毛原理 磨毛加工是利用随机密集排列的尖锐锋利的磨料(金刚砂或金属磨粒)摩擦织物表面,对织物进行削磨加工。工作时,高速运转的砂磨辊(带)与织物紧密接触,磨料刀锋棱角先将织物纱线中纤维拉出,并切断成1~2mm长的单纤维,然后依靠磨料的进一步高速磨削作用,使单纤维形成绒毛。随着磨削过程的进行,织物上长短不一的绒毛趋于磨平、一致,形成均匀、密实、平整的绒面。

磨毛织物的绒毛细、密、短、匀,有皮革的平滑细腻感和舒适感,其性能优于起毛织物。另外,磨毛产品还改变了织物外观,消除了织物表面的极光。而起毛产品的绒毛长,感觉厚重,且绒毛刚性强,对皮肤有一定的刺激性。

3.影响磨毛效果的因素

(1)磨粒和砂皮:作为直接摩擦织物的材料要有较高的硬度、耐磨性、耐热性,保证加工性能良好的尖锐锋利的棱角。

作为磨粒的材料有氧化物、碳化物和高硬度材料(天然或人造金刚石材料)等,其中氧化物和碳化物应用最广。

磨粒的几何形状是随机的,颗粒大小以粒度表示。粒度号大,磨粒实际尺寸越小。

一般轻薄织物起短绒,采用柔和高号数的砂皮;厚重织物起长绒,采用摩擦剧烈的低号数的砂皮。

（2）砂磨辊与织物的运行速度：磨毛时，一般砂磨辊表面的线速度大大高于织物的运行速度。

两者速度差大，织物与砂磨辊接触时间相对长，织物表面越易形成短、密、匀的丰满绒毛，磨毛效果好；但布速不能太慢，否则织物会受到过度摩擦，强度下降严重，严重的甚至磨破。反之两者运行速度相近则产生稀而长的绒毛，织物强降少，手感较硬。对于粗厚织物，砂磨辊的速度可以高些，而轻薄织物宜低些。砂磨辊转速和布速可以分别调节的，一般砂磨辊在 800 ~ 1500r/min，布速在 10 ~20m/min 范围内。

另外，砂磨辊转动方向对磨毛效果有影响。当砂磨辊回转方向与织物运行方向一致时，磨毛作用小，磨毛柔和；当两者的方向相反时，磨毛效果好，但织物强降大，操作难度增加，故一般反转砂磨辊不宜多用。

（3）织物与砂磨辊的接触程度：织物与砂磨辊接触后形成包覆角。包覆角越大，织物与砂磨辊接触面积越大，磨毛作用显著，效果好。但织物强力下降大，严重的会磨破织物。包覆角的大小是通过轧布辊的压力控制。通常织物与砂磨辊接触弧长为 1 ~1.5cm，绒毛基本可以达到要求。同时，必须恰当地控制好车速和接触弧长，否则会造成磨毛不良或织物强力下降过多。一般强力下降控制在 15% ~20% 为宜。

（4）纤维和织物结构：纤维不同，磨毛后力学性能差异很大。合成纤维强度高，磨毛难度大，容易起球，磨毛效果差，强度降低少。纤维素纤维强度低，含杂质多，纤维容易起毛，并获得良好的磨毛效果，但强度损伤大。纤维长度短，起毛容易。

织物中纱线捻度高，经纬密度大，不容易磨毛。通常磨毛产品的坯布纱线捻度要降低 10% ~15%，这样有利于磨毛。

磨毛时磨粒对经纬纱的磨削概率是相同的，但纬纱受到磨粒垂直的削磨作用，所以磨粒对纬纱的磨削作用大，纬纱磨损大。对于稀薄织物，磨毛后强力损失大，容易造成纬纱移位，磨毛难度大，一般采用高号数砂皮磨毛。中厚织物、提花织物、条纹织物、卡其类织物等纬纱浮点多，相对容易磨毛，常选择低号数的砂皮磨毛，产生的绒毛浓密、长而匀。

（5）织物张力控制：张力的大小决定了织物与砂磨辊接触时绷紧的程度和磨粒刺入织物的深度。在一定范围内，随着张力的提高，织物绷紧，布面与砂磨辊接触越紧密，嵌入织物的磨粒越多，嵌入深度越大，磨毛作用增强，磨毛效果好。但当张力达到一定值后，由于嵌入织物的磨粒趋于饱和，数目不再增加，故磨毛效果已经无多大改善，如不改变其他参数则磨毛效果不会提高，张力太大反而织物断裂强度下降。

实践证明，对中厚密织物强力可以大些，以 0.4MPa 为宜；对稀薄织物张力宜小些。

（6）轧布辊与砂磨辊的隔距：轧布辊与砂磨辊之间的隔距，一般略大于织物厚度 0.1 ~0.3mm，这样既可以保证织物顺利进入摩擦点，又能使织物磨毛。

（7）磨毛次数：多次磨绒可以提高磨毛效率，磨毛效果好。但织物强力随磨毛次数增加而下降，所以应根据织物所承受撕裂程度和所需毛感的实际情况而定。

（8）染整加工工艺：染色织物经过磨毛后颜色一般变浅。若织物磨毛后再进行染色，则选择颗粒细的染料。染料颗粒细，渗透性好，纤维容易透染，纤维内部上染较多，经过磨毛后正反色差小。反之,若染料颗粒粗,则使纤维表面着色多,磨毛后织物正反色差大。

织物经过树脂整理后,会使磨毛加工有一定困难,但可以提高织物绒毛的抗压性。为了解决此问题,可采用浸轧树脂整理工作液→烘干→磨毛→松式焙烘;若在树脂整理后再加一次轻磨毛,则磨毛效果更好。

4.常用磨毛产品的生产工艺流程

(1)纯棉或者含棉混纺织物的生产工艺流程:根据磨毛织物品种,烧毛一般为一正一反、轻烧或只烧反面。本色布、漂白布和浅色布可不丝光。对于先染后磨或先磨后染工序的选择,通常与织物颜色的深浅有关。一般来说,对于中浅色织物如浅灰色、淡黄色、浅粉色等,采用先染后磨工艺,可使正反面色差小,绒面色光无变化;对于深色织物如深蓝色、藏青色、墨绿色、黑色等,应先磨毛后染色,否则极易产生正反面色差。目前,很多企业在实际生产中,无论颜色深浅,全部都采用先磨后染工艺。另外,磨毛后染浅色可不进行染色前的水洗(因染色机进布前有吸尘装置,可吸除布面绒毛)。

①本色磨毛织物:

翻布→缝头→烧毛→退、煮、漂→柔软整理→(定形)→(丝光)→打卷→磨毛→(防缩)→成品

②漂白磨毛织物:

翻布→缝头→烧毛→退、煮、漂→复漂→柔软整理→(定形)→(丝光)→打卷→磨毛→柔软拉幅(兼加白)→(防缩)→成品

③中浅色磨毛织物:

翻布→缝头→烧毛→退、煮、漂→(定形)→(丝光)→染色→(后定形)→柔软整理→打卷→磨毛→柔软拉幅→(防缩)→成品

④深色磨毛织物:

翻布→缝头→烧毛→退、煮、漂→(定形)→丝光→(打卷)→(亲水柔软整理)→磨毛→(水洗)→染色→(后定形)→柔软拉幅→(防缩)→成品

(2)涤/棉织物磨毛产品的生产工艺流程:

松弛前处理→预热定形→碱减量处理→皂洗→松式烘干→染色→柔软烘干→磨毛→水洗→柔软、拉幅定形→成品

涤/棉织物经过磨毛后消除了涤纶的蜡状手感,使涤/棉织物穿着舒适感明显好转。预热定形温度不能太高,过高会使织物结构太稳定,导致磨毛困难。深色品种也采用先磨后染的工艺路线。

碱减量处理可以使涤纶表面具有多孔性并产生凹穴,降低了涤纶的刚性,提高了织物的悬垂性,并有丝绸般的手感,吸湿性提高。

(3)超细涤纶桃皮绒产品的生产工艺流程:以中浅色产品为例。

前处理→碱减量处理→定形→染色→柔软整理→磨毛→砂洗→柔软整理→拉幅定形→成品

在染整加工中,需要用化学或者物理方法将复合纤维分开,才能形成超细纤维,这个过程称

为开纤。通常使用的是化学方法即碱减量处理,在碱的作用下复合纤维溶胀、膨化,并产生分离,从而形成超细纤维。另外,碱减量处理可以使涤纶超细纤维获得常规涤纶经碱减量处理后的效果,表面具有多孔性并产生凹穴,使手感柔软,提高吸湿性。

碱减量处理后,纤维表面有很多裸露的微纤,若在松弛状态下使纤维膨化疏松,配合磨毛砂洗—柔软剂处理,即可使这些裸露于织物表面的微纤竖立起来,得到手感丰满的桃皮绒产品。超细桃皮绒产品工艺流程详细描述可见学习任务7-4仿桃皮绒整理。

(4)超细涤纶仿麂皮产品的生产工艺流程:

松弛前处理→预热定形→碱减量处理→起毛→剪毛→染色→浸轧聚氨酯涂层液→湿法凝固→水洗→柔软烘干→磨毛→水洗→柔软、拉幅定形→成品

超细涤纶用聚氨酯涂层加工后,再经过磨毛处理,可以获得仿麂皮的效果。具体工艺详见"学习任务7-5仿麂皮整理"。

5. 磨毛产品的质量评定 磨毛之后的产品无论手感和毛感都有很大的提高:磨毛之后,织物的组织相对蓬松且手感柔软;毛感相对比较均匀,而毛的疏密长短,则是根据来样的要求而定的。

通常,测定磨毛产品质量的方法根据肉眼观察和手摸,要求比较高的可用放大镜来观察。织物经磨毛后,应注意观察是否有边差,即两边和中间的毛感是否一致;还要检查织物的强度,主要是撕裂强度是否能达到要求。

织物经磨毛后,有的无须定形(机织物),有的则要定形(针织物);不一样的织物磨出来的毛感也不一样,但结果都是为了提高织物的使用舒适度。

三、起毛和磨毛的比较

起毛织物的绒感比较厚实,绒毛较长;磨毛则强调的是毛感,相对于起毛来说,磨毛织物的绒毛比较短。

学习引导

一、思考题

1. 什么是定形整理?织物为什么要进行定形整理?

2. 试述织物缩水的主要原因。防缩的方法有哪些?

3. 有一块织物量得其经向长度为25.4cm,从中抽出经纱,其长度为27.45cm,然后将织物进行缩水试验,测得织物经向长度为23.4cm,已知该经纱的缩水率为2%,求缩水前后的织缩及织物的经向缩水率。

4. 试述三辊橡胶毯预缩机预缩整理的机理,并画图表示。

5. 气流式柔软整理机作用原理是什么?

6. 改性硅油包括哪几类?

7. 影响轧光整理的工艺因素有哪些?

8. 磨毛整理的原理是什么?

9. 常用的磨毛设备有哪些? 结构如何?

10. 起毛的原理是什么?

11. 常用的起毛机有哪些? 结构如何?

12. 影响磨毛效果的因素有哪些?

13. 影响起毛效果的因素有哪些?

二、训练任务

一般性整理工艺设计

1. 任务 包括拉幅工艺设计、柔软工艺设计、硬挺工艺设计、轧光工艺设计、起毛工艺设计、磨毛工艺设计。

2. 任务实施

(1)选择棉织物柔软整理的方法。

(2)设计整理工艺,包括工艺流程、药品与设备、工艺条件、工艺说明。

(3)课外完成:以小组为单位,编制成 ppt。

(4)课内汇报形式:小组讲述,其他小组提问,教师指导,共同完成学习任务。

三、工作项目

棉布磨毛整理生产

任务:按客户要求生产一批磨毛棉布。

要求:设计棉布磨毛工艺并实施,包括工艺流程、工艺条件、设备、工艺操作、产品质量检验等。

学习情境3　防皱整理(树脂整理)

学习任务描述:

树脂整理的生产首先是根据产品的需要,选择合适的整理方法及树脂,然后将树脂和催化剂、柔软剂等组成树脂整理液,进行实验室小试;再根据测定的整理效果 DP 等级、强力变化等确定树脂整理液的配方和用量;进行大车中试,以确定最合理的树脂整理工艺;最后批量生产。

学习目标:

1. 能根据产品要求,选用合理的树脂整理方法及树脂整理剂、催化剂和添加剂;

2. 能够进行树脂整理的工艺设计;

3. 能够对树脂整理后的产品质量进行测定。

棉、毛、丝等天然纤维,因其具有吸湿透气、穿着舒适等特点而受到人们的青睐。但是天然纤维具有易缩水、穿着容易起皱、洗涤后织物不平整等缺点,无法满足人们对服装面料美观舒适、容易打理等越来越高的要求。通过树脂整理,可以使棉、黏胶纤维等织物及其混纺织物具有免烫性能和干、湿抗皱性能。目前,树脂整理产品可以用于制作衬衫、裤料、运动衫、工作服、床单、窗帘等。

树脂整理就是利用防皱整理剂来改变纤维及织物的物理和化学性能,提高织物防缩、防皱性能的加工过程。

对棉进行防皱整理始于 20 世纪 50 年代。从发展过程来看,树脂整理经历了防皱防缩整理、免烫整理、耐久压烫整理三个阶段。

防皱防缩整理是赋予整理品良好的干防皱防缩性能,穿着时不受拘束、不易起皱。但洗涤后,织物仍需熨烫,尤其是洗衣机出现后,衣物洗涤脱水后出现折皱,没有免烫的性能,此时免烫整理开始发展起来。

免烫整理要求织物同时具备干、湿两方面的防皱性能,保持平整和光洁的外观,理想的免烫整理织物应在经过反复洗涤和服用后仍能保持平整的外观。

耐久压烫整理(即 PP 或 DP 整理)是一种更高水平的免烫整理,是将防皱整理与成衣服装加工结合起来,可以在成衣熨烫时,通过防皱整理剂与织物反应,既实现了织物防皱效果,又满足了成衣工业的需要。耐久压烫整理后,成衣在穿着时平整、挺括、不起皱,并且口袋、领子、袖子等缝合部位在洗涤后没有抽缩及臃肿现象,同时保持经久耐洗的褶裥如裤线、裙褶和优良的洗可穿性能。由于涤和棉的混纺使整理品的强力和回弹性的矛盾互相补偿,耐久压烫整理在涤/棉织物中有广泛的应用。但在纯棉上的应用由于织物强力下降严重,尚在研究中。

目前,防皱整理产品还存在很多不足,比如整理后织物强力、耐磨性等机械性能的下降严重,整理产品有吸氯问题及甲醛污染问题等。因此,寻找新的整理方法和工艺,大力开发和研制新型防皱整理剂如低甲醛、无甲醛整理剂,是改进和提高树脂整理质量的唯一途径。

学习任务3-1 树脂整理的原理及方法

一、织物折皱形成的原因

织物在服用过程中形成折皱是一个非常复杂的过程。织物折皱的形成可以简单地看成是外力使纤维弯曲变形,放松后由于纤维素纤维回弹性差,未能完全复原,部分折皱就被保留下来。

从微观角度看,纤维由结晶区和无定形区两个部分组成。在纤维素纤维的结晶区,纤维大分子排列整齐、紧密,大分子之间的氢键数目多、强度大,同时,因分子排列紧密,分子间作用力也很大。当受到外力作用时,大分子能共同承受外力作用,因此在纤维的结晶区发生大分子移动的机会是极少的,也就是说纤维的结晶区是防皱的。在纤维素纤维的无定形区,大分子的排列比较疏松,分子之间的距离较大,大分子或基本结构单元之间的氢键数目较少,分子之间作用力较小。当外力作用时,由于分子排列不够整齐紧密,大分子不能同时受力,于是沿着外力的方向,大分子先后受外力作用而变形,并随分子间作用力的强度不同,逐渐发生分子之间部分氢键的断裂和基本结构单元的相对位移,由于纤维素分子上有很多的极性羟基,纤维素大分子或基本结构单元发生相对移动后,在新的位置上重新形成新的氢键。当外力去除后,依靠纤维分子间未断裂的氢键能量及分子的内旋转,纤维素分子链有回复到原来位置的倾向,但由于新的位置上新形成氢键的阻碍作用,形变不能立即回复。如果拉伸时分子间氢键的断裂和新的氢键形成已经达到足够剧烈的程度,新形成的氢键已经有足够的稳定性时,便出现永久形变,这就是折皱的形成原因。如图3-1所示。

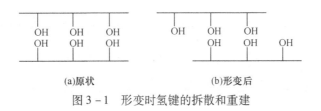

图3-1 形变时氢键的拆散和重建

由此可见,织物的折皱通常出现在纤维的无定形区,并且折皱主要是由于纤维中的分子间力较弱,新的氢键易于形成造成的。

为了提高纤维素纤维的防皱性能,普遍采用在纤维素大分子或基本结构单元之间建立适当的横向交联,这样不仅强化了纤维大分子之间的作用力,而且交联的形成也封闭了部分羟基,减少了新氢键的形成,有利于折皱的回复,从而提高织物的防皱性能。

二、防皱原理

目前,关于纤维素纤维织物经过防皱整理剂处理后,防皱性能提高的机理有以下两种不同观点:树脂沉积理论和交联理论。这两种观点的出现与整理剂的发展紧密相连。

1. 树脂沉积理论　利用多官能团的整理剂整理的织物,在焙烘时经高温和催化剂作用,整理剂自身之间缩合成为网状结构且不溶于水的大分子,沉积在纤维之中,整理剂同时可以和纤维素分子建立氢键和范德华力,使纤维素分子链之间相互缠结,增大了大分子间及基本结构单元之间的相对滑移的阻力,赋予了织物防皱性能。

2. 交联理论　树脂整理剂分子中至少含有两个或两个以上的官能团,在一定条件下,这些官能团可以与纤维素纤维上的羟基反应,在两个相邻的纤维素分子之间建立共价交联,从而把相邻的两个大分子相互连接起来,限制了大分子之间的相对滑移,同时封闭了部分羟基,减少了大分子在新的位置上建立新的氢键的能力,提高了纤维变形后的弹性回复能力,也提高了织物的防皱性能。

从整理剂的发展来看,树脂整理剂先后有自身缩聚型和纤维交联型两大类。据测定,要获得同样的防皱效果,脲醛树脂(UF)整理的黏胶纤维织物上的总树脂含量为15%时,交联型树脂只占1%,这说明脲醛树脂整理剂通过自身缩聚反应而形成沉积树脂来实现的。早期使用的脲醛树脂是多官能团的整理剂,在焙烘时自缩生成立体网状的高分子树脂,沉积在纤维的无定形区。而后来出现的交联型DMEU和2D树脂,是双官能度的化合物,这类树脂通过自身缩聚只能生成可溶于水的小分子,如果不与纤维发生反应,就无法获得满意的防皱效果。由于交联型整理剂在纤维间形成高效的交联,所以交联型整理剂相比自缩型整理剂的用量要少很多。据红外光谱测定,发现交联型整理剂整理后的织物,其纤维分子结构中有新的醚键生成。整理后的纤维在铜氨或铜乙二胺溶液中不溶或近乎不溶。上述实验,从不同的角度证明了整理剂在纤维素大分子之间形成了共价交联,共价交联在防皱防缩性能的提高中起了主要作用。

由此可见,上述两种理论对织物的防皱原理的解释都有贡献。这两种理论可以同时存在,至于哪一种占主导地位,取决于防皱整理剂的结构性质、整理方法及整理条件。综合上述各种理论,其共同点是经过防皱整理后纤维素纤维织物弹性提高,因此,提高了纤维素纤维织物的防皱性能。

三、树脂整理的方法

树脂整理的工艺根据整理剂和纤维素纤维交联状态的不同,有多种形式的工艺,一般可分为干态交联、湿态交联、潮态交联和多步交联工艺。

1. 干态交联工艺　这是最常用的工艺,又称轧烘焙工艺。该工艺连续快速,容易控制,重现性好,但整理后织物强力及耐磨性下降。其工艺流程为:

浸轧防皱整理液→烘干→焙烘→洗涤

干态交联工艺的特征是织物与树脂交联时呈干态,纤维是在没有膨化的状态下交联的。此工艺适用于棉织物的一般防皱整理及涤/棉织物的耐久压烫整理。干态交联工艺可赋予织物优良的干防皱性能,但湿防皱效果较差。这是因为纤维的膨化程度决定了交联发生的位置。

在干态交联中,当浸轧整理液时,纤维溶胀,由于水和整理剂在纤维中的可及度是不同的,其中水分子更易渗透到侧序度较高的结晶区的边缘,而整理剂分子进入侧序度低的无定形区,当纤维烘燥变得干瘪时,整理剂分子有继续向更低侧序度区移动的倾向,经过焙烘后,整理剂分子就在纤维的无定形区形成交联,而结晶区的边缘很少或没有交联,但由于结晶区结构紧密,内部会有大量氢键存在,整理品的干防皱性很高。当纤维处于湿态时,水分子进入侧序度不高的晶区边缘,拆散了原来存在的氢键,加之该区域又没有交联,极易发生变形,因此,整理品的湿防皱性较差。

2. 湿态交联工艺 湿态交联整理工艺一般分成酸性和碱性两种介质的交联。其工艺流程为:

浸轧整理剂、催化剂及各种添加剂组成的工作液→打卷→保湿(15～24h,20～25℃,反应完全后)→水洗→中和→水洗→烘干

此工艺是在纤维素纤维充分膨化的状态和较低的温度下进行交联的。

该工艺可以使整理织物获得优良的湿防皱性能,但干防皱性能较差,织物强力损失及耐磨损失较少。采用湿态交联工艺,由于纤维处于膨化状态,水充斥了整个无定形区,使得低侧序度的无定形区大分子之间的空隙很大,具有有限长度的整理剂分子,是无法在如此大的距离内进行交联的,交联只能发生在侧序度较高的结晶区的边缘。整理织物烘干后,存在于无定形区及晶区边缘的水分消失,此时的无定形区就如同干瘪的水管一样,无定形区内没有必要的交联,晶区边缘交联比较松弛,因此织物的干防皱性能差。

3. 潮态交联工艺 这种交联工艺是纤维在部分膨化状态下,即在织物具有一定含湿量的情况下进行交联的。其工艺流程(图3－2)为:

浸轧整理液→烘干至一定的含水量(棉织物6%～12%,黏胶纤维织物10%～15%)→打卷堆置(用外包塑料薄膜,室温堆置18～24h)→交联反应后水洗→烘干

浸轧整理液　　烘干　　　打卷堆置　　　　水洗　　　　　　　烘干

图3－2 潮态交联工艺流程示意图

经潮态交联工艺整理后的织物的强力及耐磨性损失较少,可以获得较好的湿防皱性能和中等水平的干防皱性能以及中等水平的尺寸稳定性。因为潮态交联的纤维是在部分膨化的状态下进行交联的,在这种状态下,交联可以发生在部分无定形区,也可以发生在结晶区的边缘,形成的交联分布最广,所以织物的湿防皱性能较好。当干燥时,无定形区的水分消失,但一部分侧序度相对较高的无定形区原来存在着交联,所以织物仍然具备一定的干防皱性能,水平中等。但由于含水率的控制等问题,潮态交联工艺稳定性较差。

4. 多步交联工艺 多步交联一般是先用 N－羟甲基化合物进行轧烘焙的干态交联整理,再用环氧化合物进行潮态或湿态交联整理。

多步交联整理工艺可以使织物同时获得较高的干、湿防皱性能,良好的免烫性和尺寸稳定性,整理织物的手感柔软平滑,有丝绸感,但工艺步骤繁琐。

无论采用上述何种整理工艺整理的织物,它们的防皱性能在不同的湿度下都有不同的表现,但有一点是共同的,就是整理后的织物在使用过程中的含湿若与交联时的含湿相当,则防皱性能最佳,因此人们实际穿着时,往往潮态交联的织物具有最佳的防皱性能。

以上四种工艺中,潮态交联工艺、湿态交联工艺、多步交联工艺三种工艺所需时间长,不能连续生产,工艺的具体控制难度大,因此,目前的防皱整理工艺一般应用干态交联工艺,即轧烘焙工艺。

学习任务 3-2 防皱整理剂的选择

防皱整理剂是具有两个或两个以上能和纤维素纤维分子上的羟基发生反应的官能团的物质,也称树脂整理剂。

一、常用的防皱整理剂

酰胺—甲醛类整理剂由于其活性基团是 N-羟甲基,故此整理剂又称为 N-羟甲基类树脂。N-羟甲基类树脂是以酰胺和甲醛在一定条件下反应而生成的,如脲醛树脂(UF)、三聚氰胺—甲醛树脂(MF)、二羟甲基二羟乙烯脲树脂(DMDHEU,即 2D)。但这类整理剂存在着吸氯和甲醛释放的污染问题。

(一)酰胺—甲醛类整理剂的分类

N-羟甲基类树脂初缩体反应活性大,但存储稳定性差。另外,生产实践表明,经 N-羟甲基类树脂整理的织物上的游离甲醛含量过高,远远超过了国家规定的限量标准,不符合绿色环保要求,故不宜采用。因此常将其初缩体进行改性处理,以提高其存储稳定性及降低成品的游离甲醛的含量。

以 2D 树脂为例:2D 树脂是一种优良的交联整理剂,在实际应用时,为了获得低甲醛整理剂,常将 2D 树脂改性,即将 2D 树脂与醇在酸性条件下反应,得到醚化 DMDHEU,简称 M2D,反应式如下:

$$\overset{O}{\underset{\|}{-C}}-NH-CH_2OH + CH_3OH \underset{}{\overset{H^+}{\rightleftharpoons}} \overset{O}{\underset{\|}{-C}}-NH-CH_2OCH_3 + H_2O$$

醚化 N-羟甲基类整理剂分子中用烷基代替了氢原子,形成的醚键更加稳定,由于烷氧基的供电性大于羟基,使得 N—C 键的稳定性提高,从而使树脂与纤维之间的交联键耐酸碱水解稳定性提高。醚化的 2D 树脂与 2D 树脂相比较,降低了甲醛的释放量。

常用的醚化试剂有甲醇、乙醇、乙二醇及其他醇类。一般甲醇醚化的 2D 树脂,甲醛的释放量降至 300mg/kg,二甘醇醚化,甲醛的释放量降至 100mg/kg。多元醇醚化可以得到更低量的甲醛释放。另外使用醚化的初缩体,还可以减轻整理织物的吸氯、氯损和泛黄等问题。2D 与

M2D 整理效果对比具体见表 3-1、表 3-2。

表 3-1 2D 树脂和 M2D 树脂整理效果比较

整理工艺	强力保留率(%)		折皱回复角(经+纬)(°)		释放甲醛(mg/kg)	
	2D	M2D	2D	M2D	2D	M2D
常规工艺	69.2	72.9	224	226	315	40.4
快速工艺	64.5	67.3	240	232	249	32.0
未整理	100		144		—	

表 3-2 2D 树脂和 M2D 树脂整理工艺比较

整理液组成	常规工艺	快速工艺
树脂(2D 或 M2D)(g/L)	40	40
氯化镁(g/L)	15	10
柠檬酸(g/L)	—	3
CGF 硅乳(g/L)	1	1

注 工艺流程:二浸二轧→预烘→焙烘
(常规工艺:焙烘条件 165℃,4min;快速工艺:焙烘条件 185℃,30s)。

M2D 树脂初缩体的稳定性好,但是与纤维素纤维的反应性降低,所以需要酸性更强的催化剂,才会得到理想的防皱效果,但整理成本会相对提高。

目前市场上低甲醛和超低甲醛整理剂大多数是 2D 树脂醚化改性后的衍生物,这类整理剂应用较广,甲醛的释放量基本符合环保要求。

(二)酰胺—甲醛类整理剂在焙烘时的各种反应

酰胺—甲醛类初缩体在焙烘时与纤维素分子中的羟基发生反应的同时,还会伴随着许多其他化学反应,这些化学反应可以分为两类:第一类为正反应,指反应产物对防皱效果有贡献;第二类为副反应,指反应产物对防皱效果没有贡献。

1. 正反应

(1)防皱效果最好的单分子交联。

$$Cell—O—CH_2—N \underset{\underset{CH_2—CH_2}{\underset{|\qquad|}{}}}{\overset{\overset{O}{\overset{||}{C}}}{\diagup \diagdown}} N—CH_2—O—Cell$$

(2)防皱效果稍差的多分子交联。

$$Cell—O—CH_2—N \underset{\underset{CH_2—CH_2}{}}{\overset{\overset{O}{\overset{||}{C}}}{}} N—CH_2 \Big[CH_2—N \underset{\underset{CH_2—CH_2}{}}{\overset{\overset{O}{\overset{||}{C}}}{}} N—CH_2 \Big]_n O—Cell$$

DMEU 发生自身缩聚反应,又与纤维素羟基反应交联。初缩体用量加大,交联长度太长,对防皱效果贡献不大。

（3）防皱效果虽好，但数量很少的甲醛交联。

$$Cell—O—CH_2—O—Cell$$

初缩体中含有少量的甲醛以及从初缩体中分解出来的甲醛参与了交联反应，但是实验证实，这类交联数量较少。

2.副反应

（1）分子内交联。上述提到的三种正交联反应若发生在同一个纤维素大分子的两个羟基之间，则就是分子内交联。

理论上讲，分子间横向交联和分子内交联的机会是均等的，但是对防皱效果有贡献的是分子间的横向交联，而分子内交联对防皱效果没有贡献。由此可见，真正对防皱效果有贡献的反应该少于50%。

（2）化学稳定性差的横向交联。

交联的结果是在两个DMEU分子间形成一个亚甲基醚键，这个键的耐碱性差，服用洗涤后会水解断裂成两条支链，不仅丧失防皱效果，还会造成支链的吸氯问题。

$$—CH_2—O—CH_2— \xrightarrow{H_2O,OH^-} —CH_2—OH + OH—CH_2—CH_2—O—CH_2— \xrightarrow{H^+,高温} —CH_2— + CH_2O$$

生成亚甲基醚键的主要原因是焙烘不到位，即与焙烘温度、时间和催化剂的催化效率有关。如果焙烘条件到位，则应该生成亚甲基键，该键具有良好的耐碱性。

（3）一些支链产物。支链是指整理剂的一端与纤维素分子结合，另一端处于自由状态。支链可以是单分子性质，也可以是自身缩聚性质。

支链很容易释放出甲醛，生成酰氨基，随之可能发生吸氯问题。

综上所述,防皱整理中副反应所占的比例是很大的,据国外有关文献报道,真正对防皱效果有贡献的正反应所占比例不超过40%。

二、其他防皱整理剂

除了常用的N-羟甲基类整理剂外,还有不少其他类型的防皱整理剂被关注和研究,但是因为各种原因,离工业应用推广还有距离。本书主要介绍以下几种。

1. 多元羧酸防皱整理剂 多元羧酸的种类很多,目前研究最多的为三元羧酸和四元羧酸,如丁烷四羧酸、丙三羧酸、聚马来酸和柠檬酸等,其中丁烷四羧酸是被国内外公认的效果最好的多元羧酸防皱整理剂。

(1)丁烷四羧酸。简称BTCA,其分子结构如下:

$$
\begin{array}{l}
CH_2—COOH \\
\ \ \ | \\
CH—COOH \\
\ \ \ | \\
CH—COOH \\
\ \ \ | \\
CH_2—COOH
\end{array}
$$

丁烷四羧酸等多元羧酸的防皱作用是依靠纤维素分子和整理剂之间发生酯键交联。其反应分两步进行:首先多元羧酸在高温及催化剂的作用下,相邻的两个羧基脱水形成酸酐,然后酸酐再和纤维素分子的羟基进行酯化反应,形成交联。反应如下:

$$\xrightarrow[\triangle]{-2H_2O}\qquad\xrightarrow[催化剂]{Cell—OH}$$

多元羧酸与纤维素分子反应时,催化效果好的是无机磷系催化剂。在多元羧酸对纤维素纤维的整理液中添加多元醇类化合物(如季戊四醇、丙三醇、聚乙二醇等),可以提高织物的强度、柔韧性。

实验证明:BTCA整理品的DP级、白度、手感、耐洗性和强力保留率都较好,某些指标甚至超过2D树脂,且加入催化剂的工作液稳定,可长期保存,但是价格偏高。

(2)柠檬酸。简称CA,结构式如下:

$$
\begin{array}{l}
\ \ \ \ \ \ \ \ \ CH_2—COOH \\
\ \ \ \ \ \ \ \ \ | \\
HO—C—COOH \\
\ \ \ \ \ \ \ \ \ | \\
\ \ \ \ \ \ \ \ \ CH_2—COOH
\end{array}
$$

柠檬酸原料易得,价格低廉,安全无毒,但整理效果不及 BTCA,整理织物有泛黄问题,耐洗牢度差,强力下降。

(3)聚马来酸。简称 PMA,结构式为:

$$\left[\begin{array}{cc} CH{-}CH \\ HOOC \quad COOH \end{array}\right]_n \quad (n = 8{\sim}9)$$

聚马来酸合成工艺简单,合成原料价格较低,整理成本略高于改性 2D 树脂。

综上所述,多元羧酸整理剂,虽然无甲醛污染问题和吸氯问题,但是仍未大量用于生产,还有许多问题值得进一步研究探讨,比如反应活性差;如何降低使用成本;催化剂效率有待进一步提高,使得焙烘温度降到150℃;须解决纤维素酸降解问题等。

2. 环氧类化合物 环氧化合物的分子结构中含有两个或两个以上的环氧基,可以与纤维上的羧基、氨基等发生反应,赋予丝绸类织物良好的防皱性能,但是手感欠佳。另使用的催化剂硅氟化锌毒性较强,且环氧化合物价格较贵,故应用受限。环氧类整理剂用于棉织物,整理效果不如 2D 树脂。环氧类整理剂无甲醛释放和吸氯问题。

常用的环氧树脂有双环氧丙烷甘油醚和双环氧丙烷丁二醇醚,结构式如下:

$$CH_2{-}CH{-}CH_2OCH_2{-}CH{-}CH_2OCH_2{-}CH{-}CH_2$$
$$\quad O \qquad\qquad\qquad OH \qquad\qquad\qquad O$$

(双环氧丙烷甘油醚)

$$CH_2{-}CH{-}CH_2{-}O(CH_2)_4O{-}CH_2{-}CH{-}CH_2$$
$$\quad O \qquad\qquad\qquad\qquad\qquad O$$

(双环氧丙烷丁二醇醚)

3. 含硫化合物 这类整理剂中最具代表性的是 β - 双羟乙基砜防皱整理剂,简称 BHES,其结构式如下:

$$\begin{array}{c} CH_2CH_2OH \\ O{=}S{=}O \\ CH_2CH_2OH \end{array}$$

双羟乙基砜是双官能团的反应性整理剂,在碱性条件下与纤维素纤维的羟基发生交联反应,反应式如下:

$$\begin{array}{c} CH_2CH_2OH \\ O{=}S{=}O \\ CH_2CH_2OH \end{array} + 2Cell{-}OH \longrightarrow \begin{array}{c} CH_2CH_2{-}O{-}Cell \\ O{=}S{=}O \\ CH_2CH_2{-}O{-}Cell \end{array} + 2H_2O$$

用 BHES 整理的织物干湿回弹性好,尺寸稳定性好,手感柔软,透气性好,整理后的织物耐洗性优良。但碱性条件下高温焙烘后,整理的织物易泛黄,若经复漂处理,则工艺复杂,织物强力损失也较大,因此双羟乙基砜整理剂的应用受到一定限制。

4.乙二醛类整理剂 N-羟甲基类树脂初缩体是由甲醛与酰胺反应而制成的,如果用乙二醛代替甲醛,则制得的乙二醛类整理剂没有甲醛污染问题。

目前已经开发出的醛类改性产品中比较重要的有4,5-二羟基乙烯脲(DHEU)、4,5-二羟基-1-(2-羟乙基)乙烯脲(DHHEEU)和二甲基二羟基乙烯脲(DMeDHEU)。

二甲基二羟基乙烯脲是近些年来国外研究较多的一种酰胺类无甲醛整理剂。它是乙二醛与 N,N'-二甲基脲的缩合物,其结构式如下:

$$\begin{array}{c} O \\ \parallel \\ C \\ H_3C-N \quad N-CH_3 \\ \mid \qquad \mid \\ HC-CH \\ \mid \qquad \mid \\ HO \qquad OH \end{array}$$

由于用 N,N'-二甲基二羟基乙烯脲代替了尿素,故不必再使用甲醛,从而无释放甲醛的问题。但因二甲基二羟基乙烯脲的分子结构中只含有两个羟基参与交联反应,故与2D树脂相比,其反应性较差,需要使用高效催化剂,且整理织物白度下降,通常可采用与有机硅或丙烯酸树脂等共用的方法改进其性能。

学习任务3-3 催化剂的选择

一、防皱整理用催化剂应具备的条件

在织物进行防皱整理的加工过程中,除了使用树脂初缩体外,还必须加入催化剂。催化剂的作用是加速树脂与纤维反应,降低反应温度和缩短反应时间。

催化剂品种很多,但要达到理想的整理效果,并且能适应加工设备的要求,作为防皱整理用催化剂需要满足以下条件:

(1)具有优良的促使树脂焙固作用。催化剂必须在焙固时或在一定条件下,释放出所需的酸,使树脂在纤维中快速完成交联或缩聚反应。

(2)具有良好的相容性。选用的催化剂应与整理液中的柔软剂、渗透剂、增强剂等常用添加剂有良好的相容性。

(3)在工作液中要有良好的稳定性。催化剂在室温下显示出中性或者很弱的酸性,不会在工作液中发生树脂过早聚合或羟甲基水解现象。

(4)不影响整理织物的力学性能。要求所选的催化剂对织物的物理性能如断裂强力、耐磨性能、撕破强力、白度等指标,不会有较大的影响。

(5)价格便宜,无毒、无腐蚀性、无气味。

二、催化机理

目前，广泛使用的 N – 羟甲基酰胺化合物，一般采用具有潜在酸性的金属盐催化剂，它们在常温下显示的酸性很弱，但是在高温焙烘时通过水解反应使酸性增强。金属盐在水溶液中水解生成氢质子的反应如下：

$$M(H_2O)_x^{n+} + H_2O \Longrightarrow M(H_2O)_{x-1}OH^{(n-1)+} + H_3O^+$$

质子催化纤维素纤维与树脂初缩体的交联反应过程如下：

（1）催化剂释放出的质子与防皱整理剂（ $\diagdown$ N—CH$_2$OH ）中的氧原子结合，形成酸碱络合离子。

$$-\overset{\overset{\displaystyle O}{\|}}{C}-\underset{\underset{\displaystyle R}{|}}{N}-CH_2OH + H^+ \Longrightarrow -\overset{\overset{\displaystyle O}{\|}}{C}-\underset{\underset{\displaystyle R}{|}}{N}-CH_2\overset{+}{\underset{\underset{\displaystyle H}{|}}{O}}H$$

（2）酸碱络合离子脱水，形成碳正离子。

$$-\overset{\overset{\displaystyle O}{\|}}{C}-\underset{\underset{\displaystyle R}{|}}{N}-CH_2\overset{+}{\underset{\underset{\displaystyle H}{|}}{O}}H \Longrightarrow \left(-\overset{\overset{\displaystyle O}{\|}}{C}-\underset{\underset{\displaystyle R}{|}}{N}-\overset{+}{C}H_2 \longleftrightarrow -\overset{\overset{\displaystyle O}{\|}}{C}-\overset{+}{\underset{\underset{\displaystyle R}{|}}{N}}=CH_2 \right) + H_2O$$

（3）碳正离子和纤维素纤维羟基上的氧原子发生亲核反应，形成质子化的纤维素醚。

$$-\overset{\overset{\displaystyle O}{\|}}{C}-\underset{\underset{\displaystyle R}{|}}{N}-\overset{+}{C}H_2 + Cell—OH \Longrightarrow -\overset{\overset{\displaystyle O}{\|}}{C}-\underset{\underset{\displaystyle R}{|}}{N}-CH_2\overset{+}{\underset{\underset{\displaystyle H}{|}}{O}}-Cell$$

（4）质子化的纤维素醚很快失去质子，生成纤维素醚，从而完成质子催化过程。

$$-\overset{\overset{\displaystyle O}{\|}}{C}-\underset{\underset{\displaystyle R}{|}}{N}-CH_2\overset{+}{\underset{\underset{\displaystyle H}{|}}{O}}-Cell \Longrightarrow -\overset{\overset{\displaystyle O}{\|}}{C}-\underset{\underset{\displaystyle R}{|}}{N}-CH_2O-Cell + H^+$$

综上所述，整个催化过程共分四步，反应最慢的是第（2）步，即生成碳正离子过渡态的反应最慢。所有过程都是可逆的，而且来回都经历同一个碳正离子的过渡态。正是由于这一特点，所以有以下规律：连在氮原子上的取代基 R 的供、吸电子性对反应历程有很大影响。取代基 R 的供电性越强，碳正离子的生成越容易，结果是正向反应和逆向反应都快，即整理剂与纤维的交联反应快，同时整理剂与纤维生成的交联键耐酸稳定性也差。反之，如果取代基 R 为吸电子基，那么过渡态正离子不容易生成，整个正向反应和逆向反应都比较慢，即整理剂与纤维的交联难生成（可以通过增加催化剂的酸性来促成交联），但所生成的交联却有很好的耐酸稳定性。

比如 DMEU 的交联反应很容易进行，对催化剂的酸性要求不高，但生成的交联键耐酸稳定性很差，pH < 4 就会明显水解；与此相反的是，2D 树脂分子结构中氮原子上的取代基 R 是吸电

子性的,过渡态碳正离子难以生成,因此形成的交联键不易水解(即逆反应慢),因此 2D 树脂整理的成品可以耐酸至 pH = 1,交联键耐酸稳定性非常强。

从表 3 - 3 中也可以看出上述规律,DMEU 在 30℃、pH = 2.5 时,在棉纤维上的交联反应速率常数为 $220.7 \times 10^6 \mathrm{s}^{-1}$,而同样条件下 2D 树脂的交联反应速率常数为 $6.4 \times 10^6 \mathrm{s}^{-1}$,由此可见,2D 树脂整理的产品耐酸稳定性是很好的。

表 3 - 3 各种交联剂在棉纤维交联反应的速率常数(K)

交联剂	温度(℃)	pH 值	$K \times 10^6 (\mathrm{s}^{-1})$
DMEU	20	2.5	134.4
	30		220.7
	40		276.4
	50		307.0
2D	30	2.5	6.4
	40		7.8
	50		15.2
	60		20.2
2D	30	1	86.0
	40		115.0
	50		136.0

关于金属盐的酸性催化机理还有另一种理论,认为在无水(焙烘)的情况下,上述金属盐水解生成氢质子的反应不易进行,所以学者又提出了路易士酸催化理论:路易士酸是可以接受外来的电子对的原子、分子、离子或原子团。相反,供给电子对的原子、分子、离子或原子团就是路易士碱。按照该理论,金属阳离子 M^+ 就是路易士酸,与 H^+ 质子一样,起着接受电子对的催化作用,催化机理也与质子催化的四个步骤相似。

三、影响催化剂催化性能的因素

从催化机理可以看出,催化剂的酸性越强,催化能力越强。氢质子是最强的路易士酸,它的催化能力强于金属离子。金属盐催化能力的大小,主要取决于金属阳离子的半径。金属阳离子的半径越小,其正电荷密度越高,接受电子对的能力越强,催化能力越强。

阴离子对催化效果也有一定影响。同一种金属盐,阴离子所形成的酸的酸性越强,催化能力越强。常见阴离子的催化能力递变顺序为 $BF_4^- > NO_3^- > Cl^- \approx Br^- \approx I^- > SO_4^{2-}$。

协同催化剂又称高效催化剂,一般是由强酸金属盐如氯化镁与含有 α - 羟基羧酸和其他物质的混合物组成。协同催化剂在较低的焙烘温度和较短的时间内,就能发挥酸性催化作用,催化效果比单独成分高得多。比如单独使用氯化镁作催化剂时,焙烘条件为 160℃/5min,采用协同催化剂后,焙烘条件为 130℃,2.5min 或 180℃,30s。几种催化剂的催化能力对比见表 3 - 4。

表3－4　105℃使用不同催化剂条件下棉与甲醛交联反应速率常数（K）

催　化　剂	浓度（mol/L）	反应速率常数 $K \times 10^5$（s^{-1}）
盐酸	0.025	>2400
氯化镁/酒石酸	0.025／0.025	267
酒石酸	0.025	9.8
氯化镁	0.025	5.5
酒石酸镁	0.025	1.0

从表3－4中数据可以看出，氯化镁和酒石酸混合使用的催化能力，大大高出单独两者中任何一种催化剂的催化能力。

关于出现这种协同催化效应的原因，有理论认为：在混合催化体系中，由于有机羟基羧酸和金属离子之间形成了稳定的1:1型络合物，释放出质子，提高了催化交联的能力。镁离子和酒石酸可能形成以下络合物：

释放出质子的多少与所形成的络合物的稳定性有关。形成的络合物稳定性越高，释放出的质子越多，协同效应就越强。由此可见，协同催化剂具有很强的选择性，要能形成稳定的络合物，而且稳定性越好，协同效应越强。

关于协同催化剂的高效催化原因，还有其他说法，总的结果都是使催化剂的酸性增强了。协同催化剂的协同效应还有待进一步研究和证实。

四、常用的催化剂

催化剂的种类很多，现将常用催化剂介绍如下。

1. 酸类催化剂　无机酸作为树脂整理的催化剂，适用于湿态交联或潮态交联，因为这些交联反应温度低，需要较强的催化剂来加速反应。常用的酸类催化剂有强无机酸，如硫酸、盐酸等；有机酸，如酒石酸、柠檬酸等，但通常与氯化镁组成高效催化剂使用，适合于快速树脂整理工艺。在常用的轧烘焙工艺中，一般不选用酸类催化剂，因为酸会使树脂初缩体过早反应沉淀。

2. 铵盐催化剂　铵盐是一种潜酸性催化剂，室温下工作液稳定，在高温焙烘时释放酸，提供质子，来催化交联反应，适合多种树脂的整理工艺。

常用的铵盐催化剂有氯化铵、硫酸铵、硝酸铵、磷酸二氢铵和磷酸氢二铵等。用铵盐作催化剂时，焙烘后要加强洗涤，否则会在焙烘或服用过程中由于氨和甲醛的存在而形成甲基胺，具有鱼腥味，不适合耐久压烫整理和免烫整理。磷酸二氢铵对树脂工作液的稳定性比其他铵盐略好，适应性强。

3. 金属盐类催化剂 金属盐类催化剂是目前树脂整理中应用最广的一类催化剂，它也是一种潜酸性催化剂。如氯化镁、硝酸锌等，它们的催化作用是由水解后分别生成的盐酸和硝酸引起的。

$$MgCl_2 + 2H_2O \rightleftharpoons Mg(OH)_2 + 2HCl$$

$$Zn(NO_3)_2 + 2H_2O \rightleftharpoons Zn(OH)_2 + 2HNO_3$$

采用这类物质作催化剂时，工作液具有较好的稳定性。在常温下，使树脂整理液在很长时间内有适当的稳定性，在高温焙烘时，呈现必要的酸性，促进树脂初缩体反应。

通过使用不同品种的金属盐催化剂进行树脂整理实验，并对整理品的弹性大小、白度、断裂强度、撕破强度和使用成本、环保等多方面进行综合比较，发现镁盐和锌盐比较重要，其中氯化镁的使用最为广泛。

4. 协同催化剂 协同催化剂主要有氯化镁系统、铵盐系统、碱式氯化铝系统等，应用最多的是以氯化镁为主体的混合催化体系，如氯化镁、柠檬酸、氟硼酸钠、硝酸铝及硫酸钠等的混合体系，常见的混合体系见表3-5。

表3-5 含氯化镁混合催化体系的组成

类型 组 成	I	II	III	IV	V
结晶氯化镁(%)	94.3	91	38.3	84	72
氟硼酸钠(%)	1.9	—	—	—	—
柠檬酸钠(%)	3.8	9.0	—	—	—
结晶硝酸铝(%)	—	—	24.0	—	—
硫酸钠(%)	—	—	37.7	16	—
酒石酸(%)	—	—	—	—	—
柠檬酸(%)	—	—	—	—	28

学习任务 3-4 树脂整理的工艺与分析

在树脂整理干态交联、湿态交联、潮态交联和分步交联等多种工艺中，以干态交联工艺为主。干态交联的一般工艺流程为：

浸轧整理液→预烘→拉幅烘干→焙烘→后处理

此工艺通常简称为"轧烘焙"。防皱整理看似简单,但半制品质量及各个过程工艺条件的控制,对整理品质量有重要的影响。下面主要以干态交联工艺为例讨论和分析树脂整理的工艺。

一、树脂整理液的组成

树脂整理液主要由树脂初缩体、催化剂、添加剂和渗透剂组成。树脂整理工作液实例见表3-6。

表3-6　树脂整理工作液组成

成分类别	成分名称	用量
整理剂 (初缩体)	TMM	40~80g/L
	2D 树脂	35~45g/L
	B-ECO 树脂	50~70g/L
催化剂	MgCl₂	12%(对初缩体固含量计)
添加剂	有机硅乳液	10g/L
润湿剂	JFC	8g/L

1. 树脂整理剂　整理液中树脂初缩体的用量,是根据纤维种类、织物结构、初缩体的性质、整理要求、加工方法和织物的轧液率的不同而确定。总的原则是使整理品的防皱性能提高和许多力学性能下降之间取得某种平衡。在棉的防皱整理中,整理剂的一般用量在8%(owf)左右,黏胶纤维织物由于无定形区比例是棉的两倍,所以整理剂的用量也应加倍。整理剂的参考用量见表3-7。

表3-7　棉织物防皱整理时整理剂的用量

整　理　剂	整理剂的用量(%,owf)
脲醛树脂	6~10
三聚氰胺—甲醛树脂	4~8
环脲—甲醛树脂	4~6

2. 催化剂　为了使树脂初缩体在焙烘时迅速与纤维素反应,整理液中还需要加入适当的催化剂。为了保证整理工作液具有良好的稳定性,可采用潜酸性金属盐类催化剂。这类催化剂在室温下呈现很弱的酸性,只有在高温焙烘时由于水解作用而呈现出较强的酸性,所以生产上大多采用该类催化剂。由于必须呈酸性,因此钾、钠和钙盐都不实用,另外催化剂也不能有颜色,所以常用的催化剂选择镁、铝、锌所构成的盐,如氯化镁、硝酸铝、硫酸锌等。如所需酸性更强,则可以用金属盐加柠檬酸或者磷酸组成协同催化剂,产生更强的协同催化效应。

催化剂的用量要考虑催化剂的性质、催化的条件等因素。用量太大,可能造成整理剂和纤维的水解;用量太低,交联不完全,防皱效果不理想。焙烘温度高或时间长时,催化剂的用量应适当减少。催化剂用量有两种表示方法,其一是以初缩体用量为依据,其二是以工作液总量为依据。表3-8是常用催化剂的参考用量。

表3-8 常用催化剂的参考用量

催 化 剂	对固体树脂含量的百分率(%)	催 化 剂	对固体树脂含量的百分率(%)
氯化铵	2.5～4	硫氰酸铵	5～6
硫酸铵	2.5～4	甲酸铵	5～6
硝酸铵	3～5	氯化锌	6～8
三乙醇胺盐盐酸盐	3～8	氯化镁	10～15
磷酸二氢铵	2.5～5	结晶硝酸锌	6～10

3. 添加剂 为了改善树脂整理品的手感、外观和力学性能,弥补树脂整理后所带来的缺憾,在树脂整理液中除了加入交联剂、催化剂外,还需要加入添加剂。添加剂虽然不是防皱整理的主要用剂,但它对整理品的性能有着重要的影响,常用的添加剂有渗透剂、柔软剂和增强剂等。

(1)渗透剂:渗透剂的作用是帮助整理剂均匀、充分地渗透到纤维的内部各处,使交联程度高并且分布均匀,减少表面树脂和局部交联的现象,改善整理品的手感和弹性,获得满意的防皱效果。加入的渗透剂应与整理液中的其他组分具有良好的相容性,常用的渗透剂是非离子的表面活性剂,如平平加O、渗透剂JFC等,渗透剂JFC的用量一般在0.3%以下。

(2)柔软剂:织物经过树脂整理之后,弹性提高,但手感变得粗糙,耐磨性、断裂强力和撕破强力等机械性能下降。加入柔软剂后,可以缓解此类问题。

常用的柔软剂有脂肪长链烷烃、有机硅等。柔软剂具有良好的润滑作用,降低纤维间和纱线间的摩擦系数,改善了纱线的滑移性能,当织物被撕裂时,在撕裂点处附近的纱线容易产生滑移,可以集中更多的纱线来共同承受外力作用,从而提高织物的撕破强力。柔软剂的加入可改善织物的撕破强力的作用原理如图3-3所示。

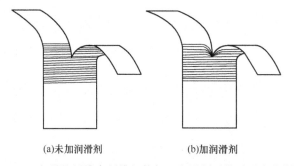

(a)未加润滑剂　　　　(b)加润滑剂

图3-3 交联的纤维素纤维织物加入润滑剂对撕破强力的影响

同时,由于柔软剂加入后,可以使织物和受磨损表面的摩擦系数减小,降低了织物表面的摩擦力,使织物表面承受的摩擦次数增加,因此耐磨性提高。但是必须注意柔软剂的用量要适当,加入太多时,纤维和织物表面的摩擦系数降低了,同样纤维之间的摩擦系数也降低,导致纤维间的抱合力下降,纤维易于从纱线中滑出,耐磨性并不能提高。另外柔软剂的加入,减少了摩擦系数,改善了应力集中的现象,在一定程度上也有助于提高断裂强力。

还有一类增强剂(又称强力保护剂),是由聚乙烯和水溶性聚氨酯等热塑性树脂制成的乳液,用此类柔软剂整理后,织物不泛黄,染料不变色,同时,不仅可以改善织物的手感,又可防止或减轻树脂整理剂引起的纤维强度和耐磨性降低的弊病,同时具有一定的防皱和防水性能。

聚乙烯树脂乳液是以聚乙烯树脂为原料,在氢氧化钾介质和乳化剂的作用下,高速搅拌制成稳定的乳液。如果将聚乙烯先氧化处理,则分子中就会具有一些羧基,亲水性更好,可增强平滑作用。在棉织物防皱整理中添加聚乙烯乳液的效果见表3-9。

表3-9 聚乙烯乳液对棉布防皱效果的影响

项 目	聚乙烯浓度（%）	折皱回复角（经+纬）（°）	撕破强力（N）		屈曲磨损次数
			经 向	纬 向	
DMEU（50%）10% + 锌盐催化	0	263	450	210	290
	3	284	670	250	1036
MF10% + 有机盐酸盐	0	269	480	210	110
	3	280	670	300	260

注 工艺条件:轧液率70%;预烘121℃,5min;焙烘148℃,5min。

聚丙烯酸类添加剂是乳液状,可以直接黏附在纤维上,也可以与纤维或整理剂反应,在织物上形成无色透明的、稳定性好的薄膜,分子的柔韧性好,增加整理织物的折皱回复角,改善断裂和撕破强度及耐磨性,并且可以调节织物的手感和风格,但不影响整理织物的色泽。与2D树脂、各种低甲醛树脂、无甲醛树脂同浴性好。缺点是透气性差,易沾污灰尘。

二、浸轧树脂整理液

树脂整理的效果与织物半制品有着密切的关系,为了获得满意的整理效果,要求被整理的织物上应不含浆料、不带碱性及有效氯,否则会阻碍整理剂的渗透,影响催化剂(酸性)的催化效果,导致整理剂发生吸氯泛黄或脆损;而且要求花色织物上的染料经过树脂整理后,要不变色,染色牢度不受影响等。

浸轧一般是在室温条件下进行,应避免温度太高造成整理液中初缩体缩聚。浸轧处理通常用两辊或三辊轧车,采用一浸一轧两次或二浸二轧,轧车压力要均匀,轧车的轧槽要小,一般选用V字形的,便于溶液的更新,避免整理液存放太久导致初缩体凝聚。为了减轻预烘过程的负担,防止发生泳移现象,获得均匀的整理效果,要求尽量降低织物的轧液率。一般棉织物的轧液率在55%～65%,黏胶纤维织物70%～80%,涤/棉织物55%～60%。降低轧液率可以提高产品质量,降低生产成本。目前主要有泡沫法和机械法两类低给液技术,这个技术可以使织物的带液率降低至40%以下。

三、预烘和拉幅烘干

1. 预烘　预烘过程也影响整理品的质量。预烘条件控制得正确与否决定了整理剂在织物中的分布。

浸轧在织物上的整理液，一部分进入纤维内部，而大部分存在于纤维和纱线的毛细管中，在干燥的过程中，表面水分蒸发使得纱线表面层的整理剂浓度高于内部浓度，这个浓度梯度促使整理剂的初缩体向纤维内部扩散。但需要注意，随着干燥过程的进行，还形成另外一个相反的过程，那就是当纱线和织物表面层的水分蒸发后，处于内部的水分必然由内向外移动，由于树脂初缩体与纤维的亲和力较小，初缩体有可能随着水分的蒸发移向受热面。由此可见，在预烘过程中必然同时存在两种方向相反的移动。在预烘温度很低时，整理剂向内扩散为主要趋势，而在预烘温度较高时，整理剂由内向外移动为主要趋势。上述整理剂初缩体由内向外移动的现象称为表面泳移，其结果会使较多的整理剂停留在织物的表面或纱线、纤维的间隙内，形成表面树脂，造成整理后的织物防皱性能差，手感粗糙、发脆，因此在预烘过程中应该尽量避免表面泳移。

经验表明，预烘温度一般从 60～70℃ 开始为宜，然后逐步提高预烘温度。据有关报道，当棉布上的含水量小于 30% 后，由于纤维和纱线的毛细管内的水分已经很少，整理剂就不会移动，就可以进一步升温以尽快结束预烘过程了。因此选择适当的预烘条件并控制好预烘条件是必要的。

为防止织物上的树脂初缩体在烘干时产生泳移，造成整理效果不均匀，烘干设备不宜采用接触式烘筒烘干，最初如果使用接触式烘干容易造成表面泳移，一般采用热风或红外线于 60～70℃ 预烘，使织物的含湿率下降到 30% 以下。

2. 拉幅烘干　拉幅烘干的目的是树脂整理后的织物幅宽达到规定的要求，并将织物烘干。拉幅烘干一般在热风布铗拉幅机或热风针板拉幅机上进行。针板拉幅机可以超速喂布，有利于提高织物的防缩效果。

四、焙烘

焙烘的目的是在高温条件下，让催化剂的酸性加强，使树脂初缩体在较短的时间内自身缩合或与纤维发生交联反应，使整理品获得满意的整理效果。焙烘是影响整理效果的关键步骤。

焙烘的温度和时间根据树脂的性质、催化剂的种类和用量而定，织物的厚薄也有一定影响。在催化剂的种类和用量一定的情况下，整理剂的反应性越高，所需焙烘温度越低；在采用同一种催化剂的条件下，焙烘温度越高，所需的焙烘时间越短。在 120～180℃ 的温度范围内，大致温度每升高 10℃，催化反应速度提高 1 倍左右。一般常规焙烘条件是：用氯化镁作催化剂时，焙烘条件为温度 150～160℃、时间 3～5min。

焙烘的设备有悬挂式焙烘机、导辊式焙烘机和卷绕式焙烘机等。为了保持织物所需的尺寸和状态，在焙烘过程中，要避免使织物受到过大的张力。

在采用 $N-$ 羟甲基酰胺进行整理时，在浸轧、烘干、焙烘过程中，都会有甲醛释放，特别是焙烘部分，甲醛释放更严重。为了改善劳动条件，防止环境污染，除了尽可能采取措施减少初缩体中的游离甲醛含量外，还应使烘房密闭，还要有良好的排气通风装置，以排除甲醛、甲醇、水气和其他化学物质。

五、后处理

整理织物经过焙烘完成交联反应后,往往还残留一些未反应的化合物,如树脂初缩体、催化剂、游离甲醛、柔软剂和渗透剂等,还有焙烘时产生具有鱼腥味的副产物以及表面树脂,这些物质的残留会影响整理品的质量,因此必须通过水洗等后处理去除。为了改善织物的手感,在洗涤后烘干前,用柔软剂处理,提高织物的柔软性。

目前使用较多的是含甲醛的 N – 羟甲基化合物,这类整理剂在湿热条件下,会分解释放出甲醛。甲醛为有毒物质,会刺激人的眼睛和鼻黏膜,引起皮肤过敏或皮炎。国家对织物上的甲醛释放规定了严格的允许限量。为了达到甲醛释放标准,维护人体健康,整理后的织物必须严格水洗后才能出厂。

催化剂残留在织物上,在整理织物储存的过程中,催化剂会诱发整理剂或纤维水解。如果发生整理剂水解,不仅影响防皱效果,而且会增加氯损的可能性。纤维发生水解必然引起强度的下降,因此通过后处理洗去残留的催化剂也是十分必要的。

鱼腥味是由甲基胺特别是三甲基胺 $[(CH_3)_3N]$ 所引起的,是在焙烘过程中产生的,即使是极其微量的 $(CH_3)_3N$,也会有很难闻的鱼腥味。甲基胺是由甲醛和氨反应生成的,在不采用铵盐或有机胺作催化剂时,情况并不严重。如果 N – 羟甲基整理剂热稳定性较好,与纤维交联反应时不过度焙烘,便能避免甲基胺的形成,基本上没有鱼腥味的问题。

焙烘后织物上的甲基胺一般是以盐的形式 $[N(CH_3)_3 \cdot HCl]$ 存在,由于其挥发性较低,所以鱼腥味不明显。在储存和服用的过程中,湿、热、碱洗的条件下,甲基胺盐会分解,释放出甲基胺,散发出鱼腥味。通过碱洗如纯碱洗或氨洗就可以洗去甲基胺。

$$2N(CH_3)_3 \cdot HCl + Na_2CO_3 \longrightarrow [N(CH_3)_3H]_2CO_3 + 2NaCl$$

$$\downarrow$$

$$2N(CH_3)_3 \uparrow + CO_2 \uparrow + H_2O$$

后处理的洗涤过程一般是在平洗机上进行的,先用热水洗,再用洗涤剂加纯碱进行皂洗或氨水洗,最后水洗、烘干。如果工厂使用的是低甲醛或者无甲醛整理剂,如巴斯夫的树脂 B – ECO等,焙烘后无须水洗。

学习任务3–5 常见防皱产品的整理工艺

一、棉织物的防皱整理

棉织物的防皱防缩产品包括一般防皱防缩产品、耐氯漂白产品以及耐久性电光和轧花产品等。

1. 一般防皱防缩产品的整理　棉织物的一般防皱防缩产品的品种很多,有平布、细布、府绸及提花织物的色布和花布。整理品的回复性能要求不高,因此整理工艺易于平衡弹性和强力指标。通常采用2D、DMEU或其他树脂,进行干态轧烘焙工艺即可。

(1)常规整理工艺。整理液的组成:2D或DMEU整理剂,催化剂$MgCl_2 \cdot 6H_2O$,添加剂。

工艺流程:

浸轧整理液→预烘→拉幅烘干→焙烘(150~160℃,3min)→平洗→烘干

(2)快速树脂整理。快速树脂整理是将传统的浸轧、预烘、拉幅烘干、焙烘以及后处理的工艺缩短,简化成浸轧、预烘和高温拉幅快速焙烘。实现了高效、快速、不洗的工艺要求。可以降低成本,提高生产效率,节约能源。

首先,整理剂的选择很重要,要求整理剂在常温下稳定,但在高温、催化剂的作用下,要快速与纤维反应。因为省略了水洗后处理,要求整理液中游离甲醛少,整理品甲醛的释放少,并考虑成本等问题,能满足上述要求的整理剂有M2D和2D。

适当的催化剂可以提升整理剂的反应能力,降低反应温度,缩短反应时间。常用催化剂金属盐、铵盐、无机酸和有机酸等,存在催化能力不够,有鱼腥味残留,或使树脂过早聚合,稳定性不好等问题,不能适应快速树脂整理的需要。在快速树脂整理时,一般选择以氯化镁为主体的高效催化剂,如氯化镁、柠檬酸铵和氟硼酸钠组成的混合体系。

整理液组成:M2D和2D或DMEU,高效催化剂,添加剂。

工艺流程:

浸轧整理液→预烘→烘干焙烘(170~180℃,30~60s)

2. 耐氯漂白织物　耐氯漂白织物进行树脂整理的目的,是要获得好的弹性和白度,同时还要注意洗涤过程中的吸氯问题。选择耐氯性能好的树脂,防止吸氯泛黄,减少氯损的发生。耐氯漂白织物树脂整理剂可以选择M2D、DMPU、6MD、BHES和醚化三聚氰胺树脂。树脂整理工艺都可以选用常规的干态交联工艺,除此之外,M2D和DMPU也可以选择快速树脂整理工艺。因为6MD在高效催化剂作用下,易水解沉淀,所以不适合快速树脂整理。BHES醚化三聚氰胺树脂整理工艺流程

漂白棉布→荧光加白→烘干→浸轧树脂整理液(二浸二轧)→预烘(80~100℃)→拉幅烘干→焙烘(150~170℃,3~5min)→堆放(>16h)→水洗、氨洗、皂洗、水洗烘干等后处理

3. 免烫整理　免烫整理又称洗可穿整理,要求整理品在干、湿两种状态下,都具有优良的弹性,表面平整,洗后无须熨烫。

一般的防皱整理采用干态交联工艺,可以获得良好的干防皱性能,但湿防皱性能较差,湿态交联可以提高湿防皱性能,因而可以考虑用湿态交联工艺来获得免烫的效果。湿态交联时,应选择强酸性催化剂,可能对染色织物造成影响,所以选择染料时应注意耐酸性的问题;湿态交联时,整理剂的用量加大,这就要求选择的整理剂初缩体稳定性好、耐酸性好、整理后的产品氯损小。免烫整理剂一般选择2D树脂。整理的方法有潮态交联法或湿态交联法。

潮态交联法整理液组成:2D树脂,盐酸调节pH=2。

工艺流程:

浸轧整理液→预烘（110℃烘干至含湿率至6%~10%）→冷打卷（用塑料薄膜包好）→放置24h→皂洗→中和→烘干

湿态交联法工艺流程为：

浸轧整理液→打卷→放置12h→松卷（即里外掉头打卷）→放置6~8h→水洗→中和→烘干

湿态交联和潮态交联都能获得良好的湿防皱性能，但干防皱性能却不够理想。要获得良好的免烫效果，需进行分步交联即先进行湿态交联或潮态交联，然后再进行干态交联。

4. 低甲醛整理　所谓低甲醛整理，就是要求整理后的织物游离甲醛的含量不超过75mg/kg。要确保整理织物释放的甲醛在75mg/kg以下。

低甲醛整理液的组成为：醚化2D（100%）树脂，有机硅柔软剂，氯化镁，渗透剂。

应用处方举例：

树脂B-ECO（巴斯夫）	50~70g/L
$MgCl_2 \cdot 6H_2O$	8~10g/L
强力保护剂PE	20~30g/L
柔软剂BIS	10~30g/L
渗透剂	2g/L
HAc	调节pH=4.5~5

工艺流程为：

二浸二轧整理液（轧液率70%左右）→预烘至含湿率10%左右→焙烘（150~160℃，3~5min）→后处理

其中强力保护剂，如聚乙烯乳液等，可以减少强力降低。柔软剂可以是氨基硅氧烷等，用量可以根据需要适当增减。经过低甲醛整理后，折皱回复角可以提高70°~110°，DP级可以达到AATCC标准3.5~4级。

5. 无甲醛整理　目前研究和应用的无甲醛整理剂有多元羧酸类，如BTCA和乙二醛类整理剂等。用于纯棉织物的工艺如下：

工作液组成：改性乙二醛，催化剂，有机硅柔软剂，乙二醇等。

工艺流程：

二浸二轧整理液（轧液率70%）→烘干（110~130℃）→焙烘（150℃，90s）→水洗→烘干

上海湛和：FIXRESIN CNF（免烫树脂）	80~150g/L
FINECAT CKD（催化剂）	8~15g/L
PARAWAX CSV（纤维保护剂）	20g/L
SOFINOL CMW（柔软剂）	15g/L

二、黏胶纤维织物的防皱整理

黏胶纤维和棉纤维都是纤维素纤维,但结构和性能上却有很大的差异。与棉纤维相比较,黏胶纤维更易吸湿和变形,所以对于黏胶纤维来说,进行防皱防缩整理更有必要。因为棉与黏胶纤维性能的差异,在进行防皱整理时,整理剂的用量一般比棉织物多30%~50%。与其他织物整理效果相比较,黏胶纤维织物的强力反而提高。

另外,由于黏胶纤维的湿强力较低,所以前处理、染色、印花和整理设备的经向张力都要低。焙烘可以在定形机上进行,并加超喂。

整理液组成:低甲醛树脂,氯化镁,添加剂。

工艺流程:

浸轧整理液(80%~90%)→预烘(90~100℃)→拉幅烘干(100℃,超喂3%~4%改善防缩性能)→焙烘(170~175℃,45s)→水洗、烘干后处理

应用处方举例:

树脂 B – ECO(巴斯夫)	80~120g/L
$MgCl_2 \cdot 6H_2O$	10~24g/L
强力保护剂 PE	20~30g/L
柔软剂 BIS	10~20g/L
渗透剂	2g/L
HAc	调节 pH = 4.5~5

三、涤棉混纺织物的防皱整理

涤棉混纺织物本身就具备一定的防皱防缩效果。由于涤棉混纺织物品种和数量的增多,对其性能的要求也随之提高,耐久压烫整理是涤棉混纺织物普遍采用的整理方法。涤棉混纺织物的耐久压烫整理有两种方法:预焙烘法和延迟焙烘法。

1. 预焙烘法 预焙烘法与常规的防皱整理工艺相同。优点是织物平整,尺寸稳定,品质指标较易控制,成衣生产厂可以省去焙烘工艺和设备,鱼腥味和甲醛的污染少,加工成本最低。缺点:不易得到耐久的褶缝,形状不能随意,缝线处可能会皱。预焙烘法加工的织物适宜做衬衫、床上用品、家具布、窗帘、幕帷等。加工过程如下:

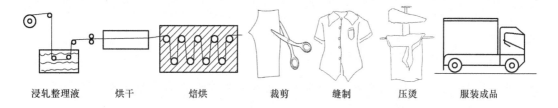

浸轧整理液　烘干　　焙烘　　裁剪　缝制　压烫　服装成品

整理液组成:2D 树脂,氯化镁,添加剂。

工艺流程及条件:

浸轧树脂整理液→预烘→拉幅烘干→焙烘→后处理→成包→裁剪→缝制→压烫(150~

180℃,20～30s,压力3.4/kPa)→服装成品

2.延迟焙烘法 是将敏化织物直接进行成衣加工,然后再经压烫和焙烘的方法。浸轧树脂整理液,经过烘干但没有焙烘的织物,称为敏化织物。延迟焙烘法的优点是耐久压烫效果明显,织物表面光滑、平整,尺寸稳定,能产生耐久的褶缝。缺点是服装焙烘成本高,打卷后的织物属于敏化织物,稳定性较差,在运输、制衣前的放置过程中,易发生早定形,导致布卷中已存在的褶皱难以去除以及压烫形成的褶缝保持能力差。加工流程如下:

浸轧树脂整理液　　烘干　　裁剪　　缝制　　高温压烫　　焙烘　　服装成品

整理液的组成:2D 或 M2D,氯化镁,添加剂。

工艺流程及条件为:

浸轧树脂整理液→预烘→拉幅烘干至一定含潮率→放冷→打卷(外包塑料薄膜,防止运输或放置过程中失去水分)→裁剪→缝制→高温压烫→焙烘→服装成品

学习任务 3-6　防皱整理后织物的质量评价

纤维素纤维织物经过树脂整理后,防皱性能显著提高,防缩性也有所改善,即织物的缩水率降低。除此之外,整理后织物的力学性能也发生变化,还有耐洗性问题,现就上述问题进行讨论。

一、防皱防缩性能

1.防皱性能 防皱整理可以改善纤维素纤维织物的防皱性能。经防皱整理后,织物防皱性能的好坏可以通过折皱回复角和 DP 级两个指标来表征。折皱回复角简称 WRA 或者 CRA,它是检测织物从折皱状态回复能力的一种量化指标,评价客观、精确,但是消费者难以掌握和了解。DP 级包括外观平整度、接缝外观和褶裥外观,但是一般单指外观平整度。用 DP 级评价防皱效果,比较方便、直观,易于被消费者理解和接受,但是带有一定的主观性。目前工厂多使用DP 级评价。

折皱回复性的测定是以折叠法在折皱实验仪上进行的,它的大小可以通过测定整理织物经向加纬向的折皱回复角的大小来衡量。国际标准规定织物的回弹性分五级:一级180°、二级200°、三级210°～240°、四级240°～280°、五级280°。

DP 级测定是将平幅织物布样经过家用洗衣机洗涤,可以采用不同的机洗循环和温度,不同的干燥程序,使用规定光源,最终待测布样与平整度标准样板进行对比评估。DP 级最低为 1级,外观褶皱严重,依次增加为 2、3、3.5、4、5 级,最高 5 级,外观很平滑,共六级。常见的防皱整

理效果见表 3 - 10。

表 3 - 10 常见的防皱整理效果

整理方法	一般整理	防皱整理	洗可穿整理	PP 整理
干态回复角(°)	160	230	260	300
DP 级(级)	1	2 ~ 3	3 ~ 4	5
耐磨性	下降	下降	下降	严重下降

2. 防缩性能 防皱整理在提高了防皱性能的同时,也改善了织物的防缩性能。

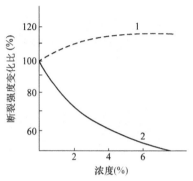

纤维素纤维因分子结构中存在很多羟基,具有较强的吸湿性,吸湿后的溶胀异向性引起织缩加大,导致织物具有较大的缩水率。尤其是黏胶纤维织物,其分子链短,无定形区多,更容易吸湿和溶胀,缩水问题更加突出。经过树脂整理后,在纤维素分子链和基本结构的单元之间进行共价交联,限制了纤维的吸湿溶胀,也封闭了吸湿中心羟基,结果使吸湿溶胀减少,纤维素纤维织物的缩水率降低。树脂整理改善黏胶纤维织物的缩水性能比棉织物更有意义、效果更好。

图 3 - 4 纤维素纤维织物经二羟
甲基脲防皱整理后强度的变化
1—黏胶纤维 2—棉纤维

水洗尺寸稳定性的测试,是根据一定的标准,将纺织品按照规定的洗涤和干燥处理后,比较洗涤干燥前后的尺寸即可得出。

二、整理品的力学性能

1. 断裂强力和断裂延伸度 织物经过树脂整理后,断裂强力发生变化。其中棉纤维织物经防皱整理后,断裂强度下降;一般折皱回复角提高20°,强力相应下降7%左右。黏胶纤维织物经树脂整理后,断裂强度提高,湿断裂强度提高幅度更大。纤维素纤维织物经防皱整理后的强度变化见图 3 - 4,棉织物用 DMEU 树脂整理后,回复性与干、湿强力、延伸的关系见图 3 - 5。

纤维素纤维经防皱整理后,对于断裂强力变化的原因有很多讨论和研究,比较有代表性的实验数据见表 3 - 11。

表 3 - 11 经不同处理后棉织物的性能

处理方法	断裂强力[N(kgf)]	撕破强力[N(gf)]	回复角(°)
空 白	203(20.7)	5.7(577)	72
MF(有催化剂)	146(14.9)	3.9(400)	123
MF 处理后的织物用 0.1 mol/L 的 HCl 浸渍后水洗	199(20.3)	5.8(590)	74
MF(无催化剂)	197(20.1)	5.7(577)	33

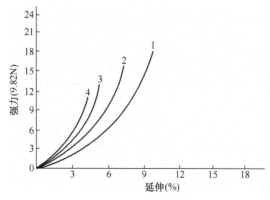

图 3-5 棉织物经 DMEU 整理后
强力延伸曲线（经向）

1—未处理，经向回复角 89°　2—处理，经向回复角 109°

3—处理，经向回复角 133°　4—处理，经向回复角 153°

研究结果表明：如果没有共价交联发生，织物的断裂强力与空白实验结果相当。因此断裂强力变化的原因是共价交联的作用。交联对强力的影响可以用纤维的断裂机理来说明。纤维在外力作用下发生断裂的原因有两种，一种是纤维大分子链的断裂；另一种是纤维大分子链之间发生了滑移。

对于棉纤维来说，棉纤维聚合度高，分子链长，结晶度高，取向度好，结构紧密，分子之间的作用力较大。受到外力作用时，不容易发生大分子链之间的相对滑移，其断裂主要是由于应力集中而引起大分子链的断裂。棉织物经树脂整理后，纤维内发生了共价交联，或整理剂在纤维的无定形区沉积，限制了大分子的相对移动，大分子结构单元的活动能力下降，在外力作用下均匀分配外力的能力下降，容易造成应力集中，使纤维的断裂强力下降。

黏胶纤维虽然和棉的化学组成相同，但结构上存在一些差异，黏胶纤维聚合度低，大分子链短，结晶度也低，大分子之间作用力小，黏胶纤维的断裂主要是由大分子链和基本结构单元之间的相对滑移所引起的。黏胶纤维经树脂整理后，无论是在分子链之间形成的共价交联，还是整理剂在纤维无定形区的沉积都限制了大分子链之间的相对滑移，增加了织物的断裂强力，更有利于湿强力的增加。

无论是棉或黏胶纤维织物经防皱整理后，断裂延伸度都明显降低。因为经过防皱整理后，在纤维素大分子或基本结构单元之间引入共价交联，降低了纤维在外力作用下发生形变的能力，因此，断裂延伸度会随着交联的发生而下降。并且，经树脂整理后棉和黏胶纤维的断裂功都是下降的。

2. 撕破强力　织物的撕破强力是指织物的纱线在受到与其轴线垂直方向的外力作用下，被撕裂时所需的力。织物的撕破强力除了与纱线的强度有关外，还与撕裂时承受外力作用的纤维或纱线的数目多少有关，也与纤维的断裂延伸度有关。当受到外力作用时，若织物内的纱线有足够的活动能力，并且延伸度也高，则外力就不可能只集中在几根纱线上，而且织物还会聚集更多的纱线来共同承受外力，因此撕破强力高。

织物经树脂整理后，交联限制了织物中纱线的活动，当外力作用时，可以聚集在撕裂点处的纱线数目减少，并且延伸度也下降，所以，树脂整理后织物的撕破强力下降。

从上述分析中可以看出，如果织物中纱线的活动能力增加，撕破强力可以提高，因此在实际生产中，为了改善撕破强力，常在树脂整理液中加入柔软剂，虽然柔软剂的加入不能改变断裂延伸度，但在一定程度上增加织物中纱线的活动能力，有助于改善撕破强力。整理剂的用量与织物撕破强力的关系见图 3-6。

3. 耐磨性　衣物在服用过程中，常常要与其他物体的表面接触而发生摩擦，摩擦方式有平磨、折磨和曲磨。平磨是在垂直于受磨表面的外力作用下与其他物体表面接触而产生的摩擦现象,如臀部位织物的摩擦属于平磨作用。曲磨是指受磨表面在使其产生弯曲变形的外力作用下而发生的相互摩擦作用,如肘部位织物的摩擦。而折磨是指衣领、裤口、袖口和裙褶部位处的摩擦现象。织物中的纱线或纤维在摩擦中发生变形而受到的损伤称为磨损。在以上三种摩擦方式中,无论哪种摩擦方式,都会使织物产生损伤,因此织物是否耐用主要取决于织物的耐磨性。

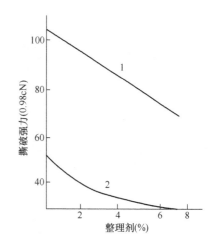

图3-6　脲醛树脂用量与织物撕破
　　　强力的关系
1—棉　2—黏胶纤维

织物的耐磨性和织物的强度、断裂延伸度和回弹性有关,其中又以断裂延伸度和回弹性影响更大。

从耐磨性实验中发现,经防皱整理后的织物所受的负荷状况不同,耐磨性的变化也会不同。当整理后的织物受到较大的、连续的负荷摩擦作用时,耐磨性下降。其中耐磨性之所以下降,是在大负荷连续摩擦作用时,影响耐磨性的三个因素中,断裂延伸度起了主导作用。因为经树脂整理后,纤维素纤维织物断裂延伸度下降较多,摩擦时织物中不可能有较多的纤维来承受外力,因此必然出现过早破损的现象。当整理后织物受到较小的负荷摩擦作用时,耐磨性提高。因为在小负荷作用时,影响耐磨性的三个因素中,弹性起了主导作用。而整理后织物弹性增加,所以耐磨性获得提高。

综上所述,树脂整理后的织物的耐磨性随着试验方法的不同,会有不同的结论。一般在实验室中采用的是平磨或曲磨的测试方法,都是加速破损的方式,即试验时织物所承受的负荷较大,并连续作用,因此整理后的织物耐磨性下降较多。而在实际穿着中,织物所受到的负荷都是比较小的,而且也不是连续长期的经受摩擦,所以产生的形变一般不会太大,而且有足够的时间回复,耐磨性的变化就会有所不同。因此,树脂整理后织物耐磨性的变化,应视具体的试验或穿着条件不同而定。

为了改善树脂整理织物的耐磨性,一般在整理液中加入适量的柔软剂,以减小纤维之间的摩擦系数。

三、整理品的耐洗性

整理品的耐洗性主要取决于整理剂与纤维素分子之间所形成的共价交联键的稳定性。洗涤条件一般是碱性的,有时,在洗涤时可能会对白色织物进行次氯酸钠漂白,漂白后要进行酸洗。因此整理品的耐洗性实际是指交联键的耐酸、碱水解稳定性,同时还存在整理品在洗涤时可能出现的吸氯问题。

整理织物的水解稳定性决定于共价交联键对酸、碱水解的稳定性。本章前面对这个问题已经做过讨论:整理剂分子的氮原子上连接有强供电子基时,供电子基的供电性越强,整理后的纺织品的耐酸水解性能越差;若连接吸电子基时,则整理品耐酸水解稳定性好。

整理后的纺织品的耐碱水解问题没有酸水解问题严重。如果氮原子上连有 H 原子时,在碱性条件下,水解过程可以表示如下:

$$—C=N—CH_2OCell + OH^- \rightleftharpoons \overset{\overset{\displaystyle O}{\|}}{—C}—\bar{N}—CH_2OCell + H_2O$$
$$\underset{H}{}$$

$$\left(\overset{\overset{\displaystyle O}{\|}}{—C}—N=CH_2 + Cell—O^- \right)$$

$$\Updownarrow 2H_2O$$

$$\overset{\overset{\displaystyle O}{\|}}{—C}—NHCH_2OH + Cell—OH + OH^-$$

$$\overset{\overset{\displaystyle O}{\|}}{—C}—NH_2 + CH_2O$$

从以上反应过程看,交联键碱性条件下水解速率取决于整理剂的结构。若整理剂分子的氮原子上有氢原子,在碱性条件下,易于生成酰胺负离子,交联键就易于断裂;反之,氮原子上不含氢原子,则不能形成酰胺负离子,共价交联键耐碱性水解能力高。在整理剂中,DMEU、2D 等树脂与纤维素分子的交联后,整理剂分子的氮原子上没有氢原子,所以整理品有很好的耐碱性。

另外,整理剂与纤维素分子所形成的交联的结构也影响整理品的耐水解性。如在交联结构中,存在亚甲基醚键,这个键耐碱性差,容易水解,导致交联键的断裂,防皱性能下降。此问题在催化机理中已经作过介绍,如果焙烘条件到位,亚甲基醚键的生成是可以避免的。

经过 N - 羟甲基酰胺整理剂整理的织物,在洗涤的过程中,遇到 NaClO 或水中的有效氯(一般游泳池或者饮用水里都有),即使是微量的氯,也会发生不同程度的吸氯现象,形成氯胺。吸氯后,有的整理品经过高温熨烫后会发生脆损,这种损伤称为氯损;有的整理品在吸氯后出现泛黄现象,称为吸氯泛黄。

整理剂分子上含有亚氨基是出现吸氯的主要原因。当亚氨基吸氯后生成氯胺,如果氯胺带有黄色,则织物产生吸氯泛黄现象;在高温熨烫时,氯胺分解生成盐酸和新生态氧,造成纤维损伤,强力下降。氯损的形成过程可表示如下:

$$\overset{\overset{\displaystyle O}{\|}}{—C}—NH + NaClO \longrightarrow \overset{\overset{\displaystyle O}{\|}}{—C}—NCl + NaOH$$

$$\underset{\text{(羟甲基化合物)}}{-C-NCl} + H_2O \xrightarrow{\text{熨烫}} \underset{}{-C-NH} + HCl + [O]$$

不仅含有亚氨基的整理剂整理过的织物会出现吸氯和氯损,不含亚氨基的整理剂整理过的织物,也会有不同程度的吸氯和氯损问题,如2D、DMEU 和 DMPU 等整理过的织物,也有不同程度的吸氯和氯损问题。这些整理剂中虽然没有亚氨基,但它们与纤维的交联键如果水解断裂生成亚氨基,也会发生吸氯问题。还有未交联的羟甲基化合物,在碱性条件下与氯反应,也可以生成氯胺。

$$\underset{\text{(羟甲基化合物)}}{-C-NCH_2OH} + NaOCl \longrightarrow \underset{\text{(氯胺)}}{-C-N-Cl} + CH_2O + NaOH$$

四、整理品的甲醛释放问题

用酰胺—甲醛类整理剂整理的织物在一定条件下,都会有不同程度的甲醛释放。甲醛对人类健康的危害,已经越来越引起人们的关注。甲醛是一种有毒物质,微量的甲醛($1 \sim 2mg/kg$)就会产生刺激性气味,刺激眼睛、黏膜和皮肤,引起皮肤红肿、过敏,甚至会引起癌症,甲醛还能与氯反应,生成致癌物质二氯甲醚($ClCH_2OCH_2Cl$),影响工人和消费者的健康。为了防止环境污染,保护人们身体健康,各国纷纷制定法规和标准,限制纺织品的甲醛释放量。目前,国际上普遍接受的生态纺织品的标准是 1991 年有奥地利纺织研究院设计的"Oeko – Tex Standard 100",国内称为"Oeko – Tex 标准 100"。我国的 GB 18401—2010《国家纺织产品基本安全技术规范》如表 3 – 12。

表 3 – 12 纺织品上的甲醛含量限定量

类型	甲醛含量(mg/kg)	类型	甲醛含量(mg/kg)
婴幼儿	≤20	非直接接触皮肤	≤300
直接接触皮肤	≤75	室内装饰类	≤300

注 Oeko – Tex Standard 100 将婴幼儿类产品的甲醛限量由 20mg/kg 修改为 16mg/kg,2008 年 4 月 1 日生效。

减少织物上的甲醛释放主要从两个方面采取措施,一是控制释放甲醛的源头,如选择合适的 N – 羟甲基整理剂、对 N – 羟甲基整理剂醚化改性、选择合适的催化剂以及与交联剂配比和用量、拼混无甲醛整理剂、选择合适的焙烘工艺条件等。二是控制已经释放的甲醛,主要做法有使用甲醛捕捉剂、加强焙烘后处理。

控制甲醛的释放具体做法如下:

1.选择合适的整理剂 树脂初缩体的制备反应,即羟甲基化反应是一个可逆反应,所以选择平衡状态时游离甲醛少的整理剂,比如 DMEU、2D 等整理剂。

2.N – 羟甲基化合物的醚化改性 树脂初缩体与醇醚化后,用 R 替代—$NHCH_2OH$ 中—OH

的 H,可以提高 C—N 的稳定性,减少甲醛的释放量。实际上目前应用的 N – 羟甲基整理剂,绝大多数为醚化的产物。

3. **优化整理工艺** 整理剂的种类、用量、催化剂的品种、用量、添加剂、焙烘温度和时间等都会对整理效果和甲醛的释放量,所以优化整理工艺对降低甲醛的释放很有必要,具体研究结果见表 3 – 13。

表 3 – 13 整理剂和整理液的组成、配比对释放甲醛量的影响

整理液处方	释放甲醛的量（mg/kg）
9% DMU + 2.7% MgCl$_2$	3658
9% DMEU + 2.7% MgCl$_2$	1651
9% 2D + 2.7% MgCl$_2$	800
9% 2D + 2.7% MgCl$_2$/柠檬酸	606
5% 2D + 1.5% MgCl$_2$/柠檬酸	290
5% 2D + 1.5% MgCl$_2$/柠檬酸 + 2% 乙二醇	74
5% 醚化 2D + 1.5% MgCl$_2$/柠檬酸 + 2% 乙二醇	70
9% DMMC + 2.7% MgCl$_2$/柠檬酸	560
9% DMMC + 2.7% MgCl$_2$/柠檬酸 + 4% 乙二醇	130
9% 醚化 DMMC + 2.7% MgCl$_2$/柠檬酸 + 4% 乙二醇	100

注 DMMC 是二羟甲基氨基甲酸甲酯。

从表 3 – 13 中可以看出:使用不同的整理剂,织物释放出的甲醛是不同的。整理剂相同,使用不同种类的催化剂,释放的甲醛量不同;采用复合催化剂是减少释放甲醛量很有效的措施。

2D 树脂整理液中加入多元醇,一般可以降低 1/3 ~2/3 释放甲醛的量。常见的多元醇有乙二醇、丙二醇、二甘醇、聚乙二醇等。多元醇用量多,效果好,但是如果用量超过 3% 后,降低释放甲醛量的效果变得不明显。

另有实验表明:如果在 2D 树脂整理液中加入少量的聚氨酯和有机硅弹性体,可以减少 2D 树脂用量的 30% ~50%,释放甲醛的量可以减少 70% ~80%,达到 100mg/kg。

4. **加强焙烘后织物的水洗** 整理后的水洗有助于去除未反应的物质。焙烘后碱性洗涤不仅可以去除甲醛,而且还可以去除未反应的 $\diagdown$N—CH$_2$OH,降低整理织物储存过程中的甲醛的释放。其中提高洗液的温度、选择洗液合适的 pH 值均有利于甲醛的去除。

5. **使用甲醛捕捉剂** 虽然焙烘后水洗可以降低织物上的甲醛量,但是当织物遇到湿热环境时,会继续释放甲醛。为了解决此问题,可以在末道水洗槽中加入甲醛捕捉剂。

甲醛捕捉剂是指能与甲醛起反应,从而减少甲醛量的化合物。甲醛捕捉剂一类是含有—NH 的化合物,如尿素、环亚乙基脲、N,N' – 二氨基脲、含芳香杂环的氨等。其中应用比较成功的是碳酰肼（N,N' – 二氨基脲）,俗名卡巴肼。使用这种捕捉剂织物上的甲醛释放降低至

10mg/kg,效果明显,但对 DP 级影响较大(下降至 1.5 级)。

还有一类是含有活性亚甲基的化合物,具有代表性的是 1,3 – 丙酮二羧酸二甲酯,可以将甲醛控制在 10mg/kg 以下,且对 DP 级影响也较小(由 3.5 级降至 2.5 级)。除此之外,硫化物、EDTA 和脱乙酰甲壳素也有吸收游离甲醛的作用。

减少甲醛的方法还可以使用雾室技术等。织物离开焙烘机后,进入喷雾室,用 10% 尿素喷射在织物的两面,用以吸收织物上的甲醛,从而降低甲醛的释放量。这样做还可以省去之前的洗涤,简化了工序。

由于甲醛活性大,价格便宜,迄今尚无更满意的整理剂可以完全替代酰胺—甲醛类防皱整理剂,因此更现实的就是找到降低甲醛释放的更有效的方法,当然最根本的就是努力研发高效的无醛的整理剂。

学习引导

一、思考题

1. 试述纤维素纤维织物形成折皱的原因。

2. 简述树脂整理的原理。

3. 简述 2D 醚化的意义。

4. 防皱整理用的催化剂有几种类型,请解释金属盐催化剂的催化机理。

5. 树脂整理后,棉和黏胶纤维织物的力学性能发生了什么变化? 为什么?

6. 织物经过树脂整理后,如何减少甲醛的释放量?

7. 什么是氯损和吸氯泛黄?

二、训练任务

棉织物免烫整理工艺设计

1. 任务

(1)树脂整理的方法选择;

(2)选择树脂;

(3)选择催化剂;

(4)树脂整理工艺设计;

(5)树脂整理品性能测试。

2. 任务实施

(1)根据织物和产品要求选择树脂整理方法;

(2)设计树脂整理工艺:

①工艺流程;

②药品与设备;

③工艺条件;

④工艺说明。

(3)课外完成:以小组为单位,编制成 ppt。

(4)课内汇报形式:小组讲述,其他小组提问,教师指导,共同完成学习任务。

三、工作项目

棉织物免烫整理生产

(1)任务:按照客户需要生产一批低甲醛免烫整理棉织物。

(2)要求:设计棉织物免烫整理工艺并实施。包括工艺流程、工艺条件、设备、工艺操作及产品质量检验等。

学习情境4 功能性整理

学习任务描述：

　　功能性整理包括防护性功能整理、舒适性功能整理和抗生物功能整理三部分。学习任务包括拒水拒油整理、阻燃整理、防辐射整理、抗静电整理、易去污及亲水整理、织物保暖性整理、吸湿快干整理、抗菌整理、防虫害整理等内容。本章学习任务按照不同类型整理的模块化、工艺化来设计，包括各种整理的整理方法介绍、工艺流程及配方等部分。

　　功能性整理首先是根据产品的需要，选择合适的整理方法，选择合适的整理剂，接下来做化验室小试，根据各个功能性整理的目标确定用量，然后大车中试确定合理的整理工艺。

学习目标：

　　1. 根据产品要求，能选用合理的防护性功能整理、舒适性功能整理、抗生物功能整理方法；

　　2. 选用合适的整理剂、催化剂和添加剂，了解其注意事项；

　　3. 能够进行防护性功能整理、舒适性功能整理、抗生物功能整理的工艺设计并实施；

　　4. 能够对防护性功能整理、舒适性功能整理、抗生物功能整理后的产品质量进行测试。

学习任务4-1 防护性功能整理

　　随着人们生活水平的提高，人们对产品功能的需求，已由单一保暖型向舒适、健康、安全、美观等多功能型转变。

　　纺织品的功能整理是为了满足纺织品的某些特殊使用要求，赋予纺织品优良的使用、安全、外观等性能的特殊整理加工方法。由于纺织品的功能整理是针对纺织品某些特定性能的，因而目的性强、效果好，产品的附加值也高。如用作生物医学的组织和器官；用于预防医学的抗菌防病，保健美容的理疗塑身；特种行业的阻燃，防静电，高低温防护；家居环境改善，吸尘防噪；妇幼生理卫生，杀螨防污；拒油拒水；各类射线防护等。并且从发展来看，功能性纺织品的整理内容和应用范围还在不断扩大，正逐渐渗透到普通产品的生产与整理过程中。

　　纺织品的功能整理通常按其使用用途可分为：防护性功能整理、舒适性功能整理、卫生保健功能整理、特殊功能整理。

　　根据纺织品用途不同，可开发不同功能性的服装和服饰、装饰用及产业用纺织品。随着产业结构调整、高新技术应用，产业和装饰用布比例会大大增加，而服装用布会逐渐减少。具有高性能、高附加值、特殊功能的产业和装饰用纺织品将会有很大的需求量。

一、拒水拒油整理

拒水拒油整理是在织物上施加一种具有特殊分子结构的整理剂，改变纤维表面层的组成，并牢固地附着于纤维上或与纤维化学结合，使织物不再被水和常用的食用油类所润湿的加工过程。所用的整理剂分别为拒水剂和拒油剂。

织物的拒水整理和防水整理是有区别的，前者利用具有低表面能的整理剂，借表面层原子或原子团的化学力使水不能润湿它，织物经拒水整理后，仍保持良好的透气和透湿性，不会恶化织物的手感和风格；而后者是在织物表面涂布一层不透气的连续薄膜，如橡胶等借物理方法阻挡水的透过，以致经防水整理的织物往往不透气和不透湿，穿着也不舒适。拒水整理剂具有改变纤维表面性能的作用，使纤维表面由亲水性变为疏水性，以获得不能被水润湿的效果。

（一）拒水拒油机理

1. 拒水机理　拒水是以有限的润湿为条件的，表示经处理的织物在不经受任何外力作用的静态条件下，对抗水渗透作用的能力。

液滴在表面光滑的固体上，如果液滴不润湿表面，达到平衡时则有三个界面，即液—气、固—气和固—液界面，其界面张力分别为 γ_{LG}、γ_{SG} 和 γ_{SL}。γ_{SL} 和 γ_{LG} 之间有个接触角 θ，其平衡状态如图 4 - 1 所示。

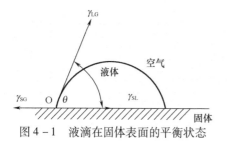

图 4 - 1　液滴在固体表面的平衡状态

由于液体和固体的表面张力（γ_{LG} 和 γ_{SG}）以及液—固间的界面张力（γ_{SL}）相互作用的结果，会形成各种不同的形状（从圆珠形到完全铺平）。除液滴完全铺平外，液滴在固体表面上处于平衡态时，O 点受到三种力的作用，并应满足下列方程：

$$\gamma_{SG} = \gamma_{SL} + \gamma_{LG}\cos\theta \quad\quad \cos\theta = \frac{\gamma_{SG} - \gamma_{SL}}{\gamma_{LG}}$$

其中，θ 称为接触角。当 $\theta = 0$ 时，液滴在固体表面完全铺平，表示固体表面被液滴完全润湿；当 $\theta = 180°$ 时，液滴为圆珠形，这是一种理想的不润湿状态。在拒水整理中，可将液体（水）的表面张力（γ_{LG}）看作是常数。因此，液体能否润湿固体表面，取决于固体的表面张力（γ_{SG}）和固—液的界面张力（γ_{SL}）。从拒水要求来说，（$\gamma_{SG} - \gamma_{SL}$）应为负值，即 $\theta > 90°$，接触角越大越有利于水滴的滚动流失，也就是 $\gamma_{SG} - \gamma_{SL}$ 越小越好。但由于 γ_{SG} 和 γ_{SL} 实际上几乎不能直接测量，所以普遍采用接触角 θ 或 $\cos\theta$ 来直接评定润湿程度。表 4 - 1 为各种纤维与水的接触角。

由表 4 - 1 可知，纤维的种类不同，其与水的接触角也不同。其中与水的接触角较小的是棉和黏胶等亲水性的纤维素纤维；合成纤维与水的接触角一般较大，故称为疏水性纤维。在纤维中，一般吸湿性和膨润性小的，其接触角较大。此外，羊毛的接触角较大与其表面鳞片的结构有关。但水在各种纤维表面的接触角都小于 $90°$，所以都能被水部分润湿。

表 4 - 1　各种纤维与水的接触角

纤维种类	棉	羊毛	黏胶纤维	锦纶	涤纶	腈纶	丙纶
接触角(°)	50	81	38	64	67	53	90

接触角并非润湿的原因,而是其结果,液—固间相互作用是导致润湿性大小的原因。因此有人采用固体的表面能来预测某液体在该固体上的润湿性能。表面能低的固体平面不易被液体所润湿,但是缺乏有效的测定固体表面能的方法,大量集中于间接测定或通过与之成比例的量表示,没有定值。由于固体表面能几乎无法测量,为能了解固体表面的可润湿性,有人测定它的临界表面张力(接触角恰好为 0 时该液体的表面张力,可采用外推法求得)。临界表面张力虽然不能直接表示该固体的表面张力,但($\gamma_{SG} - \gamma_{SL}$)的大小,却能说明该固体表面被润湿的难易。因此,若要水对固体表面不润湿,则必须使固体表面张力 γ_{SG} 小于液体的表面张力 γ_{LG}。当液体的表面张力 γ_{LG} 低于固体平面的临界表面张力 γ_{SG} 时,则能在该固体表面随意铺展和润湿,而液体的表面张力高于固体平面的临界表面张力时,则在固体表面形成不连续的液滴,其接触角大于 90°。由于液体的表面张力 γ_{LG} 不变,因此要达到拒水的目的,必须减少固体表面张力 γ_{SG} 或使固 - 液界面张力 γ_{SL} 加大。拒水整理正是基于这一点而进行的。不同高分子化合物固体平面的临界表面张力(γ_{SG})见表 4 - 2。

表 4 - 2　不同高分子化合物固体平面的临界表面张力(γ_{SG})

固体表面	γ_{SG} (10^{-5} N/cm)	固体表面	γ_{SG} (10^{-5} N/cm)
聚四氟乙烯	18	聚乙烯醇	37
聚三氟乙烯	22	聚甲基丙烯酸甲酯	39
聚二(偏)氟乙烯	25	聚氯乙烯	39
聚一氟乙烯	28	聚酯纤维	43
聚三氟氯乙烯	31	锦纶 66	46
聚乙烯	31	纤维素纤维	72
聚苯乙烯	33		

拒水整理剂是一类具有低表面能基团的化合物,大多为含有长链脂肪烃的化合物,碳链为 $C_{17} \sim C_{18}$,或分子外层为连续的—CH_3、—CF_3 或—CF_2—,而分子另一端为极性基团。用拒水剂整理织物时,拒水剂的反应性基团或极性基团定向吸附于纤维表面,而拒水剂的碳长链或连续排列的—CH_3、—CF_3 等基团向外排列于织物表面,形成疏水性连续薄膜;或拒水剂分子的活性基团在一定条件下,与纤维表面的活性基团发生相互聚合形成三维空间网状结构(如有机硅类防水剂)。使纤维的表面张力 γ_{SG} 减少,从而达到拒水整理的目的。表 4 - 3 是物质表面结构与 γ_{SG} 的关系。

表 4-3　表面结构与 γ_{SG} 的关系

表　面　结　构	$\gamma_{SG}(10^{-5}\text{N/cm})$		表　面　结　构	$\gamma_{SG}(10^{-5}\text{N/cm})$
碳氟表面	—CF₃	6	碳氢表面	—CH₃（晶体）	22
	—CF₂H	15		—CH₃（单层）	24
	—CF₂—CF₂—	17		—CH₂—	31
	—CF₂—	18		—CH₂—和=CH—	33
	—CF₂—CH₃	20		=CH—（苯环边）	35
	—CF₂—CHF—	22			
	—CF₂—CH₂—	25	硝化碳氢表面	—CH₂ONO₂（110 面）	40
	—CFH—CH₂—	28		—C(NO₂)₃（单层）	42
碳氢表面	—CClH—CH₂—	39		—CH₂NHNO₂（晶体）	44
	—CCl₂—CH₂—	40		—CH₂ONO₂（101 面）	45
	=CCl₂	43			

从表 4-3 中可看出，一定的表面化学结构对应于一定的 γ_{SG} 值。决定固体平面润湿性的是表面层原子或原子团结构的性能及排列情况，而与内部结构无关，从表 9-3 列举的数据也可知，碳氟表面和碳氢固体平面的临界表面张力都比水的表面张力（$70\times10^{-5}\text{N/cm}$）小得多，所以它们都具有一定的拒水性，其中以 —CF₃ 为最强，—CH₂— 为最弱。因此，用临界表面张力 γ 为 $30\times10^{-5}\text{N/cm}$ 左右的疏水性脂肪烃类化合物，或用 γ 为 $24\times10^{-5}\text{N/cm}$ 的有机硅整理剂，可使整理后的织物具有足够的拒水性。然而，整理品的初始拒水性并不是选择拒水剂的唯一标准，还应综合考虑织物的耐干洗和耐湿洗涤性能，耐磨性、耐沾污性，应用的方便性及其成本。

2. 拒油机理　当织物接触油类液体而不被润湿时，即称此织物具有防油性或拒油性。拒油整理和拒水整理的机理极为相似，都是改变纤维的表面性能，使其临界表面张力降低。对于表面张力为 $20\times10^{-5}\sim30\times10^{-5}\text{N/cm}$ 的脂肪烃油类，必须应用含氟烃类整理剂整理，才能使纤维的临界表面张力降低到 $15\times10^{-5}\text{N/cm}$ 以下。当整理剂使纤维的临界表面张力降低到脂肪烃油类的表面张力以下时，整理品既具有拒水性，又具有拒油的性能。

（二）拒水整理剂及整理工艺

根据拒水整理的耐洗涤性，可将拒水整理分为非耐久、半耐久和耐久性整理。按标准方法洗涤，洗涤 30 次以上，仍有一定防水效果的称为耐久性防水，耐洗 5～30 次为半耐久性防水；耐洗 5 次以下为非耐久性防水。

1. 非耐久性拒水整理　非耐久性拒水整理一般采用石蜡—金属盐法。石蜡—金属盐拒水剂中以铝化合物应用较多，是最古老的防水方法之一。由于该法操作简便、成本低廉，迄今仍在使用，特别适用于不常洗的工业用布，如遮盖布和帷幕等。加工方法有单独醋酸铝法和铝皂法等。铝盐防水剂的作用机理是经加热后它可在织物表面形成具有防水性能的氧化铝。

$$Al(CH_3COO)_3 + 3H_2O \longrightarrow Al(OH)_3 + 3CH_3COOH$$

$$2Al(OH)_3 \xrightarrow{\triangle} Al_2O_3 + 3H_2O$$

铝皂法是将铝盐与肥皂及石蜡一起使用,虽然整理后的织物不耐水洗和干洗,手感硬,且带有酸味。但当其拒水效果降低后,可再经处理而得到恢复。石蜡—铝皂法分为一浴法和二浴法。

(1)一浴法:是将醋酸铝和石蜡肥皂乳液混合在一起使用,但如果直接混合将发生破乳现象。为避免破乳发生沉淀,需要预先在乳液中加入适当的保护胶体,如明胶等,才能使乳液稳定。乳液一般组成如下:

石蜡	60g/L
醋酸铝(4%~6%)	55g/L
烧碱(300g/L)	11g/L
松香	20g/L
明胶	15g/L
甲醛	10g/L
硬脂酸	5g/L

工艺流程:

二浸二轧(常温或55~70℃,轧液率100%)→烘干→成品

织物在常温或55~70℃下,先浸轧冲淡后的上述乳液(20g/L,调节 pH 至 5 左右),再经烘干即可。

配制拒水浆液时,先将松香、硬脂酸、明胶及烧碱等混合,加热至60~70℃,注入熔融石蜡,不断搅拌至充分乳化。最后将乳液徐徐加入已溶好的醋酸铝溶液中,充分搅拌均匀,加水到配制液量。值得注意的是,明胶是亲水性蛋白质,其用量越多,乳液虽越稳定,但整理品的拒水效果会降低,所以用量要适当。另外,被处理织物应为中性,且不含渗透剂等亲水表面活性剂。

(2)二浴法:其乳液制备较一浴法容易,但由于加工过程比较复杂,故实际生产中已较少运用。

二浴法是先将石蜡用肥皂分散成乳液,然后将织物先在此乳液中浸轧、烘干,再经醋酸铝溶液浸轧、烘干,织物上的肥皂与醋酸铝反应生成不溶性的铝皂,多余的醋酸铝在烘干过程中发生水解和脱水反应,生成不溶性的碱式铝盐或氧化铝等化合物,并和铝皂、石蜡共同沉积在织物上而起拒水作用,氧化铝还有阻塞织物中部分孔隙的作用。

采用铝皂法对织物进行拒水整理,优点是加工方便,成本低,拒水效果降低后可经再处理后恢复,缺点是不耐水洗和干洗。但如用氯化锆、醋酸锆、碳酸锆等锆盐代替铝盐,由于锆盐能与纤维素分子上的羟基形成络合物,同时,氢氧化锆能吸收石蜡粒子,可改善整理效果的耐久性,但成本较高。锆类拒水剂还可用于羊毛、蚕丝等蛋白质纤维或聚酰胺纤维织物的半耐久性拒水整理。

2. 耐久性拒水整理　目前,已开发并广泛应用的耐久性拒水剂有多种类型,如吡啶季铵盐化合物、硬脂酸的金属络合物、长链脂肪酸的胺化合物、三聚氰胺衍生物、有机硅树脂、有机氟化合物等。

(1)吡啶季铵盐类拒水整理剂:又称长脂肪链季铵化合物,这类化合物的一般结构式可表示如下:

$$R—CH_2—N^+ \bigcirc \cdot Cl^-$$

常见的 Velan PF 防水剂属硬脂酰胺亚甲基吡啶氯化物,含有效成分约 60%,外观呈浅棕色膏状或灰白色浆状物,属阳离子表面活性剂,能耐酸和硬水,不耐碱及大量硫酸盐、磺酸盐和磷酸盐等无机盐类,不耐 100℃以上高温,有吡啶特有的臭味。

防水剂 PF 能与纤维素纤维的羟基或蛋白质纤维的氨基反应,得到稳定化合物。防水剂 PF 用作拒水整理的工艺实例如下:

防水处理液处方:

防水剂 PF	60g/L
酒精	60g/L
结晶醋酸钠	10g/L

先用酒精将防水剂 PF 调成浆状,然后加入 40℃温水,制成酸性分散白色乳液,最后加入 40℃的醋酸钠溶液。工作液温度保持在 40℃。

工艺流程:

二浸二轧(40℃,轧液率 70%~80%)→烘干(低于 110℃)→焙烘(120℃,5~10min 或 150℃,3min)→皂洗(肥皂 2g/L,纯碱 2g/L,50℃)→水洗→烘干

为了获得良好的拒水效果,织物上整理剂的含量应不少于 2%~6%(owf),整理品经洗涤后,其拒水效果可通过熨烫而获得。

应用防水剂 PF 时应注意:

①溶液中离子对防水剂 PF 溶液稳定性的影响,特别是硫酸盐、磺酸盐、硼酸、硼酸盐、磷酸钠、烧碱等。

②在整理时,因高温焙烘过程中有盐酸产生,故用醋酸钠作缓冲剂,以防止纤维的脆损。

③焙烘前织物应充分烘干,烘干速度要快,温度不要超过 110℃,以防止因 PF 水解而使拒水效果受到一定的影响。

④皂洗时要充分除去吡啶臭味,皂洗后的残余肥皂务必去净,以保证良好的拒水效果。

⑤吡啶蒸气有毒,空气中含量达 3000mm³/m³ 时,极易引起人体中毒,当达到 90000mm³/m³ 时,有剧毒,故在整理过程中应加强排风。

(2)硬脂酸的金属络合物类拒水整理剂:此类拒水剂主要是脂肪酸和铬或铝的配位化合物,以拒水剂 CR 为代表,它是三价铬与硬脂酸在异丙醇溶液中反应得到的产品,呈阳离子性,其商品常含有效成分约 30% 的异丙醇绿色溶液。此类拒水剂结构为:

$$C_{17}H_{35}-C \begin{array}{c} Cl \quad Cl \\ O \rightarrow Cr \\ \diagdown \\ OH \\ O-Cr \\ Cl \quad Cl \end{array}$$

由于三价铬化合物是暗绿色的,故不适用于白色或浅色织物的拒水整理。加水稀释后,由于会释出盐酸,故工艺处方中应加入缓冲剂如六亚甲基四胺或尿素—甲酸钠制剂[尿素 27%

（体积分数），甲酸钠5%（体积分数），甲酸3%（体积分数），水65%（体积分数）〕。其用量一般为拒水剂CR的12%（质量分数）。

拒水剂CR可用于棉、麻、丝、毛以及合成纤维织物的拒水整理，也可用于玻璃纤维、皮革、纸张的拒水整理。整理后的织物可耐多次干洗和水洗（低于45℃），属透气性防水。此外，兼有柔软、透气、防霉、防污及不"粉化"的特点。但防水剂CR对含有二价以上的阴离子物质和有机酸（甲酸、醋酸除外）均无相容性，应用时应注意。

浸轧液处方：

拒水剂CR	70g/L
六亚甲基四胺	8.4g/L

工艺流程：

二浸二轧（40℃以下，轧液率65%～75%）→烘干（60～70℃）→焙烘（110℃，5min）→皂洗（50～60℃）→水洗→烘干

（3）树脂衍生物类拒水整理剂：由于普通的脲醛或三聚氰胺—甲醛构成的树脂不具有防水性，但当它们和具有长链结构的脂肪酸、酰胺或醇结合时就具有了拒水性。如防水剂FTG、防水剂AEC等。这类拒水剂由于拼混石蜡，所以其耐水压性较吡啶类拒水剂好，在整理过程中无难闻的气味和腐蚀性气体逸出。

拒水剂FTG是浅黄色蜡状片状物，其软化点在50℃以上。溶解时，先用少量热水使蜡状物充分搅拌熔融，在搅拌下加入醋酸使之乳化，再在搅拌下加入适量的热水（60～70℃），稀释至浓度为12%～15%的乳液备用。具体工艺如下：

浸轧液处方：

拒水剂FTG	60g/L
醋酸（40%）	15g/L
硫酸铝（结晶）	3～4g/L
水	x

工艺流程：

二浸二轧（pH=4.5～5.5，温度30～50℃，轧液率60%～65%）→烘干→焙烘（155～160℃，3～3.5min）→水洗→烘干

拒水剂的用量应随轧液率而定，一般织物上含拒水剂4%～5%时，才能具有优良又耐用的拒水效果，而且手感较厚实。该整理剂也可用于涤棉混纺织物的拒水整理。此外，它可与拒油剂或有机硅类拒水剂以及防皱整理剂同浴使用，以得到多功能的整理效果。但在整理时应控制浸轧液温度不超过50℃，pH值不超过5.5，以保持乳液的稳定性。硫酸铝应先以50～60℃热水溶解，然后再加入浸轧液中。

（4）有机硅树脂类拒水整理剂：这类拒水剂的结构一般是线型聚甲基氢硅氧烷，它除了具有良好的耐久拒水性以外，还可提高织物的撕破强度，改善织物的手感和缝纫性能。

此种拒水剂的性能按在分子中的有机基团而定。硅酮是无色、无味、化学惰性的高分子化合物，拒水性好，并在-40℃～350℃温度范围内极稳定。织物经处理后，再经焙烘，Si—H氧化

而彼此缩合成防水膜。

$$\begin{array}{ccc} -\!Si\!- & & -\!Si\!-\!O\!-\!Si\!- \\ | & & | & | \\ O & \xrightarrow{\ H_2O,O_2\ } & O & O \quad \cdots \\ | & & | & | \\ -\!Si\!- & & -\!Si\!-\!O\!-\!Si\!- \\ | & & | & | \end{array}$$

聚甲基氢基硅氧烷能与纤维表面的羟基形成氢键，使疏水的甲基基团密集、定向地排列在纤维表面，从而使织物获得满意的拒水性能，且有一定的耐洗效果。

含硅拒水整理剂虽其拒水效果不如含氟拒水整理剂，但用于超细涤纶仍可获得良好的拒水性、悬垂性和手感，经改进后还可作为防污、去污的拒水整理剂。

有机硅类拒水整理剂，特别适用于各种合成纤维和羊毛织物，也可用于纤维素纤维织物，这种拒水剂中含有一定的反应性基团，整理过程中在催化剂作用下，通过氧化、水解或交联成膜，或与纤维素纤维上的羟基结合，获得不溶于水和其他溶剂的持久性拒水效果。有机硅拒水整理实例如下。

①溶剂法：将硅油用有机溶剂（如全氯乙烯溶液）溶解、稀释后浸渍、涂刷或喷涂在织物上，立刻晾干或烘干，使溶剂挥发，织物上带有1%~2%的硅油，经焙烘固化即可。得到的织物防水性能较好，耐干洗和水洗。但此方法的缺点是有机溶剂易挥发、易燃烧，对人体有害且会污染环境。

②乳液法：将硅油用乳化剂制成一定的乳液，用其浸轧织物经烘干、焙烘、固化、水洗和烘干后，使织物具有耐久性的拒水特性。

浸轧液处方：

羟基二甲基硅油乳液（30%）	70g/L
甲基含氢硅油乳液（30%）	30g/L
环氧树脂（31.8%）	14g/L
醋酸铅	11g/L
二氯氧化锆	5.4g/L
醋酸铵	22g/L

工艺流程：

二浸二轧（轧液率70%~80%）→预烘→焙烘（150~170℃，5min）→放置24h→冷水洗→热水洗（60℃）→冷水洗→烘干

配制时，先将醋酸铅用煮沸法去除CO_2，并用50~60℃清水溶解，冷却至室温后倒入硅油乳液中，随后加入环氧树脂，最后加入醋酸铵溶液，加水稀释至所需液量。

（5）有机氟拒水整理剂：有机氟拒水整理剂是一类新型的拒水整理剂，不仅具有拒水性，而且对表面张力低的各种油类也有拒油性，加入少量的含氟防水剂能使织物得到显著的拒水效果，并且不损害纤维原有的风格。它的拒水性能在所有的拒水整理剂中是最好的，因此得到了迅速普及推广，成为当今防水剂的主流。

（三）拒油整理剂及其整理工艺

拒油整理即织物的低表面能处理，其原理同拒水整理极为相似，只是经拒油整理后的织物要

求对表面张力较小的油脂具有不润湿的特性。在拒油整理发展初期,发现若干有机氟化物对织物进行整理后,具有防油性。因为这种整理剂可以使被整理的织物具有非常低的表面张力,所以含氟整理剂具有优异的拒水、拒油、防污染的性能。1950年,美国杜邦公司率先以聚四氟乙烯乳液作为织物整理剂发表了专利。随后于1953年,美国3M公司研制成功以含氟羧酸铬络合物为主体的织物整理剂,由于上述产品的局限性,很快被以含氟丙烯酸酯形成的聚合物所取代。

含氟聚合物整理剂由长链氟烷基、含氟胺类或全氟烷基磺酰胺的丙烯酸酯(或甲基丙烯酸酯)和其他单体共聚而成的含水胶乳(也有溶剂型的)以及各类助剂如乳化剂、交联剂再配以不同用途的各种添加剂所组成。目前市场上出售的均为乳液状树脂。

有机氟树脂与其他组分混合时,表现出良好的联合增效效应。如含氟拒水剂与吡啶型拒水剂的良好协同作用,并产生良好持久的耐洗性;与石蜡乳液一起应用也有增效效果。联合增效效应对有机氟化合物的应用起着重要作用。然而虽然各种疏水性烃类与有机氟化物均有协同作用,但有机硅拒水剂却会降低其拒油性。

1.整理工艺 有机氟多功能整理剂是低浓高效整理剂,以织物重量计算,附着在纤维上的固体约为1%(owf),其中以氟化物存在的固体约为0.25%(owf),这一部分氟碳化合物,就提供了织物足够的拒水、拒油性。它既不影响被整理织物的色光,也不影响其他后整理工序。其整理工艺简单,可根据不同纤维分别采用浸轧法、喷射法或竭染法。有机氟拒水剂可用于涤纶、涤/棉、纯棉、维纶、黏胶纤维等织物的耐久性拒油拒水加工。整理后织物的色泽、手感、透气性、强力等几乎无变化。在纤维素纤维织物整理时,还可与含有提高洗可穿性和耐久压烫性能以及改善抗皱性能的交联剂,如三聚氰胺、乙二醛树脂、氨基甲酸酯等混合使用。例如,涤纶细旦丝织物采用TG-491进行耐久性拒油拒水加工工艺如下。

浸轧液处方:

TG—410H	45g/L
改性三聚氰胺树脂交联剂(40%)	4mL/L
$MgCl_2$	0.4g/L
醋酸	1.5g/L
异丙醇	20mL/L

工艺流程:

二浸二轧(轧液率80%)→预烘(105℃)→焙烘(170~180℃,1~3min)

采用有机氟类化合物进行耐久拒油拒水整理时应注意以下几点:

(1)织物上应不含有其他表面活性剂,特别是不能有渗透剂、柔软剂,且要使布面呈中性。

(2)拒水剂中应加入树脂,以提高成品的耐久性能,但树脂用量不能过量,否则整理后织物的防水性能可能降低。

(3)预烘温度不得超过105℃,并尽量烘干织物。

(4)焙烘温度应尽可能高,一般不可低于130℃,若温度过低,布面的拒水效果会变差。

(5)织物洗涤后,应再在高温下焙烘或熨烫,才能恢复良好的拒油拒水效果。

(6)有机氟拒水剂可以与阻燃剂、免烫树脂等同浴使用,生产多功能产品。

2. 拒油整理剂的发展 PFOS 全称含氟辛烷磺酸基化合物，是纺织品拒水拒油整理剂中最常用的一种，效果也比较好，但是仍是目前最难降解的有机污染物，具有很高的生物蓄积性和多种毒性，不仅会影响人体呼吸系统，还可能导致新生婴儿死亡，其导致的全球性污染正日渐受到人们的关注。美国 3M 公司自 2002 年自愿退出 PFOS 及其相关产品的生产后，很快又自主研发了另外一种有机氟嵌段共聚物——全氟丁基磺酰基化合物（PFBS），作为 PFOS 的替代品，以满足客户和市场的需要。

碳氢表面活性剂、硅氧烷表面活性剂和氟碳表面活性剂在水中的表面张力分别为：25×10^{-5} N/cm、$20 \times 10^{-5} \sim 35 \times 10^{-5}$ N/cm 和 $16 \times 10^{-5} \sim 20 \times 10^{-5}$ N/cm。聚丙烯酸酯类碳氢化合物对水的临界表面张力可降至 $4.3 \times 10^{-5} \sim 9.3 \times 10^{-5}$ N/cm，比全氟烷整理剂更低，有利于去污整理。有研究表明，在碳氢表面活性剂中，只要加入很少量的含氟表面活性剂，其降低水表面张力的能力就大幅提高，而且可以大大降低油—水界面张力。可以发挥含氟表面活性剂的独特性能，将含氟表面活性剂和碳氢表面活性剂复配，有可能大大减少含氟表面活性剂的用量，降低成本，最主要的是减少 PFOS 的污染。

纳米技术应用于织物拒水拒油整理，是基于研究成果"荷叶效应"的原理。经过两位德国科学家的长期观察研究，在 20 世纪 90 年代初，终于揭开了荷叶叶面的奥妙。原来在荷叶表面上有许多微小的乳突，乳突的平均大小约为 10μm，平均间距约 12μm。而每个乳突有许多直径为 200nm 左右的突起组成的。在荷叶叶面上布满着一个挨一个隆起的"小山包"，在"山包"间的凹陷部分充满空气，这样就在紧贴叶面上形成一层极薄，只有纳米级厚的空气层。这就使得在尺寸上远大于这种结构的灰尘、雨水等降落在叶面上后，隔着一层极薄的空气，只能同叶面上"山包"的凸顶形成几个点接触。雨点在自身的表面张力作用下形成球状，水球在滚动中吸附灰尘，并滚出叶面，这就是"荷叶效应"能自洁叶面的奥妙所在。

虽然纳米整理剂是一种理想的织物整理剂。但是在应用过程中，纳米材料整理剂容易发生团聚，从而失去纳米特性，并存在整理耐久性差的问题。

（四）拒水拒油涂层整理

目前，采用聚四氟乙烯涂层剂研制成功了拒油拒水防风透湿涂层。这种涂层织物表面具有均匀的微孔，既可防止水分子的侵入，又可使湿气通过，达到了防风透气的目的。由于聚四氟乙烯涂层具有极低的表面张力，因此它具有良好的拒油拒水性能。具体工艺见学习情境 5。

二、阻燃整理

几乎所有常用的纺织纤维都是有机高分子化合物，大多数纤维在 330℃ 以下就会发生分解，并产生可燃气体和挥发性液体。由于工业和装饰用纺织品迅速增长，由纺织品引起的火灾事故也在不断增加，促进了世界各国对纺织品阻燃性能的重视，先后制定了一些相应的规定，以减少不必要的损失。

所谓阻燃织物并非指织物在火焰中外形没有任何改变，安然无恙，而是指织物在遇到火焰后不会起明焰燃烧，离开火焰后能立即自动熄灭，无阴燃、续燃现象。因此纺织品的阻燃性只有相对意义，而不是绝对的概念。纺织材料的阻燃性能主要通过两种方法获得：

一种是添加型,即将阻燃剂与纺丝原液混合或引入阻燃单体,以形成阻燃纤维,阻燃纤维具有永久阻燃性;另一种是后整理型,通过对纺织材料进行阻燃整理而达到阻燃的目的,该方法成本低,加工容易,但阻燃性随着使用年限和洗涤次数的增加而降低或消失。本节主要讨论后整理型阻燃加工。

(一)有关燃烧性能的术语解释

为了便于对纺织品燃烧性能的研究,对有关燃烧性能的术语解释如下:

1. **燃烧**　可燃性物质接触火源时,产生的氧化放热反应,伴有有焰或无焰的燃烧过程或发烟现象。

2. **灼烧**　可燃性物质接触火源时,固相状态的无焰的燃烧过程,伴有燃烧区发光现象。

3. **余燃**　燃着的物质离开火源后,仍有持续有焰燃烧。

4. **阴燃**　燃着的物质离开火源后,仍有持续的无焰燃烧。

5. **点燃温度**　在规定的试验条件下,使材料开始持续燃烧的最低温度,通常称为着火点。

6. **热解**　材料在无氧化的高温下所产生的不可逆的化学分解。

7. **续燃时间**　在规定的试验条件下,移开(点)火源后,材料持续有焰燃烧的时间。

8. **阴燃时间**　在规定的试验条件下,当有焰燃烧终止后,或者移开(点)火源后,材料持续无焰燃烧的时间。

9. **炭化**　材料在热解或不完全燃烧过程中,形成炭质残渣的过程。

10. **损毁长度**　在规定的试验条件下,材料损毁面积在规定方向上的最大长度,通常也称为炭长。

11. **极限氧指数(LOI 值)**　在规定的试验条件下,使材料保持燃烧状态所需氧氮混合气体中氧的最低浓度。

(二)纺织纤维的燃烧性能

纤维的燃烧过程包括:加热纤维因吸热而失去水分,热分解,成为可燃性气体而燃烧,因燃烧进一步放出高能量的热而致燃烧蔓延。

纤维的燃烧性能因纤维种类而异,各种纺织纤维由于化学组成、结构以及物理状态的差异,燃烧的难易程度不尽相同。常见纤维的燃烧特性见表4-4。

表4-4　各种纤维的燃烧特性

名　称	燃烧性能	着火点(℃) (延迟 10s)	火焰最高温度 (℃)	极限氧指数 LOI 值(%)
棉纤维	助燃,燃烧快,有阴燃	493	860	18.0
黏胶纤维	助燃,燃烧很快,无阴燃	449	850	19.0
羊毛纤维	难助燃	650	941	24.0
醋酯纤维	助燃,燃烧前熔融	480	960	17.0
锦纶6	难助燃,熔融	504	875	22.0
腈纶	立即燃烧	540	697	18.5
涤纶	难助燃,熔融	575	855	23.5

1. 纤维素纤维的燃烧性能 纤维素纤维是碳水化合物，是一种易燃性纤维。纤维素纤维受热不会软化、熔融，但随温度的升高会产生热裂解。纤维素纤维的热裂解作用首先发生在无定形区，然后进入晶区。高分子的纤维素受热后降解成低分子纤维，然后分解成左旋葡萄糖。左旋葡萄糖在热的作用下进一步分解成羟基丙酮、异丁烯醛、乙醛、丙烯醛、甲醇等可燃性混合气体，这些气体很容易燃烧，是有焰燃烧的主要成分。而固体炭的氧化需要比有焰燃烧更高的温度，所以不易着火，为无焰燃烧，危险性较小。对于纤维素纤维的阻燃整理主要是采用阻燃剂，使纤维素纤维热裂解时减少或阻止可燃性物质（主要是气体）的产生，促进难燃性或不燃性物质（主要是固体炭）的产生。例如未经阻燃整理的棉织物，热裂解时产生的可燃物或易燃物达80%左右，而经过阻燃整理后，可燃物或易燃物下降至30%~40%。

2. 合成纤维的燃烧性能 合成纤维与棉纤维不同，着火时首先软化、熔融，产生熔滴物，而后再发生热分解作用。通常认为，聚酯等合成纤维的热分解作用是按氧化、分解而产生游离基的过程进行的，由于这种游离基的活性，不断破坏碳链间的结合，引起连锁分解反应，促进分子链断裂，引起聚合物降解，从而产生可燃性和不燃性气体。聚酯等合成纤维燃烧时的熔滴物可能会成为二次火源，引起其他易燃物的燃烧。

合成纤维分解产物组成随其纤维的化学组成、分子结构而变化，有可燃性气体、不燃性气体及有毒气体。合成纤维的可燃性随分解产物中可燃性气体的增加而增强，由于熔滴现象使热量分散，可降低燃烧性能。因此，合成纤维的阻燃整理应要求阻燃剂能抑制游离基的形成，阻断链式反应，这便可以阻止易燃、有害气体和烟雾的生成。或者使合成纤维的熔点降低，促进热循环、熔融、形成熔滴，使火焰不能接触纤维，起不到着火作用。

3. 蛋白质纤维的燃烧性能 蛋白质纤维包括动物毛和蚕丝，蛋白质纤维本身除含有碳、氢元素外，还含有大量的氮元素和硫元素，着火点和极限氧指数都比较高，具有良好的天然阻燃性能。通常不易着火燃烧，而且燃烧后的余燃性小，是不易燃纤维。但蛋白质纤维在足量空气中燃烧时，可以产生有毒气体。例如羊毛毯经燃烧后所产生的一氧化碳为$200 \sim 400 mm^3/m^3$，氢氰酸为$30 \sim 70 mm^3/m^3$。

4. 涤棉混纺纤维的燃烧性能 涤棉混纺织物由于服用性能优良和结实耐用，深受消费者欢迎，然而，由于它们易于燃烧造成火灾事故，并导致巨大损失，因此阻燃整理的研究受到普遍关注。迄今为止，人们发现对涤棉混纺织物的阻燃远比对其中任一组分的阻燃要困难。其原因主要有：第一，因为棉是一种不熔融不收缩的易燃性纤维，当涤棉混纺制品燃烧时，棉纤维发生炭化，对涤纶起了一种类似烛芯的支架作用，从而阻碍了涤纶的熔滴脱离火源，使涤纶的自熄性减少，这就是所谓"支架效应"；第二，涤纶和棉两种高分子化合物或它们的裂解产物的相互热诱导，加速了裂解产物的溢出，因此涤棉混纺织物的着火速度比纯涤纶和纯棉要快得多；第三，在燃烧过程中，阻燃剂能在涤和棉两种组分间迁移，因此也给涤棉织物的阻燃整理带来了困难。

（三）阻燃机理

燃烧过程本身是一个复杂的过程，加之不同的纤维和不同的阻燃剂又有不同的性质，因而阻燃机理便成为一个十分复杂的问题，迄今尚未有对各方面都适用的阻燃理论。高聚物燃烧包括一系列的物理和化学变化，其主要过程如图4-2所示。

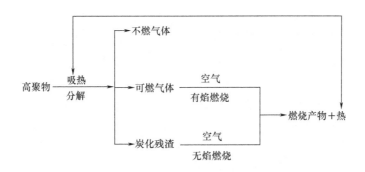

图4-2 高聚物燃烧主要过程

对大部分高聚物来说,上述过程主要分三个阶段。首先是高聚物在热源作用下分解出可燃气体,这些可燃气体聚集到一定浓度后,与周围的空气混合燃烧放热。最后放出的热量返回到聚合物上继续加热,促进高聚物分解。如果能终止或减缓其中任何一个环节,即可产生阻燃效果。

1. 阻燃理论 目前阻燃机理主要有四种理论,即催化脱水论、吸热论、气体论和覆盖论。前两者比较具有普遍意义,后两者仅分别适用于某些阻燃剂的整理。

(1)催化脱水论:也称缩合相论或化学反应论,主要是指阻燃剂改变纤维的热裂解过程。由于阻燃剂的存在能促进纤维材料的催化脱水炭化,甚至发生某些交联作用,改变热分解历程和分解产物的比例,降低热分解温度,以减少热分解产物中可燃性的气体和液体量,增加难燃性固体炭的量,这样有焰燃烧就会得到抑制。该理论主要适用于纤维素纤维,在一定程度上也可应用于其他纤维材料的阻燃整理。

纤维素纤维的脱水作用一般可简单表示为:

$$(C_6H_{10}O_5)n \xrightarrow{>300℃} 6nC + 5nH_2O$$

通常某些阻燃剂只在高温下能形成路易士酸的化合物,可催化纤维素纤维的脱水作用。例如含磷阻燃剂,其磷原子的高亲电性,具有路易士酸的性质,而且在高温条件下能形成磷酸,因此可以促进纤维素纤维的脱水炭化,减少了热分解时可燃气体的产生量。

(2)吸热论:吸热存在两种形式,一是阻燃剂在高温下发生吸热反应,通过消耗热量以降低燃烧材料的温度,从而来阻止火焰的蔓延,达到阻燃的目的;另一种则是使纤维迅速散热,使织物达不到燃烧温度。例如水合氧化铝的阻燃作用是通过自身脱水分解,消耗大量的脱水热和汽化热,从而降低燃烧温度,使织物获得阻燃效果。

$$Al_2O_3 \cdot 3H_2O \longrightarrow Al_2O_3 + 3H_2O$$

该理论特别适用于地毯的阻燃整理。

(3)气体论:有两种理论,一种是阻燃剂在燃烧温度下,分解出不燃气体,将高分子物分解出来的可燃性气体冲淡到能产生火焰的浓度以下。所谓的不燃性气体主要是指 Na_2CO_3、$NaHCO_3$ 和 NH_4Cl 受热分解出来的二氧化碳、氯化氢和水等。这种理论存在一定的局限性,因为许多阻燃剂,通过加热并不能产生这些气体。另一种则是阻燃剂在加热条件下能作为活泼性较高的游离基的转移体,从而阻止了游离基反应的进行。该理论不仅适用于纤维素纤维,而且对大多数合成纤维都是有效的。例如含卤阻燃剂便有这样的作用。

(4)覆盖论:该理论是指某些阻燃剂在低于500℃时是稳定的,不会分解,但在温度较高的情况下,能在纤维表面形成覆盖层,覆盖于纤维的表面,除了隔绝氧气,还有抑制可燃性气体向外扩散、阻止热量的转移的作用,从而起到阻燃作用。例如硼砂—硼酸的作用便是这样。

在阻燃过程中,熔滴也起到一定的作用。在阻燃剂的作用下,纤维材料发生解聚,熔融温度降低,增加了熔点和着火点之间的温差。使纤维材料在裂解之前软化、收缩、熔融,成为熔融液滴,带着热量在重力的作用下离开燃烧体系而自熄。

此外,也可以通过纤维的改性,提高纤维热裂解温度、降低燃烧热,达到阻燃的目的。由于纤维的分子结构及阻燃剂种类的不同,阻燃的作用是十分复杂的,并不局限于上述几个方面。在某一特定的阻燃体系中,可能涉及上述某一阻燃作用,但实际上往往包含多种阻燃作用。

2. 阻阴燃机理　阴燃是碳的氧化过程,即:

$$2C + O_2 \xrightarrow{\triangle} CO + 221kJ \tag{1}$$

$$2CO + O_2 \xrightarrow{\triangle} CO_2 + 568kJ \tag{2}$$

$$C + O_2 \xrightarrow{\triangle} CO_2 + 394kJ \tag{3}$$

碳氧化成 CO_2,其产生的热量约为碳氧化成 CO 的四倍,因此,如果使碳氧化成 CO,则发热量少,而不致使其自身蔓延,从而阻止灼烧。阻燃剂的作用必须抑止反应(2)和(3)的进行,使 CO/CO_2 的比值增大,放热量减少,以至不能达到灼烧温度,从而可减少灼烧或停止灼烧。一般认为,含磷的阻燃剂都有较好的防灼烧能力。关于阻阴燃的机理,一般认为有三种可能阻止碳氧化成二氧化碳。一种可能是阻燃剂改变了碳氧化的反应活化能,使得反应有利于生成 CO,不利于生成 CO_2。例如磷酸二氢铵高温分解生成磷酸,具有使碳氧化成 CO 的作用:

$$NH_4H_2PO_4 \xrightarrow{\triangle} H_3PO_4 + NH_3 \uparrow$$

$$2H_3PO_4 + 5C \xrightarrow{\triangle} 2P + 5CO \uparrow + 3H_2O$$

$$4P + 5O_2 \xrightarrow{\triangle} 2P_2O_5$$

$$P_2O_5 + 5C \xrightarrow{\triangle} 2P + 5CO \uparrow$$

另一种可能是阻燃剂吸附在碳的反应活化中心上,抑制碳的氧化作用,从而主要形成 CO。还有一种可能是阻燃剂可以和 CO 反应,因而阻止其进一步氧化成 CO_2。

3. 协同阻燃效应　在阻燃理论中,通常称磷、氮、氯、溴、硼、硫和锑等元素为阻燃元素。虽然阻燃剂的类型繁多,机理各异,但都需要含有这些阻燃元素中的一种或几种。含有两种或两种以上阻燃元素的阻燃剂整理织物所得的阻燃能力往往比单独使用含一种阻燃元素的阻燃剂强得多,这就是协同阻燃效应。因此,往往将含磷的阻燃剂与含氮的三羟甲基三聚氰胺或将含卤阻燃剂与三氧化二锑同时使用,以增强各自的阻燃能力。

(1)磷—氮协同效应:磷—氮系阻燃剂在纯棉织物上是最有效的阻燃剂之一,同时,由于磷、氮两者之间的协同效应,使其在涤棉混纺织物的应用上也有很大的发展。协同阻燃效应有两种不同的概念,一种是不同类型的阻燃剂协同使用比单独使用的阻燃效果强得多;另一种是在阻燃体系中,添加非阻燃剂来增加阻燃能力。磷—氮协同就属于后一种范畴。例如,尿素及其相类似的酰胺化合物本身并不具备阻燃能力,但当它们与含磷阻燃剂一起应用时,却可明显地增加含磷阻燃剂的阻燃能力。

磷系阻燃剂的阻燃机理主要是燃烧时,磷化物发生了一系列的热分解,即磷化物→磷酸→偏磷酸→聚偏磷酸→焦磷酸,从而形成焦磷酸保护膜,阻断了氧的供应。另一方面,其间所产生的偏磷酸与聚偏磷酸是强脱水剂,易使被保护的有机物脱水而发生碳化反应,变成焦化炭。氮系阻燃剂与磷系阻燃剂的协同效应也就是在上述两方面进行的。首先是氮系阻燃剂受热分解产生的气体与焦磷酸保护膜形成了磷—氮泡沫隔热层;其次是磷的氧化物与氮的氧化物形成一种与焦化炭结成的糊状物,产生覆盖作用,中断燃烧的连锁反应。磷—氮协同效应见图4-3。

(2)卤素—锑的协同阻燃效应:磷和氮有协同效应,但氮和卤素没有,而卤素和锑却显示出有较强的协同效应。这一效应广泛应用于纤维素纤维、锦纶、涤纶、聚乙烯、聚苯乙烯和塑料的阻燃整理中。

关于卤素和锑的协同作用机理通常认为是由于高温下形成了挥发性的卤化锑和卤氧化锑进入火焰。这种混合气体的密度很大、沸点很高,而且也善于捕捉 HO·自由基。它附在纤维表面将空气隔绝,而且更具有较强的稀释和覆盖火焰的作用,并可抑制卤素从火焰中逸出,达到了阻燃的目的,协同效应更强。例如,三氧化二锑与氯类阻燃剂并用时,其反应式如下:

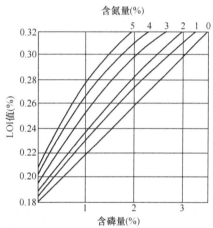

图4-3　在一定含氮量下,经 CP/TMM 处理,棉平布上含磷量和 LOI 值的关系

$$Sb_2O_3 + 6HCl \longrightarrow 2SbCl_3 + 3H_2O$$

$$Sb_2O_3 + 2HCl \longrightarrow 2SbOCl + H_2O$$

$$5SbOCl \xrightarrow{245 \sim 280℃} Sb_4O_5Cl_2 + SbCl_3$$

$$4Sb_4O_5Cl_2 \xrightarrow{410 \sim 475℃} 5Sb_3O_4Cl + SbCl_3$$

$$3Sb_3O_4Cl \xrightarrow{475 \sim 565℃} 4Sb_2O_3 + SbCl_3$$

不难看出,锑系阻燃剂与卤系阻燃剂并用,增效作用非常明显,而且实验表明,X/Sb 配合使用的摩尔比为 3∶1 时最好。上述阻燃剂的阻燃机理是按照气体理论进行覆盖阻燃的。

此外,还有卤—磷协同效应、卤—硼协同效应,它们之间的相互配合使用,都比单独一种阻燃剂阻燃效果显著。

(四)各种纤维织物的阻燃整理

1.纤维素纤维的阻燃整理　纤维素纤维是最早进行阻燃处理的纤维,很多阻燃剂对纤维素纤维都有很好的适应性。按其整理品的耐久性，其阻燃整理可分为非耐久性整理、半耐久性整理和耐久性整理三类。

（1）非耐久性阻燃整理。非耐久性整理又称暂时性整理。整理品虽有良好的阻燃性能，手感柔软，但不耐水洗，可用于一些少洗或不洗的织物。很多非耐久性阻燃整理剂进行混合整理织物，其效果都比单用效果好。几种常用非耐久性阻燃剂的阻燃性能见表4-5。

表4-5　几种非耐久性阻燃剂的阻燃性能

阻燃剂名称 （织物增重10%）	垂直法试验		
	余燃时间 （s）	阴燃时间 （s）	炭化长度 （cm）
硼砂∶硼酸（7∶3）	0	190	6.60
硼砂∶硼酸（1∶1）	0	32	6.66
磷酸氢二铵	0	0	9.91
磷酸二氢铵	0	0	8.64
硼砂∶硼酸∶磷酸氢二铵（7∶3∶5）	0	8	8.13
硼砂∶硼酸∶磷酸氢二铵（5∶5∶1）	0	43	7.87
氨基磺酸铵	0	550	12.70

①含硼化合物阻燃剂整理。

浸轧液处方：

硼砂	137g/L
硼酸	46g/L
尿素	57g/L

工艺流程：

浸轧（轧液率85%）→烘干（105℃）

②含磷化合物阻燃剂整理。

浸轧液处方：

磷酸氢二铵	70g/L
氯化铵	150g/L

工艺流程：

浸轧（轧液率85%）→烘干（105℃）

（2）半耐久性阻燃整理。经半耐久性阻燃剂整理的纺织品能经受有限次的水洗，一般为1~15次的温和洗涤，但不耐高温皂洗。可用于军用帐篷或窗帘布等室内装饰用品的整理。

①纤维素的磷酰化处理：磷酸和磷酸氢二铵在高温焙烘时，可使纤维素磷酰化，而赋予其较高的含磷量，获得半耐久性阻燃的效果。反应式如下所示：

$$Cell{-}OH + (NH_4)_2HPO_4 \xrightarrow{130 \sim 170℃} Cell{-}O{-}\overset{\overset{\displaystyle O}{\|}}{P}\overset{\displaystyle ONH_4}{\underset{\displaystyle ONH_4}{}} \xrightarrow[{-2H_2O}]{>170℃} Cell{-}O{-}\overset{\overset{\displaystyle O}{\|}}{P}\overset{\displaystyle NH_2}{\underset{\displaystyle NH_2}{}}$$

当用磷酸—尿素处理时,它可与纤维素形成纤维素磷酸尿素酯:

$$Cell{-}OH + H_3PO_4 + NH_2\overset{\overset{\displaystyle O}{\|}}{C}ONH_2 \xrightarrow{130 \sim 170℃} Cell{-}O{-}\overset{\overset{\displaystyle O}{\|}}{P}\overset{\displaystyle OHNH_2}{\underset{\displaystyle OHNH_2}{}}C{=}O$$

在高温下尿素既是磷酰化试剂,又是纤维素的溶胀剂,促进纤维素的磷酰化,减少纤维素的降解。

浸轧液处方1:

尿素	200g/L
磷酸氢二铵	100g/L

浸轧液处方2:

三聚氰胺	60g/L
甲醛(36%)	100g/L
磷酸(75%)	40g/L
纯碱	10g/L

工艺流程:

浸轧(轧液率85%)→烘干→焙烘(170℃,30min)

磷酰化处理工艺:增重为9%~10%,可产生很好的阻燃效果和抗发烟燃烧的能力,加入适量的脲醛树脂或三聚氰胺—甲醛树脂,也可增加织物的阻燃能力,减少纤维素的降解。但磷酰化处理不耐硬水和碱洗涤,这是由于钙、镁离子交换铵离子,而使阻燃作用消失。

$$Cell{-}O{-}\overset{\overset{\displaystyle O}{\|}}{P}\overset{\displaystyle ONH_4}{\underset{\displaystyle ONH_4}{}} + Ca^{2+} \longrightarrow Cell{-}O{-}\overset{\overset{\displaystyle O}{\|}}{P}\overset{\displaystyle O}{\underset{\displaystyle O}{}}Ca + 2NH_4^+$$

如果以铵盐或酸重新进行后处理,可恢复阻燃能力。

②金属氧化物—非可燃性黏合剂处理:采用不溶性阻燃盐或氧化物(如 Sb_2O_3)的乳液或悬浮液及有机氯化物(如氯化石蜡),沉积于纤维上进行阻燃整理,虽然有较好的阻燃效果,但耐久性较差。如将阻燃性金属氧化物和非可燃性黏合剂一起使用,可以提高耐洗性,但这类复合阻燃剂对纺织品手感、柔软性及色泽的影响比其他阻燃剂严重,一般用于对室外纺织品的阻燃整理。

FWWMR 阻燃整理工艺采用氯化有机物和 Sb_2O_3 为阻燃剂,并应用适当的黏合剂,这种阻燃整理还兼有防水作用,同时加入防霉剂、防气候剂,兼有"四防"作用。在大多数情况下,

FWWMR阻燃整理工艺所需的阻燃剂量需达60%（owf）。以 FWWMR 工艺处理的纺织品,在室外暴露4～5 年后,其阻燃性仍能在很大程度上保留。此工艺大量应用于军用帐篷布。

（3）耐久性阻燃整理。耐久性阻燃整理一般需要耐水洗50 次以上,有时需要达到200 次以上,而且要耐皂洗。耐久性阻燃整理通常采用化学方法,在纤维内部或表面进行聚合或缩聚反应,形成不溶于水的聚合物,大多数采用有机膦为基础的阻燃剂。

①普鲁本法（Proban 法）:Proban 法是英国首先用于工业化生产的。传统的 Proban 法是阻燃剂 THPC（四羟甲基氯化鏻）浸轧后焙烘工艺。THPC 可与许多含活泼氢原子的化合物反应,例如胺、酰胺、酚、醇及 N – 羟甲基化合物,形成不溶性的三维网状结构的聚合物。在反应产物中,一部分磷以磷离子的形式存在,而大部分水解为不含氯的氧化磷的形式,并释放出磷酸,从而起到阻燃作用。虽然耐洗性良好,但织物手感硬,强力下降大,另外从 THPC 中释放出的盐酸和甲醛可形成高毒性和有致癌作用的双氯甲醚。因此,需将传统的 Proban 法加以改进。

改良的方法是 Proban/氨熏工艺,其中,阻燃剂的主要成分是四羟甲基氯化鏻与尿素或三聚氰胺反应制成的低分子预缩体,然后通过浸轧阻燃液、烘干、氨熏后生成三价磷高分子化合物,充分氧化后生成耐洗性极好的五价磷高分子化合物,由于这一反应不与棉纤维发生交联,因而对棉织物强力的影响不大。该阻燃整理的织物的阻燃效果好,对织物其他性能影响不大,尤其是强力降低少,手感好的产品。但由于此法需要氨熏专用设备,且环境污染严重,因此推广受到限制。

②Pyrovatex CP 整理工艺:Pyrovatex CP（化学名称为 N – 羟甲基 – 3 – 二甲氧基膦酸丙酰胺,简称 NMPPA）是一种反应性阻燃剂,是由二甲基亚膦酸和丙烯酰胺反应,然后用甲醛进行羟甲基化而制得。这种阻燃剂不仅可以使初期燃烧受阻,而且在火源切断后,织物表面只留下炭的不燃保护层,因此,不会继续变成灰白色或产生二度燃烧。此外,该整理剂还可和其他的化学整理剂（如树脂,拒油、拒水整理剂）有较高的相容性,可一次完成多种功能整理。其中,N – 羟甲基能与纤维素的羟基反应形成对碱稳定的醚键,也可以和多羟甲基三聚氰胺（TMM）反应,产生不溶性聚合物。反用时应添加适量的 TMM。利用 TMM 增加含氮量,提高 P/N 的协同作用。其整理后可能生成如下两种结合方式:

用该阻燃剂整理的产品,含磷量为2%～2.5%,含氮量为1%～1.5%,其阻燃主要是通过磷、氮的协同效果抑制热分解来实现的。经浸轧、焙烘、碱洗、清洗后,织物具有较好的阻燃性能,且手感柔软,毒性低,对人体无害,具有耐水洗和耐氯洗性,这种整理剂对织物的色泽、白度影响较小,但强力降低稍大,然而这种下降幅度在一定的范围内,不影响织物的服用性能。

工艺处方：

浸轧液阻燃剂 FS – CP	280g/L
醚化六羟树脂 DF – 810	40g/L
渗透剂 JFC	2g/L
柔软剂	40g/L
磷酸	24g/L

工艺流程：

浸轧阻燃整理液→红外预烘→烘干→焙烘(150~160℃,3~5min)→5格中和水洗(前2格中和水洗时 Na_2CO_3 20g/L,60℃,后3格热水洗)→1格热洗(70~80℃)→1格流动热洗→1格冷流水洗→烘干→柔软拉幅→预缩→成品检验

工艺要点：

a. 前处理:要求半制品的毛效为10cm/30min,布面 pH 必须低于7。阻燃整理前,半制品必须充分烘干。阻燃整理液一定要充分搅拌,使阻燃剂分散均匀。由于阻燃剂会影响织物手感,可以做柔软整理,并加一道预缩工序,以保证成品手感柔软滑爽。

b. 烘干工艺:浸轧整理液后,烘干是关键工艺之一,如果烘干温度过高,就会造成泳移,整理剂就不能均匀地渗透到织物内部,而浮在织物的表面,影响其阻燃效果。

c. 焙烘工艺的选择:焙烘温度低,树脂不易交联,起不到阻燃效果。而焙烘温度过高,交联太快,阻燃剂在织物表面迅速交联,而不易使纤维内部的整理剂与纤维发生反应,从而影响其耐洗性、耐久性。

d. 中和、水洗:阻燃剂的交联反应是可逆的,在酸性和潮湿条件下,共价键会发生水解断键,水解后形成的 N – 羟甲基会进一步分解,生成氨基和甲醛,从而失去阻燃性能,所以焙烘后要及时进行中和水洗。同时,纯棉织物长时间在酸性条件下,既影响它的强力,又使阻燃效果下降,故水洗后织物应带微碱性,pH 为8左右。

2. 合成纤维织物的阻燃整理 合成纤维的阻燃比较复杂,因其品种繁多,成分不同,故燃烧性能也不同。到目前为止,还没有找到一种能完全适用于各种合成纤维的理想阻燃剂。

(1)涤纶织物的阻燃整理。涤纶是合成纤维工业中发展速度最快,产量最高的品种。涤纶作为纺织材料尚存在一些缺点。虽然涤纶的极限氧指数(LOI)介于20%~22%之间,但仍属于可燃纤维,一旦被火源引燃后,会持续燃烧;另外,涤纶燃烧时的熔滴物可能会成为二次火源,引起其他易燃物的燃烧而酿成火灾,造成巨大的经济损失。

可使涤纶织物具有阻燃功能的方法有两种,一种是采用阻燃涤纶制造织物;另一种是对涤纶织物进行阻燃整理。由于目前市场上的阻燃涤纶数量有限,很难满足产品开发的需求,所以第一种方法的应用有一定的局限性;而第二种方法方便灵活、工艺简单、成本低,适用于小批量、多品种阻燃涤纶织物的生产。

目前,国内外生产的涤纶专用阻燃剂较多,整理后的阻燃效果及洗涤性均较好。三 – (2,3 – 二溴丙基)膦酸酯(TDBPP)是最早应用于涤纶织物作耐久阻燃整理的,该产品具有良好的阻燃效果和耐久性,曾一度发展较快,但发现有致癌作用后,已停止生产。目前采用的阻燃剂大多含有以

下化合物:乙溴环二烷、环状脂肪族磷酸酯低聚物、三溴苯酚衍生物、四溴双酚的环氧乙烷加成物及其衍生物等。这些阻燃剂处理涤纶的方法相似,其阻燃整理方法是将阻燃剂分子设计成类似于分散染料的吸尽型结构,用类似于分散染料上染过程的工艺,通过吸附、沉积、渗透等作用,使阻燃剂与织物或纤维结合起来,将阻燃剂固着于纤维上,使织物获得耐久的阻燃性。

另外一种织物阻燃整理的方法是使用黏合剂,将阻燃剂微粒黏附在织物上,而使织物获得阻燃性。这种方法对织物纤维的结构无特殊要求,而且工艺简单,容易在一般染整厂实现。

涤纶织物的阻燃整理主要有如下两种工艺方法。

①高温焙烘法。

阻燃剂工作液处方:

阻燃剂 FS – 922	150 ~ 200g/L
DF – 810(树脂)	40g/L
柔软剂(有机硅)	40g/L
H_3PO_4	24g/L

工艺流程:

二浸二轧(轧液率65% ~ 70%)→烘干(100℃)→焙烘(165 ~ 170℃,3 ~ 4min)→碱洗→水洗→烘干

②高温高压法。

阻燃剂工作液处方及条件:

阻燃剂 FS – 922	19% ~ 30%(owf)
渗透剂 JFC	1%(owf)
浴比	1:(20 ~ 40)

此法可与涤纶染色同浴进行,不影响染色过程。

(2)锦纶织物的阻燃整理。锦纶等聚酰胺类纤维的熔点一般为215℃,分解温度为315℃,着火点为530℃。由于其熔点与着火点相差较大,燃烧时较易熔融滴落,脱离火源而不燃烧,因而这类纤维被认为具有自熄性。相对来说,其蔓延燃烧的危害性较小。但是此类纺织品仍属易燃品,它的熔融物在炽烈的辐射热作用下,可以分解燃烧。大部分含磷和含卤阻燃剂在锦纶上的阻燃效果都不太明显,而且阻燃剂的用量低时,反而有加速燃烧现象。这主要是由于阻燃剂受热分解产生酸性物质,会加速锦纶的热分解,促进可燃性气体的产生。在锦纶织物上采用硫脲和硫氰酸铵、金属锆和钛的络合物的效果较为明显,它们可降低锦纶的熔点及熔融物黏度,促进熔滴现象,提高极限氧指数。

浸轧液处方:

阻燃剂 FS – 922A	10% ~ 20%(owf)
氯化铵(催化剂)	0.5 ~ 1g/L
渗透剂 JFC	0 ~ 2g/L
柔软剂	1 ~ 2g/L

工艺流程：

浸轧→烘干→焙烘（150℃，1.5~4min）→水洗→烘干

（3）腈纶织物的阻燃整理。腈纶比涤纶、锦纶容易燃烧，其极限氧指数最低（18%~18.5%），燃烧热最高（35.95kJ/g），在受热的同时，可着火燃烧，是一种易燃纤维。适用于腈纶织物的有效、理想和耐久的阻燃剂不多，腈纶阻燃剂主要是一些磷、硫、氮、卤的化合物，也可选用合成纤维通用的气相阻燃整理剂，也有一定的效果，但处理中温度过高，织物手感就不好。为改善腈纶的阻燃性能，可以通过共聚阻燃改性、共混阻燃改性、热氧化法等生产耐久性阻燃腈纶，阻燃性能较好。腈纶织物阻燃整理方法与涤纶织物相似。

3. 涤棉混纺织物阻燃整理 涤棉混纺织物具有棉织物的穿着舒适性和天然纤维的美感，又有涤纶织物的洗可穿性和坚牢度，受到广大消费者的青睐。可是，它的可燃性比纯棉和纯涤纶织物都大，其阻燃整理技术的难度也特别高。由于涤棉混纺织物在燃烧中会形成所谓的"支架效应"，使熔融纤维的燃烧更加剧烈。锦纶、醋酯纤维、腈纶和丙纶都有此现象，所以阻燃整理必须考虑支架效应对热塑性纤维燃烧性能的影响。其次，在燃烧时，阻燃剂可能在涤纶和棉两组分之间产生迁移，这也是混纺织物难以实现阻燃化的原因之

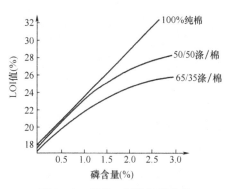

图4-4 磷酸二氢铵的磷含量
对织物LOI值的影响

一。一般两种纤维混纺后的燃烧性能不同于原纤维，也不同于原纤维的加成或平均。例如，100%棉的极限氧指数为19%，100%涤纶的极限氧指数为20%，而50/50的涤棉混纺织物的极限氧指数为18%。如果以磷酸氢二铵进行整理，使极限氧指数达到28%时，100%的棉需磷2%，而50/50的涤棉混纺织物需磷3%~3.5%，65/35的涤棉混纺织物需4%~5%的磷，见图4-4。因此，混纺纤维比单一纤维的阻燃整理要复杂得多。

长期以来，开发的涤棉混纺织物阻燃整理工艺技术，其阻燃性能虽可满足某些用途的要求，但存在的问题是整理后织物的风格（主要指手感）或机械强度难如人意。另外，织物品种的变化较快，其品种从过去以65/35涤棉混纺比为主的格局，发展到至20世纪80年代以来，50/50、35/65等不同混纺比的涤棉混纺品种。

目前，涤棉混纺织物阻燃剂可归结为以下三大类：含磷和含氮类阻燃剂系列，在含磷及含氮阻燃剂中加入卤素（溴）的阻燃剂系列，含锑和含溴化合物阻燃剂系列。最后这一类阻燃剂是三氧化二锑和芳香族溴化物的混合物，它们具有协同阻燃效应。

在涤棉混纺织物阻燃整理中，THPS（四羟甲基硫化磷）的低聚物、THPS和氨的低分子缩聚物（又称THPN，如国产的PS-PN）有较好的阻燃效果。THPN与尿素和三羟甲基三聚氰胺拼用可获得良好的耐洗阻燃效果。但尿素和三羟甲基三聚氰胺的用量要合适，否则会影响整理织物的手感和耐洗性。为了改善整理后织物的手感，可同浴添加柔软剂。通常采用轧烘焙工艺，并需氧化和充分皂洗，以去除织物上的异味等。

浸轧液处方：

阻燃剂 PS – PN(50%)	650g/L
MF 树脂(40% ~ 45%)	80g/L
尿素	30g/L
柔软剂	10g/L
渗透剂 JFC	2g/L
磷酸(85%)	5 ~ 10g/L

工艺流程：

二浸二轧(轧液率70% ~ 75%)→预烘(红外线和热风烘燥)→焙烘(160℃,3.5min)→氧化(35% H_2O_2,4 ~ 5g/L,40 ~ 45℃)→皂洗(洗涤剂 2 ~ 3g/L,纯碱 1 ~ 2g/L,80 ~ 90℃)→热水洗→温水洗→冷水洗→烘干

十溴联苯醚和三氧化二锑的混合物对涤棉混纺织物也有一定的阻燃效果,与 THPC 同用,有增强阻燃能力的作用。此外 THPC – 双氰胺、THPC – 尿素、THPC – N – 羟甲基丙烯酰胺等的缩聚物对改善涤棉混纺织物的阻燃能力也有一定的效果。

4.毛织物的阻燃整理 羊毛纤维同其他纤维相比,虽然具有较低的燃烧性,但遇强的热源作用,也易着火,引起火灾,不进行阻燃整理,羊毛纤维也不能承受严格的测试,如垂直燃烧试验。羊毛没有达到高阻燃要求,尚需阻燃整理。

早期的羊毛阻燃整理是采用硼砂—硼酸溶液浸渍,由于用这种整理方法整理后的织物阻燃性不耐水洗而很快被淘汰。随着对阻燃要求的提高,耐水洗性的 THPC 开始进入市场,但很快发现,这一方法对羊毛并不太适宜。其原因是成本高,工艺复杂,而毛织物增重过多,手感粗糙发硬,失去了羊毛的原有特性。因此,这一方法也很快被金属络合物所代替,能获得满意的阻燃效果,且不影响羊毛的手感,得到普遍采用。

(1)金属络合物阻燃整理。目前,羊毛阻燃整理应用最为广泛且最为成熟的技术,主要采用钛或锆的氟络合物,如 K_2TiF_6 或 K_2ZrF_6,这就是著名的"Zirpro"工艺。该项技术在染色前后或染色过程中均可进行。对羊毛具有良好的阻燃性能,而且手感柔软,保持了羊毛所固有的优良特性。其阻燃机理为,在酸性条件下,羊毛上的氨基变为氨基正离子,与阻燃剂阴离子发生反应产生吸附,反应式如下(以锆盐为例)：

$$W—N^+H_3 + K_2ZrF_6 \xrightarrow{H^+} (W – N^+H_3)ZrF_6$$

此外经过水洗,ZrF_6^{2-} 水解成 $ZrOF_2$ 机械地固着于羊毛上,具有较好的耐洗性。氟锆酸盐在受热燃烧时,氟化物也逐步分解,温度为 300℃ 以上时也产生 $ZrOF_2$,$ZrOF_2$ 为很细微粒,本身不能燃烧,能与羊毛纤维混合或覆盖纤维表面,着火时阻止可燃性裂解气体大量逸出,从而起到阻燃作用。经钛、锆的氟络合物整理后,阻燃效果可耐 50 次硬水洗涤和干洗,为耐久性阻燃整理。经钛络合物整理的织物比经锆络合整理的织物阻燃效果好,但易引起织物泛黄严重,所以常用锆盐整理。但采用金属络合物进行阻燃整理,废水中含有大量重金属离子钛、锆,易造成环境污染。

锆或钛络合物中,添加四溴苯二甲酸(TBPA)能提高织物的阻燃性和耐洗性,也可应用于某

些防缩织物。这两种药剂均为羊毛阻燃剂,如果混合使用,可获得协同作用,阻燃效果比两者单独应用均有明显提高,这主要是锆、钛络合物固相作用和 TBPA 气相作用的叠加。

阻燃整理工艺基本相似于羊毛纤维的染色工艺。在浸染法中,根据染料的性能可采用一浴法或二浴法。而对于强酸性染料及酸性媒染染料可采用染色、阻燃整理一浴法,处理温度 50 ～ 100℃,浴比 1:10 ～ 1:30,pH 保持在 2 ～ 3,最好采用柠檬酸调节,处理 30min 左右。整理品的含锆量必须达到 0.8% 以上,才能有较好的阻燃效果。在染色、阻燃同浴处理时,染料中不能加元明粉,因为元明粉会降低羊毛对金属络合物的吸收率,故应选用非离子型的匀染剂。配制染浴时,先加金属络合物,后加溶解好的染料为宜。

阻燃整理要求在酸性较高的条件下进行,而很多染料如活性染料等不能在高酸性条件下进行,此时可采用二浴法工艺,即先染色、洗涤,再进行阻燃整理。染色可按常规工艺进行,染色结束后可直接阻燃整理,不必烘干,这样可节约能源。处理后的织物,经冷水清洗后烘干即可。如果需要结合防水、防油整理而进行多功能整理的织物,需在 130℃ 焙烘 5min。

①阻燃整理:

工艺处方:

盐酸(37%)	10%(owf)
六氟锆酸钾(K_2ZrF_6)	5% ～ 8%(owf)
或六氟钛酸钾(K_2TiF_6)	4%(owf)
渗透剂 JFC	0.1g/L

六氟锆酸钾用 80℃ 热水溶解,然后倒入稀释好的盐酸液中。一般 pH 控制在 2.5 左右,浴比为 1:10 ～ 1:30,温度为 70℃,处理 30min。

②阻燃整理结合拒水、拒油整理:

工艺处方:

盐酸(37%)	10%(owf)
柠檬酸	3%(owf)
六氟锆酸钾	4%(owf)
FS – 506(有机氟拒水拒油剂)	1%(owf)

柠檬酸和六氟锆酸钾(80℃溶解)分别溶解,先后倒入稀释好的盐酸溶液中。一般 pH 控制在 2.5 左右,浴比为 1:10 ～ 1:30,温度为 70℃,处理 30min。

注意:六氟锆酸钾操作时按一般氟化物处理而采用防护措施,药液不能接触皮肤、眼睛,操作时应戴橡皮手套和防护口罩。

(2)氨基磺酸—尿素法。该项技术主要采用氨基磺酸(NH_2SO_3H)作为阻燃剂,在尿素的存在下,经轧烘焙整理而成。

阻燃整理工作液处方:

氨基磺酸	20%(质量分数)
尿素	20%(质量分数)
水	60%(质量分数)

工艺流程：

浸轧（轧液率97%）→预烘（120℃，3min）→焙烘（150℃，2min）→水洗→烘干

整理后对织物手感无影响，可耐50次水洗。由于该法整理后对织物有拒染性，故整理需在染色后进行。

三、防辐射整理

电磁波以一定速度在空间传播的过程称为电磁辐射。电磁波是一种物质存在形式，与人类生存、生活息息相关，包括宇宙射线、X射线、紫外线、可见光、无线电和电视广播、交流电等，这里主要介绍紫外线和电磁波的危害和防护方法。

（一）防紫外线整理

1. 紫外线的危害 紫外线是波长为100～400nm的电磁波，适量的紫外辐射具有杀菌作用，并能促进维生素D的合成，有利于人体健康。但过量的照射却是一种伤害，会诱发皮肤病（如皮炎、色素干皮症），甚至皮肤癌。紫外线具有光化学作用，常年受日光照射，眼睛的晶体会吸收大量紫外线，造成机体蛋白质变性和凝固性损伤，引起白内障和失明。由于现代社会中，碳氟系溶剂和氟利昂的大量使用，使空气污染加剧，地球大气层中臭氧层的破坏越来越严重，到达地面的紫外线短波也显著增加，因此，为了保护人体避免过量紫外辐射，纺织品防紫外线整理已刻不容缓。

紫外线是一种电磁波，根据紫外辐射的波长和不同的生物学作用，分成3个波段，见表4-6。

紫外线辐射主要包括三部分：UV-A波段，适量吸收可促进维生素D的生成，有利于钙质的吸收，但过量会使皮肤变皱、老化，有可能引起皮肤癌；UV-B波段，过量吸收会引起细胞内DNA的改变，细胞的免疫机制减退，造成皮肤红肿和灼伤，长期过量照射会引发皮肤癌、白内障；UV-C波段，对皮肤和眼睛都很危险。此外高能量的紫外线照射，容易导致纺织纤维老化、染料褪色等现象。故提高纺织品的防紫外线能力，对于保护人体健康，提高织物耐晒牢度等方面具有重要意义。

表4-6 紫外线及对人体的影响

波　段	UV-A（315～400nm）	UV-B（280～315nm）	UV-C（100～280nm）
安全方面	危险性较小	比UV-A更危险，可引起DNA破坏	对皮肤和眼睛都很危险
一般含义	由于大气层较少吸收UV-A，大部分可到达地面	由于大气层的吸收，只有极少量的UV-B可到达地面	由于大气层的吸收，无UV-C可到达地面
对人体的影响	皮肤是通过色素和角质层来保护自己的，UV-A可穿透皮肤的真皮层	UV-B比UV-A较浅地穿透到表皮，但长期暴露在UV-B下会引起DNA损坏	—

2.防紫外线整理的机理及评价方法

（1）防紫外线整理机理：阳光照射到织物或服装上后，部分被吸收，部分被反射，部分透过，透过的光辐射到人体皮肤。不同的织物对太阳光的吸收、反射和透射是不同的，即它们的防护能力是不同的。这种能力可以用紫外线防护系数（UPF）来表示。其值越大，防护能力越强。

天然纤维或常规化学纤维制成的服装面料，一般不能满足防紫外线辐射的要求。目前主要采用的是对纺织品进行紫外线吸收剂整理和紫外线反射剂整理两种形式。紫外吸收剂的防护原理为：采用吸收性能的化学药剂对纤维、纱线或织物进行处理，吸收剂能吸收高能量的紫外线，并进行能量转换，变为低能量的热能或对人体无危害波长较短的电磁波。紫外反射剂没有光能的转化作用，而是利用新型的陶瓷粉末、氧化铝、氧化铁等与纤维或织物结合，一般通过对织物进行涂层处理，使织物表面对紫外线具有反射和散射能力，以达到防紫外线辐射的目的。

（2）评价方法：纺织品的防紫外线性能受多方面因素的影响。紫外线遮蔽性评价方法目前尚无国际统一的标准，一般使用紫外线防护系数（简称 UPF，又称紫外线遮挡系数）和紫外线透过率$[T(UV-A)_{AV}, T(UV-B)_{AV}]$表示织物防紫外线的能力。紫外线防护系数（UPF）是紫外线对未防护的皮肤的平均辐射量与待测织物遮挡后紫外线辐射量的比值，以此来对各种防紫外线材料或措施的效能进行客观比较和评定。UPF 数值及防护等级见表4-7。

表4-7　UPF 的数值及防护等级

UPF 范围	防护分类	紫外线透过率(%)	UPF 等级
15~24	较好防护	6.7~4.2	15,20
25~39	非常好的防护	4.1~2.6	25,30,35
40~50,50+	极好的防护	≤2.5	40,45,50,50+

3.影响紫外线透过率的因素　紫外线的透过率取决于许多因素，比如组织结构、覆盖系数、颜色，在工艺加工中的化学添加剂和样品的处理等：

（1）纺织品的组织和结构：稀松的织物其覆盖系数很低，光线受到有限的遮蔽，因而很容易通过，所以 UPF 值低，同样密度的织物，越是厚重，紫外线也就越不易透过。

（2）纤维的种类：不同的材料有不同的紫外线吸收性能。天然纤维中羊毛的 UPF 值最高，棉纤维最低。合成纤维对紫外线的吸收能力强于天然纤维，其中涤纶最强，这是因为其分子中含有苯环结构的缘故。含有消光剂的材料，较容易吸收紫外线。

（3）织物的颜色及颜色深浅：许多染料均会吸收紫外线。一般来说，同一种材料的纺织品经同一种染料染色，颜色越深，对紫外线的遮蔽性能越好。常见的荧光增白剂也具有强的紫外线吸收能力。

（4）含湿量：经抗紫外处理的织物，反复洗涤后会影响它的抗紫外性能。未经紫外整理的服装，经缩水后会改善它的抗紫外性能。一般来说，湿衣物较干衣物具有较低的紫外线透过率。另外随着织物伸长，织物的紫外线透过率增加，即紫外线防护系数减小。

4.常用的防紫外线整理剂　减少紫外线对皮肤的伤害，必须减少紫外线透过织物的量，而减少紫外线透过量的后整理主要有两种途径：

一是，采用紫外线吸收剂对纺织品进行整理，增强织物对紫外线的吸收能力，一般用于夏季服装面料，对柔软性、舒适性要求高的，可采用吸尽法、印花法或浸轧法；

二是，使用紫外线反射剂，紫外线反射剂能将紫外线反射回空间。大多是陶瓷细粉或金属氧化物，可增加纤维表面对紫外线的反射或散射作用，具有较优良的耐紫外线和耐光性、耐热性。一般通过树脂整理或涂层，黏着在织物表面，整理后织物手感较硬，产品主要作为装饰、家用或产业用纺织品。

在防紫外线整理中，选用紫外线吸收剂或紫外线反射剂的整理加工都是可行的，还可以两者结合起来，效果会更好些，具体加工需根据产品的要求而定。

（1）无机类紫外线屏蔽剂：包括高岭土、碳酸钙、滑石粉、氧化铁、氧化锌、氧化亚铅等。它们没有光能的转化作用，只是利用陶瓷或金属氧化物等细粉或超细粉与纤维或织物结合，增加织物表面对紫外线的反射和散射作用，以防止紫外线透过织物而损害人体皮肤。它们除耐光与防紫外线性能比较优越外，耐热性能也比较突出，特别是氧化锌还具有抗菌防臭功能。

（2）有机类紫外线吸收剂：大多具有共轭结构和氢键，吸收紫外线后能转化成热能、荧光、磷光，同时产生氢键成互变异构，包括以下几类。

①水杨酸酯类：这一类化合物由于熔点低，易升华，而且吸收波长分布于短波长段，故应用较少。如紫外线吸收剂 TBS（美国 DOW），国产紫外线吸收剂 BAD 等。

②二苯甲酮类：它们具有反应性羟基可与纤维结合，有一定的耐久性，并能吸收 280 ~ 400nm 的紫外线。如，2′ – 二羟基 – 4,4′ – 二甲氧基二苯甲酮（商品有 UV – 9），其结构如下：

③苯三唑类：一些不具备水溶性基团的苯三唑类化合物，它们的分子结构和分散染料很相近，其熔点很高，在高温下有一定的水分散性，可以采用高温高压法处理，容易在涤纶上吸附，有较好的耐洗性，并能吸收 250 ~ 380nm 的紫外线。如 Tinuvin326 产品，其结构如下：

水溶性基团的苯三唑类化合物，是在不溶性苯三唑类化合物分子结构中引入磺酸基，它们适用于锦纶、棉、毛和丝织物的防紫外线整理。

④均三嗪类：Rayosan C 是一种新型的 1,3,5 – 均三嗪类化合物，非常适合用作织物的紫外线吸收整理剂，它在显著提高整理后织物 UPF 值的同时，还赋予织物的防污性能。这类化合物通过与纤维上的羟基和氨基反应，而使纤维获得持久的抗日晒和防污性能。处理纤维的方法与

活性染料上染纤维的方法相似,能与活性染料染色同时进行。

5.防紫外线整理方法 防紫外线整理剂可以用高温高压吸尽法、浸轧法和涂层法、溶胶—凝胶法和磁控溅射法等方法处理到织物上。

(1)高温高压吸尽法:一些不溶或难溶于水的整理剂,可采用类似高温高压染色的方法,在高温高压的条件下,使整理剂扩散进入合成纤维织物内。有些也可以和分散染料同浴进行。

(2)常压吸尽法:对于一些水溶性的整理剂,则可以在常压条件下处理棉、毛、丝和锦纶织物,类似常压染色,有些还可以和染料同浴进行。

(3)浸轧法:由于防紫外线剂大部分均不溶于水,所以采用溶剂或分散相溶液的浸轧法较为适宜。对纤维素没有反应的防紫外线剂则需要在工作液中添加黏合剂。

(4)涂层法:防紫外线涂层整理则是在涂层中加入防紫外线功能的微粒,粒径在 5nm 为佳,大多是陶瓷细粉或金属氧化物,可增加纤维表面对紫外线的反射或散射作用,具有较优良的耐紫外线和耐光性、耐热性。涂层剂可采用聚丙烯酸酯和聚氨酯类,也可以采用橡胶乳液和聚氯乙烯(乳液法制造)。如国产紫外线屏蔽剂 FS - 966 就是利用将改性纳米金属氧化物添加到涂层整理剂中,通过涂层整理,使织物对紫外线产生高屏蔽率。涂层的生产工艺和应用设备与常规涂层生产相同。涂层浆组成如下:

紫外线屏蔽剂 FS - 966A	5%(质量分数)
聚丙烯酸酯涂层剂 FS - 460B	40%(质量分数)
增稠剂 FS - 20A	1.5%(质量分数)
有机硅柔软剂	1.5%(质量分数)
水	52%(质量分数)

(二)防电磁波辐射整理

1.电磁波辐射及其危害 在空间传播的周期性变化的电磁场就是电磁波,包括长波、中波、短波、超短波和微波,电磁波辐射分为强电磁波、低周波、微波等辐射。辐射从广义上说是指能量不是经过传导或对流方式,而是直接穿越空间传到他处的方式。而具有较少能量的非游离辐射被称为电磁辐射。

当代科学技术迅速发展,物质文化生活不断提高,各种家用电器,如彩电、录像机、家用计算机、微波炉等相继进入千家万户;通信事业的崛起,又使移动电话成为这个时代的"宠物"。这些家用电器、电子设备,在使用过程中都会不同程度地产生不同波长和频率的电磁波,这些电磁波无色无味、看不见、摸不着、穿透力强,且充斥整个空间,令人防不胜防。

电磁辐射问题近几年在国外引起了广泛的关注,国际上把它称为是继水污染、空气污染和噪声污染以后的第四大污染源。

防电磁波辐射中的低频电磁波频率范围是 0 ~ 30kHz,高频电磁波的频率为 30 ~ 300kHz,而手机、雷达微波的频率可高达 300GHz。低频电磁波主要干扰人体的生物电流。生物电流大约在 100Hz 以下,它对促进血液流动和损伤细胞的修复与再生等均有影响。低频电磁波对人体的影响不能低估,遗憾的是目前尚未有实用而有效的屏蔽方法。因此只有远离电磁波的发生地,才比较安全。对于高频电磁波,医学研究人员描述了长期接触电磁场的危害,如细胞分裂速度增加,影响免疫系统,如引起头痛、头晕、乏力、易疲劳、睡眠障碍或失眠、记忆力减退、恶心、喉咙发痒、精种不振、疲惫不堪等症状以及其他健康问题。

预防或减少电磁辐射的伤害,其根本出发点是消除或减弱人体所在位置的磁场强度,其主要措施包括屏蔽和吸收。

目前,有效地抑制电磁波的辐射、泄漏、干扰和改善电磁环境主要以电磁屏蔽为主。电磁屏蔽材料的屏蔽性能可用该屏蔽体的屏蔽效果来表示,其定义为空间某一区域屏蔽后的电磁场强度比屏蔽前的电磁场强度降低的分贝数(dB),降低的分贝数越高,说明屏蔽效果越好。

2. 防电磁辐射织物的开发现状　防电磁辐射织物可采用不同的材料、不同的制作方法制作而成,目前市场上常见的有以下几种。

(1)金属纤维混纺交织织物。金属纤维混纺交织织物是由金属纤维与普通纺织纤维混纺交织而成。所选用的金属纤维主要有镍纤维和不锈钢纤维,纤维直径为 $2 \sim 10 \mu m$,其中不锈钢纤维混纺交织织物较为常见。

在辐射频率 10MHz ～ 10GHz 的范围内,不锈钢纤维混纺交织织物的屏蔽效率为 20 ～ 40dB(可阻挡 99% ～ 99.99% 的电磁波),是良好的电磁波屏蔽材料。不锈钢纤维含量直接影响防电磁辐射织物的屏蔽效能,可通过设计不锈钢纤维的含量调节其屏蔽性能,并根据不同需要选用,确定最合理的性价比。含量越高,屏蔽效能越好,但考虑到织物的手感、颜色等穿着性能,一般不锈钢纤维含量在 15% ～30% 较合适,如有特殊要求可低于 15% 或高于 30%。不锈钢纤维混纺交织织物屏蔽电磁波频带宽、屏蔽效能高,是良好的电磁波屏蔽材料,具有透气性好、质地柔软、穿着舒适、强度高、耐腐蚀、耐洗涤、加工方便等优点,主要用作带电作业服、高压静电防护服、抗静电服、电磁辐射防护服、防伪装置、隐形材料、保密室的墙布与窗帘、电缆屏蔽布等。例如:Holatary 公司用 Nomax Ⅲ 和不锈钢纤维(25%)混纺后与棉纱交织生产的射频防护服,其不锈钢纤维用棉/聚酯纤维包裹,在 2MHz ～10GHz 范围内的屏蔽效能达 60dB,阻燃、耐磨、舒适、可机洗,用于直接从事电磁波作业及间接受电磁波影响人员和带有心脏起搏器及其他对电磁辐射敏感人群的防护。

(2)金属镀层织物。金属镀层织物是目前市场上常见的防电磁辐射织物之一,一般由两种方法制成。一是直接对织物进行镀层处理,制成的屏蔽织物屏蔽效能极好,达 50 ～80dB。可通过控制镀层量来调节屏蔽效能,但技术要求高,操作难度大,成本也高,随之带来织物价格较昂贵,且因镀层导致织物色泽较单一,其服用性能要比不锈钢纤维混纺织物差些,多用于工业和军工等特种场合,少量用作服装里料,很少直接用于服装面料。另一种是将普通纤维或纱线镀层后混纺或交织到织物中,其屏蔽效能可根据含量及织物结构来调节,且调节幅度较大,其屏蔽效能在 30 ～60dB,与不锈钢纤维混纺织物相比,在金属含量相同的条件下性能优于不锈钢纤维混纺织物,但价格高于不锈钢混纺织物。

目前金属镀层织物有镀银织物、镀铜织物、镀镍织物等,其中镀银与镀铜织物占较大比重。其中镀铜织物的屏蔽性能略低于镀银织物,为 30 ～70dB,颜色为黄铜色,比较粗糙,手感较硬,使用时一般作为填芯层或里料,最好是三层织物的中间层,不宜直接作面料,大多作仪器设备的屏蔽罩、代替铜板制作屏蔽室,但由于铜抗蚀性能较差,特别是在具有较强氧化环境条件下易氧化,不仅使其表面因氧化失去光泽,而且还降低其导电性,影响屏蔽效果,因此需在其表面镀覆Ni、Sn、Ag、Au等其他金属加以保护。

(3)金属离子接枝织物。通过化学接枝法使纤维含有金属离子,使其织物具有电磁波屏蔽功能,并能保持原纤维普通织物的性能和手感,如含有Cu_9S_5的导电腈纶的电阻率为$10\Omega \cdot cm$,含有CuS和CuI的导电腈纶的电阻率为$10 \sim 10^2\Omega \cdot cm$,屏蔽率一般在20dB左右,略低于不锈钢纤维混纺织物。该类织物的颜色与化学反应条件有关,一般为橄榄绿到深褐色,不太耐氧化,使用时间为$2 \sim 5$年,其最大的优点是使用频段宽、性能稳定,且使用范围宽广,可广泛应用于国防、科研机构、驻外使馆、医疗、通信、电力、银行、建筑、劳保用品、民用功能性服装等领域(如劳动保障部规定的需要作电磁防护行业的59个工种),因此,金属离子接枝织物不仅具备了混纺织物柔软、透气等特点,而且拓展了屏蔽材料的发展空间。国内某些高科技公司已成功推出金属离子接枝技术,经精纺加工形成的织物柔软舒适、色泽均匀、除臭抗菌性强、耐洗、耐磨、耐气候、使用寿命长,电磁屏蔽达到99.4%,可有效防止手机、计算机、微波炉、电视等电子产品产生的电磁波对人体的危害。

(4)纳米吸波型织物。纳米吸波材料利用纳米级的导电纤维织入织物或对织物进行涂层制得。从应用纳米吸波材料角度来看,可将纳米吸波型防电磁辐射织物分为纳米结构型吸波织物和纳米后整理型吸波织物两类,利用纳米吸波剂吸收、衰减入射到织物表面上的电磁波能量,再将其电磁能量转换为热能而消耗掉或使电磁波因干扰而消失,达到防电磁辐射的目的。此类产品质量轻、厚度薄、吸波频带宽、吸收能力强、可避免环境二次污染。

纳米结构型吸波织物多为附有吸波特性、结构功能一体化的复合材料,使用较多的是碳纤维复合材料,如SiC纤维复合材料等。由于该类材料的复杂程度高,加上各国对先进复合材料严格保密,有关该材料特别是在防辐射织物中的应用报道很少。纳米后整理型吸波织物中,决定织物吸波性能是否优异的关键,就是纳米吸波剂,目前主要有超微磁性金属粉、复合材料金属基超细粉、无机铁氧体等,该方法以其加工方便灵活有效、可调节、吸波性能好等优点而受到重视和欢迎。

3.防电磁波辐射整理方法 防电磁波辐射功能纺织品的开发,依据应用的原材料及加工方式的不同,大致有两条途径:

(1)用具有电磁屏蔽功能的纤维加工成纺织品:防电磁辐射织物最常用的方法,是使用导电纤维(织物)制作防护服。导电纤维可以用电解法或非电解法金属镀层。非电解法把银镀到锦纶上,以聚丙烯腈纤维为母体,利用其分子结构中存在的—CN基团可以与某些金属离子相配位的特点,再经还原生成金属而稳定地沉积在聚丙烯腈纤维表面。这一层连续的金属膜有优良的导电性。

(2)在织物上施加具有电磁波屏蔽性的功能整理:一般采用涂层防辐射方法,在织物涂层剂中加入适当的金属氧化物(如锡、铅、铱、锑的氧化物)或铅、铜的硫化物或石墨、银等金属粉末,或高分子成膜剂[如丙烯酸或丙烯酸酯以及各种树脂等(如三聚氰胺树脂)],或含有导电成分的材料,然后通过涂层的方法将其涂敷在织物上,都可以达到屏蔽电磁波、紫外线的目的。

工艺处方:

胶态银或铜粉	10~50kg
松香	1~5kg
蓖麻油	0.1~0.5kg
黏合剂	2.5~5kg
乙基纤维素	1.8kg
20%环己酮、20%丁醇和60%乙醇的混合液	100kg

将上述5种化合物溶于100kg 20%环己酮、20%丁醇和60%乙醇的混合溶液中,制成涂层液。然后,将其以适当方法涂在织物上,形成导电涂层。其表面电阻为0.5~2Ω,对0.5~10GHz电磁波的屏蔽效率为35~40dB。

学习任务4-2 舒适性功能整理

为了改善合成纤维织物的风格如外观、手感等,使之具有与各种天然纤维织物更加酷似的舒适性,可通过各种整理加工赋予合成纤维织物许多优良的服用性能,如使织物具有舒适、柔软、易去污、亲水、抗静电、吸湿快干、保暖等性能,从而提高产品的附加价值。本章重点介绍抗静电整理、易去污及亲水整理和织物保暖性整理。

一、抗静电整理

1. 抗静电整理的机理 当两个物体相互摩擦时,物体表面的自由电子可通过相互接触的物体界面不断流通。对电子的优良导体来说,当两物体分离时,多余的电子就通过连接点逸散而消失;而对电子的不良导体来说,则电子逸散力低,电荷难以逸散和消失而聚集积累产生静电。

各种纺织纤维材料在相互摩擦和接触中,虽然都能产生电荷,且形成的最大带电量相互接近或相等,但不同纤维却表现出不同的静电现象,因而产生不同的抗静电能力。例如,棉、羊毛、蚕丝织物在加工和服用中几乎不会感到有带电现象;涤纶、腈纶等合成纤维在服用中表现出较强的电击和静电火花及静电沾污现象。这主要是由于各种纤维的表面电阻有大有小,故产生静电荷以后的静电排放差异较大。

纺织材料在生产加工过程中受各种因素作用而在材料和加工机械上产生并积累静电,虽然它们的电流很小,不会对人身产生生命威胁,但能制造很多麻烦。如加工时纤维缠绕机件、纱线发毛不能集束、织造时经纱开口不清,而且在纺织品的使用过程中容易吸尘沾污,服装纠缠人体产生黏附不适感,并对人体有一定危害,如使血液 pH 升高,血液中钙含量下降,尿液中钙含量增加,血糖升高,维生素 C 含量下降。静电严重者还可能引起火灾、爆炸。

由于水具有相当高的导电性,所以只要吸收少量的水就能明显地改善聚合物材料的导电性。纤维材料的电阻和吸湿率关系很大,即表现为随着纤维的回潮率的增加,表面电荷降低。若增加涤纶的吸湿性,必定导致其导电性的剧增,从而使积累和产生的电荷迅速逸散,抑制静电产生。提高纤维材料的吸湿能力,可改善导电性能,减少静电现象的产生。一般来说,纤维吸湿性越好,导电性越强;纤维吸湿性越差,导电性越弱。此外,若在纤维中加入导电性纤维或物质,则其导电性同样可以提高,抑制静电产生。

2. 抗静电整理的方法 20世纪50年代后期,国外就开始了抗静电织物技术的研究。20世纪60~70年代,日本、德国、美国等工业发达国家陆续提出了对抗静电织物及服装的要求,20世纪80年代以后,国内外对抗静电织物开展了系统的研究,所采取的工艺技术途径,归纳起来主要有三种类型。

(1)对织物表面进行整理:即对合成纤维织物进行抗静电树脂整理。所用抗静电剂大多数是结构与被整理的纤维相似的高分子物,经过浸、轧、焙烘而黏附在合成纤维或其织物上。这些高分子物是亲水的,因此涂覆在表面上可通过吸湿而增加纤维的导电性,使纤维不至于积聚较多的静电荷而造成危害。

(2)制造抗静电纤维:抗静电纤维的制造方法是在合成纤维聚合物内部添加抗静电剂,如磷酸酯、磺酸盐等表面活性剂,或是引入第三单体,如聚氧乙烯及其衍生物,以使纤维本身具有抗静电效果。添加在聚合物内部的抗静电剂大多具有极性基团,这些极性基团在聚合体的外层形成导电层或通过氢键与空气中水分相结合,使聚合体的电阻减小,加速静电荷的散逸。

(3)织物中嵌织导电纤维:在合成纤维织物中,嵌入导电纤维也是一种有效消除静电的方法。

3. 抗静电整理的效果评定 评定抗静电效果主要是测定织物上的静电量,而静电量常用静电压、半衰期和表面比电阻来表示。

半衰期为织物上电荷衰减到起始电压的一半时所需的时间。各种织物上电荷衰减速度的对数与其表面比电阻的对数成正比。表面比电阻越大,半衰期越长,静电逸散速度也越慢。织物上静电的测量,通常采用摩擦式静电测量仪、高压放电式静电测量仪等。

测定织物上静电的表面比电阻大小可以衡量抗静电整理的直接效果,通常标准如表4-8所示。

表4-8 抗静电整理的评定标准

表面比电阻(Ω)	抗静电效果
$<10^9$	良好
$<10^{10}$	一般
$10^{11}\sim10^{12}$	较差
$>10^{13}$	差

4. 抗静电整理剂及整理方法

(1)非耐久性抗静电整理(暂时性抗静电整理)。常用的抗静电整理方法是在织物上添加抗静电剂,也就是将亲水性物质施加于纤维表面,以提高织物的亲水性,赋予织物吸湿性,使其导电性增加,从而防止带电,属暂时性抗静电整理。很多化合物都具有抗静电作用,最简单的如甘油、三乙醇胺等吸湿剂以及吸湿性较强的氯化锂、醋酸钾等无机盐类。这些化合物易溶于水,具有较强的吸湿性,即使在较低的相对湿度下,也能和外界环境形成溶液平衡,保持吸湿作用。

但是经水洗就失去了抗静电能力，所以整理效果不耐久。

在暂时性抗静电整理中，应用较广的是各种类型的表面活性剂类化合物，他们是良好的抗静电剂。抗静电剂若按离子类型来分，则有阴离子型、阳离子型、非离子型和两性型。

①阴离子型抗静电剂：包括烷基磺酸盐、烷基膦酸酯盐，其中烷基磺酸盐的抗静电效果良好。国产抗静电剂 SP、烷基聚氧乙烯醚硫酸酯钠盐和脂肪醇聚氧乙烯醚膦酸盐等均属阴离子型。特别是抗静电剂 SP，它是烷基膦酸酯钾盐，可赋予涤纶织物优良的抗静电性能。

②阳离子型抗静电剂：脂肪族的季铵盐衍生物是目前应用最广泛的阳离子型抗静电剂。该类抗静电剂的活性离子带有正电荷，对纤维的吸附能力较强，具有优良的柔软性、平滑性、抗静电性，既是抗静电剂，又是柔软剂，并且具有一定的耐洗性。季铵盐类抗静电剂的抗静电能力较强，可达到良好的抗静电性，如抗静电剂 SN、抗静电剂 TM 等。

③非离子型抗静电剂：包括聚乙二醇、烷基酚的环氧乙烷加成物、高级脂肪酸酰胺的环氧乙烷加成物等。如国产抗静电剂 FSK 系列、抗静电整理剂 G 及进口的 Permalose T 等。其中抗静电整理剂 G 和 Permalose T 等都是由聚对苯二甲酸乙二醇酯和聚乙二醇缩聚而成的缩聚物，与涤纶的化学结构相似，因而与涤纶有较好的相容性，并具有较高的牢度和耐洗性，能在涤纶织物表面形成亲水性薄膜，增加了纤维的吸湿性，降低纤维表面的电阻，故可收到抗静电效果。

④两性型抗静电剂：主要是脂肪烃基咪唑啉衍生物，它兼有良好的柔软性，如 AM – A 等。

非耐久性抗静电剂的整理效果虽然耐久性差，但整理剂挥发性低，毒性小，而且不易使织物泛黄，腐蚀性较小，纤维纺丝和纺织用油剂多用非耐久性抗静电剂。地毯等装饰织物应用非耐久性阳离子型抗静电剂整理，效果也较好。

（2）耐久性抗静电整理。耐久性抗静电整理是近二十多年来新发展起来的整理加工方法。随着合成纤维的发展和应用的扩大，整理效果的耐久性显得越来越重要。耐久性抗静电整理剂是含有离子性和吸湿性基团的高分子化合物，或者通过交联作用在纤维表面形成不溶性聚合物的导电层。整理剂的吸湿性越高，其导电能力越强，其耐洗性降低，所以应该保持整理剂有适当的吸湿性，降低在水中的溶胀和溶解能力。耐久性抗静电整理剂也可分为阳离子型、阴离子型和非离子型化合物，在生产中应用较广泛的是非离子型和阳离子型整理剂。而阳离子型抗静电剂整理效果较非离子型好，但非离子型抗静电剂的溶液性能稳定，应用方便，与树脂的相容性能好，特别是聚醚酯类嵌段共聚物在聚酯纤维织物上的应用越来越广泛。

耐久性抗静电整理工艺主要是在纤维上形成含有离子性或吸湿基团的网状交联聚合物。因而往往采用轧烘焙工艺。整理剂如 CAS、G 树脂，Permalose TG 等，均为聚醚酯结构（对苯二甲酸乙二醇和聚乙二醇的嵌段共聚物），可与涤纶的聚酯链发生共结晶而固着在纤维上。常用工艺方法如下：

①浸轧法：（100% G 树脂 5～10g/L，平平加 O 1～2g/L，三乙醇胺硝酸盐 5g/L）→烘干→热定形（190℃，20s）

②和染色同浴法：在溢流染色机中进行，Permalose TG 0.3%～0.5%（owf），平平加 O 用量为 1g/L，80℃处理 20min 后加入分散染料染色。

采用上述两种加工工艺可使涤纶的带电压从 2500V 分别降至 600V 和 180V，半衰期从十几分钟降到1～5s,即使在洗涤20次后,带电压仍能分别保持在1200V和640V。在树脂中加入防老化剂和热稳定剂后,整理效果还会有明显提高。

很多耐久性抗静电剂还能与其他功能性助剂混合使用,以获得多功能效果。

二、易去污及亲水整理

1. 易去污整理（SR整理）　合成纤维的疏水性较棉纤维大,易产生静电、吸附尘埃,一旦沾污,不易洗除,加上它的亲油性,使其在洗涤时更易从含油污的洗液中吸附油污。因此,易去污整理主要用于合成纤维及其混纺织物的整理,以赋予织物以良好的亲水性,使沾污在织物上的污垢容易脱落,并减轻在洗涤过程中污垢重新沾污织物的倾向。

织物的洗涤过程实际上是织物上的污垢的解吸过程,其除了与洗涤液的组成、浓度和洗涤条件等因素有关外,主要取决于织物的表面张力,只有当水/纤维的界面张力低和油/纤维的界面张力高时,油污才易于从织物上去除。而洗涤时如发生再沾污,也只有在水/纤维的界面张力和油/水相的界面张力都大,而油/纤维的界面张力小时才会发生。因此,对涤纶表面引入亲水性基团或用亲水性聚合物进行表面整理,可提高涤纶织物的易去污性能。

（1）易去污整理剂。

①聚醚酯嵌段共聚物:这类嵌段共聚物的易去污整理剂是涤纶耐久性易去污剂,它是聚乙二醇和对苯二甲酸乙二醇的嵌段共聚物。由于这种整理剂具有和涤纶相似的结构,在高温条件下,能与聚酯大分子产生相容共结晶作用而固着在涤纶上,成为涤纶的一个组成部分;又由于嵌段共聚物能均匀分布于涤纶表面,而分子中亲水性的醚组分则在纤维外层使涤纶表面具有亲水性,从而可获得耐久的抗静电性和易去污性。在洗涤时就可提高净化效率,减少污垢的再沉积作用。

②聚丙烯酸型易去污整理剂:这类整理剂一般是共聚物乳液,具有良好的低温成膜性能,可通过改变共聚物的组分调节膜的硬度。共聚物中的丙烯酸酯结构性能与织物的手感、耐洗性和易去污性能都有密切关系。一般来说,酯的碳链较长,其整理织物手感较好,但耐洗性稍差,同时易去污和防污效果较差。这类共聚物与纤维有良好的黏着力,应用也很方便,已成为国内常用整理剂。

实际上许多抗静电整理剂都能使涤纶易去污性提高。

（2）易去污整理工艺。

①采用嵌段共聚醚酯型易去污剂整理:能使合成纤维（涤纶）织物具有优良的抗再沾污性、抗静电性,手感、耐洗性也良好。

a. 浸染法:包括染前处理法和染后处理法。

染前处理是将涤纶织物浸渍在约40℃的易去污整理剂酸性溶液中,开始升温,当温度达到平时加分散染料染液的温度（一般为60～80℃）时,在此温度下保温10min,使整理剂被织物充分吸附,然后再加入染液进行染色。

染后处理是在染色还原清洗后进行处理,将织物浸渍于呈酸性（pH为4～5）温度为40℃的易去污整理剂溶液中,然后升温至80℃保温处理10～20min,再清洗、烘干、热处理。

b. 轧烘焙法:采用常规的轧烘焙工艺,即织物浸轧整理剂并烘干后进行焙烘（温度170～210℃,时间30s）。焙烘的具体温度还应根据织物而定,涤棉混纺织物为180～190℃,纯涤纶织物为190~210℃。但染色涤纶织物在处理中,应注意过高的热处理温度会影响其染色牢度(特别是湿牢度)。

②涤纶用 Unidye – TG – 990 整理工艺。

工艺处方:

整理剂 TG – 990	40g/L
三聚氰胺树脂	3g/L
三聚氰胺催化剂	1g/L

工艺流程:

浸轧整理液→烘干→焙烘

(3)易去污整理性能测试。目前,我国对易去污类整理纺织产品的性能测试主要采用四类标准方法,即美国标准(AATCC 和 ASTM)、欧洲标准(ISO)、中国标准(GB/T 和 FT/Z)和实验室标准(BV、3M、Dupont 和 ITS 等)(表4–9)。出口产品则根据不同客户的习惯和要求,基本采用美标、欧标和实验室标准。具体测试指标根据产品要求确定,其中易去污测试则是将油滴或不同污物施加到织物上,再进行一定条件的水洗,判断污迹残留状况。

2. **亲水整理**　由于合成纤维织物经亲水性整理后,其带电性和易污染性的缺陷在相当程度上可得到解决,因此亲水性整理在某种程度上也可称为舒适性整理。涤纶吸湿性、放湿性均差,因而涤纶织物上水的吸收、渗透很困难。由于水分不能沿着纤维内的气孔及纤维轴向向织物外表转移,因而不能放湿,从而大大降低了穿着的舒适性。若能改善涤纶织物的吸湿、透湿和放湿性,则其服用舒适性可以大大提高。而这显然与涤纶的亲水性有关。目前,合成纤维的亲水性整理正在朝多功能方向发展,除具有良好的亲水性外,还要求织物兼有一定的柔软性、抗静电性和防污效果。

表4–9　易去污性能测试标准

标准	测试	方法	污渍
AATCC 130	拒污性能测试:油污	将2块38cm×38cm样品置于平面吸水纸上,在样品中央滴上5滴玉米油,滴油位置盖上玻璃纸,放置2.27kg重锤保持60s,移去重锤和玻璃纸,20min后洗涤试样12min,洗涤温度分别为27℃、41℃、49℃和60℃,中温滚筒烘干,在4h内与样卡对比评级	玉米油
国际实验室方法一	去污测试	在2块样品上施加直径为2cm的污渍,室温(20℃)放置2h,海绵浸水后沾洗洁精擦试样品30s,自来水冲洗样品,在空气中干燥,共重复5次,比较测试后样品与原样的变化或污渍残留情况	8种:芥末、番茄酱、意式调味汁、咖啡、葡萄汁、麦芽醋、烧烤汁、红葡萄酒
FZ/T 01118 –2012	涤棉织物易去污性能评定	取6块150mm×150mm试样,在试样上滴上0.2mL污油后,盖上聚乙烯薄膜,放上2.27kg砝码1min,释重移去薄膜,试样室温放置20min,然后在洗衣机中40℃洗涤12min,60℃烘箱烘干,用变色灰卡与经过同样洗涤的原样对比评级	染色织物:100g14#机油和0.1g炭墨;漂白织物:食用植物油

改善涤纶织物吸湿性的方法有很多,比如混纺、大分子结构的亲水化、与亲水性物质接枝共

聚以及纤维表面处理等。利用亲水剂，使之均匀、牢靠地固着在纤维表面而赋予织物亲水性的方法，是近年来合成纤维织物亲水整理的发展方向。

改善涤纶织物的亲水性，使其舒适化的方法和性能具体对照如表 4 – 10 所示。

表 4 – 10　使涤纶织物舒适化的方法和性能

改 性 方 法	舒 适 化 方 法	性　　能
纤维内部改性	聚合物分子结构亲水化	吸水、防污、抗静电
	加亲水性成分，进行共聚、接枝聚合	吸水、防污、抗静电
	与亲水性物质复合纺丝	吸水
	使表面粗糙，异形孔、微孔化	吸水
纤维表面改性	形成亲水性薄膜	吸水、抗湿沾污
	亲水性高聚物吸附固着	吸水、抗湿沾污
	亲水性单体的接枝聚合	吸水、抗湿沾污
	其他	吸水

后整理中主要采用的亲水整理剂有弱阴离子型的 E – 7707、Nicepole 等，非离子型的 FZ、PermaloseTM 等，环氧有机硅类的 NTF 等。

（1）NTF 亲水性有机硅整理剂：此类整理剂可单独使用，也可与其他柔软剂和 2D 树脂同浴使用。合成纤维织物经该整理剂整理后，具有优良的亲水性和吸湿性、良好的抗静电性和一定的防污和易去污性，穿着舒适爽快。

浸轧液处方：

NTF – 3（含固率 20%）	30g/L
$MgCl_2 \cdot 6H_2O$	3g/L
醋酸	调节 pH 至 5 ~ 5.5

工艺流程：

一浸一轧（轧液率 65%）→烘干（110 ~ 120℃）→焙烘（175 ~ 180℃，30s）

（2）PermaloseTM 亲水性整理剂：

①浸渍工艺：将涤纶织物浸入含整理剂的溶液于 40℃开始升温到 60 ~ 80℃，保温 10min，使 TM 被充分吸尽，然后染色。或将染色织物还原清洗后，浸渍在 pH 为 4 ~ 5 的 TM 溶液中，于 40℃开始升温至 80℃，保温 10 ~ 20min。

②浸轧工艺：

工艺处方：

Permalose TM	50 ~ 60g/L
醋酸	1 ~ 2g/L

工艺流程：

浸轧工作液（轧液率 60%）→烘干（110 ~ 120℃）→焙烘（150 ~ 170℃，40 ~ 60s）

要求 Permalose TM 在织物上增重须达 40%。深色织物可用 130℃焙烘,但整理后耐洗性略差。

和上述整理剂一样,用 PermaloseTM 整理后,也能使织物手感柔软、飘逸和滑爽,吸水性、透湿性优良,并具有一定的抗静电、防污和易去污性。

合成纤维织物的亲水性整理,除了能给予合成纤维吸水(吸汗)性外,同时在某种程度上也改善了易去污性(抗湿再沾污性)和抗静电性能。

三、织物保暖性整理

人体穿衣保暖的目的就是要减少通过皮肤散发到环境中的热量。人体是一个有机体,不断进行着新陈代谢来维持皮肤表面温度恒定。同时人体皮肤表面不断向环境散发热量和湿气。这里所指的湿气包括两方面的内容,其一是在人体静止条件下,通过无感排汗向环境蒸发的湿气(气相),另一方面是在人体运动条件下,通过有感排汗向环境散发的湿气(液相)。

测试研究表明,人在静止时新陈代谢产生热量的 75% 左右是以非蒸发散热形式即通过服装以热传导、对流和热辐射的方式散失到周围环境中的;25% 左右是通过无感排汗蒸发所散失,在这个蒸发量中,通过呼吸器官蒸发的为 35% 左右,通过皮肤蒸发的为 65%。

一般情况下,人体皮肤表面存在着无感排汗蒸发,而且通过无感排汗蒸发而散失的水量很少,其散热作用不明显。因此,通常人们所指的织物保暖性主要是指织物对于在静止状态下人的非蒸发散热也就是干热的阻抗。

织物的保暖性能是纺织品服用性能中的一项重要内容。保暖材料通常可分为两大类:一类是消极的保暖材料,通过单纯阻止或减少人体热量向外散失来达到保暖的目的,如天然棉絮、羽绒、裘皮以及各种天然纤维、化纤絮片等都是这种传统保暖理论的代表;另一类是积极的保暖材料,不仅遵循传统的保暖理论,更能吸收外界热量,储存并向人体传递来产生热效应,常用的外界能量有电能、化学能、生物能及太阳能等,远红外棉就是一种典型的、积极的保暖材料。

使纤维或织物具有保温性,一般有三种方法:第一种是在纺丝原液中添加特殊的陶瓷粉末(如碳化锆等),再纺成丝,这种陶瓷粉末不仅能吸收光线转而放出热量,还能反射人体所发射的远红外线,保温、蓄热作用很好;第二种是使用特殊的中空纤维,如先将涤纶制成五孔、七孔中空纤维,再卷成螺旋形,使之有较好的形状保持性,使纤维之间保持稳定的蓬松状态,降低热量散发;第三种是将特殊的陶瓷细粉以树脂形式涂布在织物上,可增加对热量的反射作用和防护作用,并阻止体内的热能散发,达到保温的目的。

1. 远红外线保温涂料的应用　远红外整理剂主要是由以天然矿藏中的二氧化硅、氧化镁、氧化铬为主要成分的纳米级陶瓷粉末及表面活性剂、添加剂所组成的,可以发射 8～14μm 的远红外线。人体吸收远红外波主要为 9～10μm,在此波长范围内可促进对人体生理的活性作用和成长促进作用。因此这种整理剂具有改善人体微循环、促进血液循环、增强免疫力、提高人体细胞的再生能力等作用,具有保暖、蓄热功效,还具有很好的抑菌、消臭等保健功能。将远红外线吸收物质均匀地渗透到纤维的分子中或附着于织物表面上,可以提高对太阳光等外部红外线的吸收率,同时,可以吸收人体发出的红外线并转换为热量,发挥其蓄热保温的效果。

许多无机陶瓷粉末有很强的发射红外线的特性,例如氧化锆(ZrO_2)、氧化铝(Al_2O_3)、碳化锆(ZrC)、碳化硅(SiC)、碳化硅(Si_3N_4)以及一些镁铝硅三盐,它们都有较强的发射和反射红外线的能力。将这些物质加工成涂料,用涂料印花方法或涂层加工方法施加到织物上,就可赋予织物发射红外线的功能,使这种织物具有良好的隔热性或保温性。

还有报道,使用海藻碳作为功能成分,即将海藻经过特殊的炭化处理,加工成 $0.4\mu m$ 左右的超细粒子,具有很好的反射远红外线的功能。特别是能在接近人体温度下,高效率地放射出适应人体保健的 $8\sim12\mu m$ 的远红外线。在 35℃时,发射率高达 94%,具有良好的保健功能和舒适效果。

生产远红外织物主要有两条途径,一是把远红外线保温涂料加入后整理织物中,例如进行涂层加工(局部整理也可以加入颜料印花色浆中进行印花加工);二是把远红外线保温涂料添加到合成纤维纺丝液中,纺出功能性纤维后,再织成织物。这两种方法加工出的保暖织物各有特点,但涂层加工方法比较简便。

2. 阳光蓄热保温整理　在涂层树脂中加入陶瓷粒子或碳粒子,也可增强反射作用,既可以阻止外界入射进的辐射线(例如紫外线),起防护作用,也可以阻止体内热能辐射出去,而增强保温作用。某些陶瓷颗粒还可以吸收人体放出的热能,再放出远红外线,使保温性进一步得到加强。不过这种性能还不能充分满足冬季运动服装的轻盈保暖的要求,仍然属消极保温织物。

利用太阳能集热装置,选择性地吸收太阳能,然后逐渐放出,可以永久地利用太阳能来保温。对太阳能发生选择吸收的物质主要是碳化锆(ZrC),ZrC 粉末的温度经照射后会明显升高,有很好的蓄热作用。事实上,已发现周期表ⅣB族过渡金属的碳化物,都具有如下特性:当光照射时,能将 $0.6eV$ 以上的高能辐射线吸收并转换成热能,能量低于 $0.6eV$ 的辐射线则被反射不被吸收。太阳的电磁波辐射线的大部分可被它们吸收,并转换成热能放出来。

有的厂商将 ZrC 混入纤维,开发出了可吸收太阳辐射线中的可见光和近红外线,并可反射人体热辐射具有保温功能的所谓阳光蓄热保温织物。这种织物适合制作冬季运动服、男女服装以及游泳衣等新产品。将 ZrC 加入涂层树脂中并涂于织物上,不论涂布后织物的正面或背面朝向光源,混入 ZrC 的涂层织物经光照后温度都会升高,而正面朝向光源的效果比背面朝向光源的好。ZrC 的用量超过 $2g/m^2$ 后,效果不会进一步增加。

一些功能性染料也具有这种特性,这时功能染料不仅起着色作用,还可以起到保温蓄能作用。事实上,聚乙二醇等许多有机化合物也可蓄能保温。利用这些物质进行保暖整理时,可通过浸渍和浸轧等方式来加工。

四、吸湿快干整理

近年来,随着人们崇尚衣着的舒适性,具有优良吸水吸湿性的面料正引起人们的兴趣。吸湿、放湿性好的衣料加工方法有两种:一种是使用亲水性纤维,如纤维素纤维,混合高吸放湿性聚合物纤维,以吸水性聚合物为芯的皮芯型复合纤维等;另一种是对疏水性纤维进行亲水性加工,如用吸湿性的聚合物对聚酯纤维进行整理加工,以获得耐久性的整理效果。

1. 提高纤维吸水吸湿性的方法　纤维的吸水吸湿性不但直接影响织物的舒适性,而且与抗

静电性、防污性也有关,因此高吸湿纤维的开发,正引起科技工作者们的兴趣。提高合成纤维的吸水吸湿性有如下方法:

(1)与亲水性单体共聚,使聚合物原料亲水化;

(2)用亲水性单体进行接枝共聚;

(3)与亲水性化合物共混纺丝;

(4)用亲水性物质进行表面处理,使织物表面形成亲水层;

(5)使纤维形成微孔结构;

(6)纤维截面异形化。

可采用引入亲水性组分如聚乙二醇、己内酰胺、胺类。有的专利采用己内酰胺、对苯二甲酸、乙二醇三种单体制成嵌段共聚物,随后与 PET 共混纺丝。也可采用和环氧乙烷、氧化丙烯等的加成物与非结晶聚酯的混合物作皮、PET 作芯的皮芯复合丝,它具有良好的吸湿性。

使纤维形成微孔的方法比较,多地采用含 5 - 磺酸钠间苯二甲酸乙二酯的共聚酯与 PET 共混纺丝。其原理是,用 NaOH 水溶液处理成品纤维,因共聚酯的碱水解速率较快,优先被水解的部分在纤维上留下微孔。如将这种纤维做成中空纤维,使纤维表面的微孔与中空部分的毛细孔相通,则纤维具有吸水速率快、透湿性好、保水率高的特性,有利于汗水的散发。其吸湿、放湿性优于棉纤维,且具有快干性和优良的抗静电性。还可将带微孔的中空纤维制成并列复合中空纤维,使纤维不仅具有高吸湿性,还具有卷曲性,并可改善织物的手感和外观,服用效果更佳。

2. 吸湿快干整理的机理 吸湿快干整理的目的是改善衣料的吸湿、放湿性能。吸湿、放湿性通常是指衣料快速吸收且排放穿着衣服空间内的湿气,使人体不易产生闷热和发黏感。人体皮肤表面蒸发的气相水分向外界的扩散通过两种途径同时进行的,一是衣料内表面吸湿,然后由外表面放湿;二是通过纤维间的孔隙向外逸散。当皮肤出汗时,液相水分向外界的扩散也是通过这两种途径同时进行的。如果皮肤表面不断供应水分,那么,这种吸湿放湿的过程导致衣料的润湿,纤维表面的吸水性会增强,还会增加织物毛细管及纤维轴向的水分传输性,达到吸湿排汗的效果。

吸湿快干整理就是用亲水性聚合物对疏水性纤维进行的整理加工,赋予疏水性纤维亲水性。吸湿快干整理一般是指亲水性聚合物对涤纶进行加工,故本任务主要讲述涤纶疏水性纤维的吸湿快干整理。

3. 吸湿快干整理剂 涤纶吸湿快干整理剂主要有以下三种类型:

(1)聚乙二醇对苯二甲酸酯的嵌段共聚物,如国产恒星涤纶吸湿快干整理剂 FSK - 5、Permalose T(卜内门)、舒适特 PET(斯恩特)等。

(2)亲水改性的氨基聚硅烷,如国产整理剂 FCG、Sandoperm SE(科莱恩)、Ultraphil HSD(汽巴)、吸湿快干整理剂 HV(斯恩特)。

(3)吸湿性蛋白质改性物。

常用的吸湿快干整理剂是前面两种类型的整理剂。

4. 吸湿快干整理工艺

涤纶织物的吸湿快干整理可以采用浸渍法及浸轧法,其中聚乙二醇与对苯二甲酸的嵌段共聚物还可以与分散染料高温高压染色同浴进行。

（1）浸渍法工艺。

①Permalose T 浸渍法工艺：Permalose T 常与分散染料高温高压染色同浴进行，能获得耐久的效果。

工作液组成：

Permalose T	4%（owf）
分散染料	x（owf）
匀染剂	0.5~1.0g/L
醋酸	调节 pH 为 4.5~5.5

工艺条件：将涤纶织物浸渍于上述配制好的工作液中，并升温至130℃，保温30min，升温速率视分散染料的匀染性能而设置。

②Sandoperm SE 浸渍法工艺：Sandoperm SE 一般用量为3%（owf），30~40℃，处理15~20min，脱水，烘干。

（2）浸轧法工艺。吸湿快干整理也可使用浸轧法，并常与织物热定形工艺结合起来，无论哪种整理剂均可采用这一方法，Permalose T 一般用量为 30~50g/L，采用常规烘干、热定形工艺。

目前，对全棉织物也提出了吸湿、放湿的要求。提高全棉织物吸湿性容易，但改善其放湿性比较困难。比较有效的方法是将亲水性整理剂与树脂初缩体混合使用，斯恩特公司推荐如下工艺：

浸轧液组成：

吸湿快干整理剂 HV	30g/L
Pretexin FR－E（树脂）	50g/L
Cat.D（催化剂）	15g/L

工艺流程及条件：

二浸二轧（轧液率60%~80%）→烘干（110~130℃）→焙烘（170~180℃，45s）

5. 吸湿快干整理性能测试　对吸湿排汗织物一般通过对其吸水性及快干性进行测试，来评定其吸湿排汗性能，其中吸水性主要通过吸水速度及吸水率等单项测试来评价；快干性则主要通过蒸发速率及透湿量等单项测试来评价。

通过对织物的吸水速度和吸水率的测试来对织物的吸水性能进行评价。一般以芯吸高度、滴水扩散时间和扩散面积来表征织物的吸水速度，以水分蒸发速率和透湿量来表征织物在液态汗状态下的速干性。织物的芯吸效应即垂直悬挂的织物一端被水浸湿时，水借助毛细管作用上升的现象。芯吸高度是在一定时间内水沿织物上升的高度。滴水扩散时间和扩散面积是用滴定管在距离试样表面不超过1cm的高度轻轻滴上一滴水（约0.2mL），记录水滴接触试样表面至完全扩散（不再有镜面反射）所需要的时间，如扩散时间大于300s时停止试验，可视为不扩散。同时测量出扩散时间内水滴在织物上所扩散的面积。

蒸发速率的测定是将一定量的水滴在试样上后，悬挂在标准大气中，自然蒸发，每隔一定时间测定一次试样的重量,直至连续两次称取质量的变化不超过1%为止,记录水分蒸发时间,画出蒸发量—蒸发时间曲线图。其蒸发量—蒸发时间曲线上线性区间内,单位时间的蒸发质量即为蒸发速率,可参考标准GB/T 21655.1—2008《纺织品吸湿速干性的评定 第一部分:单向组合试验法》。

学习任务4-3 抗生物功能整理

抗生物功能整理包括两部分,即抗菌、防臭、防霉等微生物的抗菌整理和防蛀虫、蚊、螨虫等生物的防虫整理。

在现实生活中,人们不可避免地要接触到各种各样的细菌、真菌等微生物。这些微生物在合适的环境条件下会迅速生长繁殖,并通过接触传播疾病,影响人们的身体健康,而且微生物的作用还会造成纤维降解,使织物的服用性能有所下降。

在纺织品的防虫整理技术中,最早开发的是毛织物的防蛀整理,继而是防蚊整理。从20世纪80年代开始的防螨整理技术也引起人们的广泛关注。

日常生活中,纺织品是这些(微)生物的良好生存之地,是疾病的重要传播源,因此抗菌、防臭、防霉、防虫等功能的纺织品将受到世界各国的高度关注,在卫生保健获得重视和提升生活品质两大前提之下,开发具有抗菌、防臭、防霉、防虫等功能的纺织品是功能整理发展方向之一。

一、抗菌整理

(一)概述

抗菌整理又称卫生整理、抗微生物整理,是防菌、防霉、防臭、防腐整理的总称。它是指在不使纺织制品原有性质发生显著变化的前提下,提高其抗微生物(细菌、真菌、酵母菌、藻类及病毒等)的能力,杜绝病菌传播媒介和损伤纤维途径,最终使纺织品在一定时间内保持有效的卫生状态,即使纺织品具有抑菌和杀菌性能的整理加工过程。

1.微生物的危害 微生物是存在于自然界的一群体性细小、结构简单、肉眼无法直接看到,必须借助显微镜等设备才能观察到的微小生物。微生物虽然个体微小,但具有一定的形态结构、生理功能,并能在适宜的条件下迅速繁殖生长。微生物在自然界中的分布十分广泛,种类繁多,据估计至少在十万种以上。绝大多数的微生物对人类是无害的,但是也有小部分微生物具有一定的危害性,某些微生物侵入人体,会使人的健康受到威胁,甚至危及生命。其对人体的影响有以下几个方面:

(1)日常生活中,微生物可以直接或间接地以纺织品为媒介而侵入人体,并引起疾病的。无论是病原性微生物还是非病原性微生物的繁殖均会使皮肤产生异常的刺激,甚至可能引起皮肤病。

(2)人体分泌的汗水、皮脂腺分泌的皮脂等排泄物附着在皮肤上,容易导致微生物的滋生和繁殖,从而使贴身内衣发出恶臭,还会引起袜子和婴儿的尿布中白癣菌的繁殖而诱发斑疹等病症。

（3）如纺织品储藏在高温高湿条件下或因纺织品污染等原因，即使良好的纺织品也会因微生物的繁殖而发生霉变，如霉菌的繁殖可产生霉斑，使织物着色或变色，甚至引起微生物降解使织物脆损，从而影响织物的使用价值和卫生性能。

2. 纺织品抗菌整理的必要性　现在的抗菌整理是经过几次变迁发展而成的，早在四千年前，古埃及人就用药用植物处理的织物来包裹木乃伊，它具有良好的防霉防腐效果。进入 20 世纪以来，保护人体免受微生物袭击的抗菌整理，受到人们的重视。第二次世界大战期间，德军曾用季铵盐处理军服，使之具有抗菌的功能，大大地降低了伤员的死亡率。早在 20 世纪 50 ~ 60 年代，美国的卫生纺织品就已实现工业化生产，期间名为"Sanilized"的抗菌纺织品上市。至 20 世纪 70 年代中期以后，日本的抗菌、消臭纺织品也进入高速发展阶段。

抗菌整理的必要性，可以从以下几个方面说明：

（1）由于环境的恶化、地球变暖和大气污染，促进了细菌的繁殖，各种疾病的增加。因此，迫切需要解决高效的抗菌材料问题。

（2）细菌和病毒生存在空气、水与固体的表面，并进行繁殖，几小时内繁殖速度高达 1 亿倍。

（3）健康人的皮肤可以抗菌，有抵抗力，但是儿童、病人、老人及疲惫的人对各种病毒、细菌的抵抗力较弱。对各种疾病都应以预防为主，以促进健康。

（4）随着科学技术的发展和人们生活水平的提高，人们对纺织品的卫生功能提出了更高的要求。

为了避免微生物污染纺织品，更重要的是为了保护人体的安全和穿着舒适，人们正深入地研究杀灭不符合要求的微生物的药剂，并用它处理纤维材料，使之具有抗菌、防霉、防臭和防腐等性能。

3. 抗菌整理的作用机理　抗菌整理主要是通过抗菌剂使织物对微生物的抗菌作用，其主要通过两个方面的作用实现：一是静菌作用，即在抗菌剂的作用下微生物的个体生长繁殖受阻，使微生物数量增加速度降低；二是杀菌作用，即杀灭微生物个体，降低体系中微生物的绝对数量。抗菌作用是静菌作用和杀菌作用的综合结果，但对于不同的抗菌剂和微生物体系，这两方面的作用有所差别。抗菌纺织品所采用的抗菌剂各不相同，因而其抗菌机理亦各不相同，对不同菌类的杀灭作用也各有大小。常用抗菌剂的抗菌机理可归纳为：

（1）使细菌细胞内的各种代谢酶失活，从而杀灭细菌；

（2）与细胞内的蛋白酶发生化学反应，破坏其机能；

（3）抑制孢子生成，阻断 DNA 的合成，从而抑制细胞生长；

（4）极大地加快磷酸氧化还原体系，打乱细胞正常的生长体系；

（5）破坏细胞内的能量释放体系；

（6）阻碍电子转移系统及氨基酸转酯的生成。

常用抗菌剂的作用机理见表 4 – 11。

表4-11 常用抗菌剂的作用机理

抗 菌 剂	作 用 机 理
铜化合物	铜离子可破坏微生物的细胞膜,与细胞内酶的巯基结合,使酶活性降低,阻碍其代谢机能,抑制其成长,从而杀灭微生物
阳离子型表面活性剂	可引起微生物细胞膜、细胞壁的损伤,酶蛋白质的变性
有机硅季铵盐类	季铵盐分子中的阳离子通过静电作用,吸附微生物细胞表面的阴离子部位,以疏水性相互作用,使细胞内物质泄漏出来,从而使微生物呼吸机能停止而将其杀灭
卤素类	可引起微生物酶蛋白、核蛋白的氧化、破坏
银化合物	银离子可阻碍电子传导系统,还可与DNA反应,破坏细胞内蛋白质构造而产生代谢阻碍
甲醛衍生物	可引起微生物酶蛋白与其他活性基的还原反应而凝固变性
环氧衍生物类	可与微生物的核酸反应
醇 类	引起蛋白质变性,溶菌,阻碍代谢机能
胍 类	破坏细胞膜

纤维或纺织品经抗菌整理剂处理后,可以发挥两方面的作用:一是保护使用纺织品的人,如果抗菌纺织品能杀灭金黄色葡萄球菌、指间白癣菌、大肠杆菌、尿素分解菌等细菌和真菌,则能预防传染性疾病的传播,防止内衣裤和袜子产生恶臭、袜子上的脚癣菌繁殖以及婴儿因尿布中滋生的细菌而产生红斑,提高老人和病人的免疫能力,在医院内可以预防交叉感染(MRSA感染);二是防止纤维受损,利用具有杀灭黑曲霉菌、球毛壳菌、结核杆菌和柠檬色青霉菌等各种霉菌的抗菌整理剂,可以防止纤维材料变色、脆损以及纺织品在储藏时发生霉变。

4. 抗菌整理的方法   目前,国内抗菌织物加工方法有两种:一是先制得抗菌纤维,然后再制成各类抗菌织物;二是将织物用抗菌剂进行后处理加工或对纤维进行变性,以获得抗菌性能。比较而言,第一种方法所得的织物抗菌效果比较持久,即耐洗涤性好,但抗菌纤维的生产过程比较复杂,同时对抗菌剂的要求也比较高;第二种方法的加工处理过程比较简单,但所得织物的抗菌效果和耐洗涤性较差。当前市场上的各种抗菌织物中,以后处理加工的居多,尤其是天然纤维的抗菌整理,但根据发展趋势来看,将来必向抗菌纤维方面发展。

(二)抗菌防臭整理

随着人们生活水平的提高,卫生保健意识的增强,积极开发抗菌防臭的纺织品,已引起国内外纺织界的关注。

抗菌防臭整理在美国等国家被称为抗菌整理或抗微生物整理,在日本被称为抗菌防臭加工。目前,世界上许多国家尤其是日本、美国、英国的一些生产企业纷纷研制和生产出抗菌纤维及纺织品,把抗菌剂加到纺丝液中制取的纤维大都是涤纶、腈纶、锦纶等。国内目前大都是采用抗菌剂后整理的方法使产品获得抗菌防臭性能。

消臭和抗菌都是卫生保健领域的一种功能。但消臭与抗菌不同,抗菌用于日常生活是通过抑制细菌增殖而达到抗菌的目的。而消臭则是指消除环境中已经生成的恶臭,还包括人的粪尿、排泄气体、腐败物质和化学物质等固有的气味。

抗菌防臭加工不仅在于抑制微生物,防止纤维制品产生变质,而且主要目的是在穿着衣服状态下或使用状态下,抑制以汗和污物为营养物质的微生物的繁殖,在抑制微生物产生恶臭的同时,保持卫生状态。

消臭的方式主要有如下六种:

1. **嗅觉法** 即从嗅觉上使人感到臭气的消失,其消臭机理包括掩盖作用和中和作用。掩盖作用是用感觉程度强的气味将感觉程度弱的气味压下去;中和作用是通过两种气味的混合,使之相互抵消。其中也兼有相互之间的化学、物理作用。采用的方法是附加香味,如添加罗汉柏油、日柏油、芳香提取物等。

2. **物理法** 又称吸附法,即采用比表面大、孔隙大,且具有较强吸附能力的物质吸附恶臭物质而显示消臭性,但不改变恶臭分子化学结构。如采用活性炭、无机吸附剂等。但是这种方法往往有达到吸附饱和时降低消臭效果和臭气再释放的问题,针对这种情况人们正在进行改进,比如用酸或碱对其表面进行处理,引入化学结合方法,进一步提高其消臭能力等。

3. **化学法** 即把产生恶臭的物质通过氧化、还原、分解、中和、加成、缩合以及离子交换等化学反应,变成无臭味的物质,化学消臭方法是现代消臭技术的有效途径。

4. **生物法** 通过各种微生物的生物功能来消除恶臭是一种古老而新颖的方法。近年提出土壤消臭、活性污泥消臭以及用人工酶消臭等新的思路。

5. **抗菌法** 采用具有抗菌作用的物质,杀死或抑制细菌的繁殖,防止有机物腐败、分解而产生臭气。

6. **光催化氧化法** 又称光触媒法,即用超微粒状(纳米材料)二氧化钛、氧化锌吸收紫外线后产生电子(e)及正穴(H^+),在正穴表面有催化作用发生,可以使吸附的水氧化,生成氧化能力很强的·OH自由基,与有机物反应。而电子一方则把空气中的氧还原,生成·O^-离子形成的过氧化物,它能与多种臭体反应而消除臭味。其除臭机理是光与热的催化氧化。

(三)抗菌防霉整理

抗菌防霉整理又称"BIOSIL"整理,属于卫生整理,防霉整理的目的是防止致病微生物的蔓延;防止微生物降解纺织纤维,生成气味;防止由于微生物作用造成纤维降解,使织物的服用性能有所下降。

天然纤维由于含有纤维素、蛋白质等有利于真菌繁殖的物质,对微生物的敏感性大,易受真菌的侵蚀,而合成纤维通常是不易受真菌侵害的。

天然纤维在生长、生产纺织品及使用的过程中都会黏附微生物,据统计,每克原棉含菌量达$1 \times 10^7 \sim 5 \times 10^7$个,并含高达$5 \times 10^5$个菌的芽孢,在储存中,随着环境条件的变化,这些细菌还会不断增多,特别在湿热的状态下(如黄梅时节)繁殖更快,导致在织物上产生菌丝或变色及污秽表层,形成了一块块霉斑。通过微生物的发酵作用使纤维素纤维降解、脆损,强力与伸长都有所降低,甚至造成破洞。折叠的纺织品当霉蚀时,可能自上层贯穿至下层,致使大量纺织品成为废品。特别是棉帆布类织物,棉织品水管(如消防用水龙袋)、麻袋、帐篷等霉蚀问题更为严重。

要达到防霉效果,防霉剂应能透过真菌的细胞壁进入细胞内,因此防霉剂分子中一定要有脂溶性的羟基。另外,不电离的分子比易电离的分子易于透过细胞壁。目前,已发展到防止纺织材料降解和产生恶臭及致病毒害的共同效果的卫生整理。常用方法如下:

(1)对一般性纺织品的防霉处理,可采用水杨酰苯胺和苯并咪唑氨基甲酸甲酯(商品名为多菌灵,简称 BCM)。该防霉剂为白色或粉红色的针状结晶体,盐酸盐结晶含量大于95%,吸湿性较强,易溶于水,加入表面活性剂可配制成水溶性乳剂,可直接使用。其使用方法有添加法、浸渍法、喷雾法等,应用方便。

(2)采用有机硅季铵化合物整理剂加工,如 DC－5700。

(3)采用2,4,5－三氯代苯酚及其衍生物进行整理,使之渗入纤维内部,具有恒久的防霉抗菌效果,杀菌力较强且价格低廉。

(4)对纤维进行接枝改性,如棉纤维上接枝聚丙烯酸铜、聚丙烯腈或对其他合成纤维接枝引入氰基等。用这种方法处理过的织物具有显著的防菌防霉效果,并同时具有导电性。

(四)常用纺织品抗菌整理剂及其应用

目前虽然抗菌剂的品种繁多,应用广泛,但抗菌剂大多存在如下问题:一是抗菌广谱性差。由于细菌、真菌和霉菌具有不同的细胞结构,因此单一抗菌基团的抗菌整理很难具有广谱的抗菌作用,如卤代二苯醚类抗霉菌的效果较差,季铵盐的阳离子性杀菌作用对不带负电荷的菌类抗菌效果较差。二是耐久性差,有的抗菌整理剂本身虽和纤维牢固结合,但不具有良好的耐洗涤性。所以作为纺织品用抗菌剂应具有以下几个特点:

(1)抗菌能力和广谱抗菌性;

(2)持久性,即耐洗涤、耐磨损、寿命长;

(3)稳定性,即耐热、耐日照,不容易分解失效;

(4)加工适应性,易添加到纤维中、不变色、不降低产品使用价值或美感;

(5)安全性,对健康无害,不造成环境污染;

(6)抗菌剂不易使微生物细胞产生耐药性。

下面介绍几类常用纺织品抗菌整理剂及其应用方法。

1. 金属化合物 所有重金属离子多少都有抗菌性。其中,主要有效成分为银、铜、锌金属离子的无机抗菌剂,它们的使用安全性已得到科学的评价。例如,不溶性的无机铜化合物(碳酸铜、氟化铜、磷酸铜、氧化铜或氧化亚铜等)均有不同程度的防霉抗菌作用。

(1)铜盐处理纤维素纤维:用甲酸铜的水溶液处理纤维素纤维织物,经高温热处理后,即变成棕色不溶性物质沉积在织物上,使之具有优良的防霉防腐性能。但由于铜化合物有毒及有颜色,故不宜用于浅淡色织物及内衣料。硫化染料用铜盐后处理染成的棉帆布具有较好的防霉、防腐特点,但耐洗性不高,且易受光化和热侵袭,但可用特殊处理予以改善,如用硫酸铜和红钒钠(重铬酸盐的硫酸溶液)的稀溶液浸渍织物 30min,取出滴干后,用聚乙烯薄膜包封保湿放置48~96h,然后洗去可溶性物质,使铜(0.18%)和铬(0.10%)的高度不溶性物质沉积在织物上,即具有良好的防霉防腐作用。这一工艺可用来处理棉、麻织物及其工业用品。

(2)碱性绿—铜盐抗菌整理:该抗菌剂以 $CuSO_4$ 和碱性绿－4 染料复配而成,适用于腈纶织物染色和抗菌整理,它可使腈纶着色,又能起杀菌作用,织物带绿色,耐高温、耐洗涤、对皮肤安全,可用作手术衣和鞋垫等。

(3)铜锆盐抗菌整理:采用0.2%的铜锆化合物浸渍处理纺织品,可获得良好的杀菌效果。

(4)光触媒抗菌剂:这类抗菌剂以二氧化钛为代表,可通过涂层剂或树脂黏着于纤维上。

2.酚类及衍生物　该类防霉剂的代表为五氯代苯酚(P. C. P)。这是一种具有特殊刺激性气味且易升华的防霉剂,分为油溶性及水溶性两类。

五氯代苯酚的特点是价格便宜,效力高,稳定而不易变质,处理方法简单,防霉性能耐久。由于它有油溶性及水溶性两类,因而应用范围较广。使用浓度一般为1% ~ 3%(owf),通常与其他整理剂混合使用。五氯代苯酚的钠盐(或钾盐)水溶液遇钙、镁盐等金属盐类,易产生沉淀,沉淀有色,故不宜加工白织物。

3.阳离子型表面活性剂类　阳离子型表面活性剂具有强烈杀菌和抑制作用而被广为应用。其中又以季铵盐为主,它具有两个特点:一是细菌多呈阴电荷性,而季铵盐呈阳电荷性,且具有较强渗透作用,所以在水溶液中,季铵盐对细菌有很强的杀菌能力;二是它易吸附在一般固体表面,当阳离子表面活性剂与负电荷的固体表面接触时,便会发生强烈的吸附作用,但不耐洗。

如β-羟基十二烷基二甲基苄基氯化铵就是一种新的阳离子型表面活性剂:

$$\left[\begin{array}{c} \overset{\displaystyle OH}{\underset{\displaystyle |}{}} \qquad \overset{\displaystyle CH_3}{\underset{\displaystyle |}{}} \\ C_{10}H_{21}-CH-CH_2-\underset{\underset{\displaystyle CH_3}{\displaystyle |}}{N}-CH_2-\phi \end{array} \right]^+ Cl^-$$

它是一种高效的杀菌阳离子型表面活性剂,本身具有很高的溶解性和表面活性,与十二烷基二甲基苄基氯化铵或十二烷基三甲基氯化铵相比,其对蛋白质有很好的络合能力,因此杀菌力强。

含硫的阳离子型表面活性剂也是一类好的杀菌剂,有$(RR'R''S)^+X^-$型和$(RR'R''SO)^+X^-$型类,例如:$[CH_3(C_2H_5)SR]^+I^-$(其中$R = C_{12}H_{25}$、$C_{16}H_{33}$、$C_{18}H_{37}$)

4.有机硅季铵盐化合物　有机硅季铵盐抗菌整理剂是目前较为常用的抗菌剂,有机硅季铵盐属阳离子型表面活性剂,有良好的抗菌作用,它含3个甲氧基,可与纤维素的羟基反应,脱去甲醇而交联,有一定的耐久性。有机硅季铵盐能吸附带有负电荷的细菌,显示出有效的抗菌能力。其结构中引入的有机硅,不仅能改善抗菌剂与纤维材料的结合能力,使之耐洗,而且能防止抗菌剂脱落,杀死皮肤表面的微生物,保护有益细菌,因而安全性良好。它可与纤维素纤维发生化学结合,又能自身缩聚,具有成膜性。它既可用于纤维素纤维织物,也可用于合成纤维织物的长效抗菌整理。此类抗菌剂有美国道康宁公司的抗菌剂DC – 5700、柏灵登公司的抗菌剂Biogard TM,国产的有抗菌剂FS – 516、抗菌剂SGJ – 963等。

用有机硅季铵盐抗菌剂进行整理时,无须高温焙烘,一般烘干后即可产生持久的抗菌效果。

(1)浸轧法:

工艺处方:

抗菌剂 FS -516	2 ~10g/L
阳离子或非离子型渗透剂	0.5g/L

工艺流程:

二浸二轧(轧液率70% ~80%)→烘干(温度低于120℃)

(2)浸渍法:将织物在0.1% ~1% (质量分数)抗菌剂 FS -516 溶液中浸渍 30min,脱水、烘干即可。

5.二苯醚类抗菌剂   它主要是二苯醚与其他化合物的复合体,其他化合物包括有机硅烷化合物、芳香族卤化物等。其作用机理是破坏微生物的细胞膜和细胞壁机能。商品为水分散非离子型乳液,易分散于水中。与乙二醛类、三聚氰胺类树脂、常用催化剂、热塑性树脂和柔软剂等有良好的相容性。其有效成分含量10% ,化学结构式如下:

此类抗菌剂有日本敷岛公司的 Nonstar、帝人公司的 Santiz、瑞士汽巴公司的 Irgasan DP - 300 等。

二苯醚类抗菌剂适用于纤维素纤维、纯涤纶(高温高压染色与整理同浴,不需要用 2D 树脂)及其混纺织物的耐久抗菌整理,它对白癣菌(真菌)、金黄色葡萄球菌(革兰阳性菌)和大肠杆菌(革兰阴性菌)等具有优异的抗菌活性,整理品既能防止细菌和霉菌的繁殖,又能防止恶臭,具有耐久和半耐久的效果,手感也柔软。抗菌剂对纤维素纤维无亲和力,整理时要与树脂混用,采用浸轧法整理或喷雾法整理,然后烘干和焙烘。

(1)浸轧法。

工艺处方:

抗菌剂	15 ~20g/L
无甲醛树脂	30g/L
渗透剂	2g/L

工艺流程:

二浸二轧(轧液率70% ~80%)→烘干→焙烘(160 ~165℃ ,1min)

(2)纯涤纶高温高压染色与整理同浴法。

工艺处方:

染料	x(owf)
扩散剂	1g/L
磷酸氢二铵	2g/L
JFC	0.2g/L
抗菌剂 SFR -1	10% (owf)

处理温度为130℃ ,时间为30min。

6.有机氮抗菌剂   有机氮抗菌剂是近年来受到关注的抗菌剂。应用有机氮化合物可以更好地抑制白癣菌(真菌)、金黄色葡萄球菌(革兰阳性菌)和大肠杆菌(革兰阴性菌),效果优于有机硅季铵盐和二苯醚类抗菌整理的抗菌效果。

有机氮化合物与树脂或交联剂同浴使用,能提高抗菌的耐久性。可采用浸轧法、浸渍法或喷洒法来处理织物。耐久性的抗菌织物需做焙烘处理:

工艺处方:

有机氮抗菌剂	$3 \sim 5g/L$
无甲醛树脂	$30 \sim 40g/L$
非离子浸透剂	$0.5g/L$

工艺流程:

二浸二轧(轧液率60% ~70%)→烘干(110℃以下)→焙烘(160℃,1.5min)

有机氮化合物的毒理试验证明,它的毒副作用极小,可以安全使用。抗菌试验证明,有机氮对绿脓杆菌和白癣菌的抑制效果明显优于其他抗菌剂,而对其他菌的抑制作用与其他抗菌剂相当。

7. 胍类 在医用双胍结构的杀菌剂药品中,凡水溶性低而对纤维有强烈吸附性能的产品均可用于纺织品的抗菌防臭整理,效果也较好。在20世纪80年代,英国卜内门(I. C. I.)公司将双胍结构抗菌剂开发用于纺织品的抗菌防臭整理,商品名为Reputex-20,它的有效成分为聚六亚甲基双胍盐酸盐(PHMB),化学结构式如下:

$$\left[CH_2CH_2CH_2-\overset{\overset{NH_2}{\underset{N}{\underset{H}{\parallel}}}}{C}-\overset{\overset{H_2N^+\cdot Cl^-}{\underset{N}{\underset{H}{\parallel}}}}{C}-CH_2CH_2CH_2\right]_n \qquad (n=12 \text{ 或 } 16)$$

该商品是含20%有效成分的溶液,在常温到0℃条件下储存稳定,如冻结则用前需先融化,水中分散性好,可以与水以任何比例混合。PHMB是聚阳离子化合物,能被棉纤维强烈吸附于其表面。这种物理作用的牢度是有限的,特别是不耐高温洗涤。但据资料介绍,经50℃洗50次以上仍有良好的抗菌效果,但耐热和耐光性能较差。在生产上直接配成溶液,通过浸渍或浸轧,烘干即可,使用方便。

采用浸渍法时,最好是在中性或微碱性溶液中,如浴比为1:10,40℃浸渍30min后,棉织物几乎可全部吸尽有效成分,然后脱液烘干。

8. 天然抗菌整理剂 天然抗菌整理剂的研究和开发尚处于起步阶段。目前天然抗菌物质越来越受到人们的重视,因为它们毒性低、对环境无害,更易被消费者接受。

(1)植物类提取物:这类提取物通常是液体。液体提取物施加到织物上常使用微胶囊技术,提取物封入微胶囊以后,再与合成树脂混合后在织物表面成膜,固着在织物上。目前使用较多的是桧柏油,其主要组分是4-异丙基-2-羟基环庚基-2,4,6-三烯-1-酮,这是一种七个原子的环状结构化合物。其抗菌机理是分子结构上有两个可供配位络合的氧原子,它与微生物体内蛋白质作用,使之变性。

(2)甲壳质(壳聚糖):甲壳质是除纤维素外第二个最丰富的天然聚合物。壳聚糖是甲壳质在浓碱液中脱去乙酰基的衍生物形式,早已被用作织物整理剂。近几年发现它还具有抗菌及皮肤护理特性。壳聚糖微粉可均匀地混入黏胶纺丝原液中,然后再纺成抗菌黏胶丝。壳聚糖具有良好的生物活性,与生物体亲和相容,可对多种菌类表现出抗菌性。壳聚糖的抗菌机理为分子中的氨基吸附细菌,并与细菌表面的阴离子成分结合,阻碍其细胞壁内外物质的输送。

工艺处方:

醋酸	1%(owf)
壳聚糖	0.3%~0.5%(owf)

工艺流程:

浸轧处理液→NaHCO$_3$处理→水洗→柔软整理→烘干→成品

二、防虫害整理

防虫害整理是通过对纺织品进行处理来防止害虫对纤维、人体的损害的加工过程。世界各地均存在着蚊、虫、蝇等各种害虫,尤其夏季各种害虫的侵扰,导致病菌的传播,影响人们的身体健康。所以,纺织品防虫害整理在国内外引起重视,并取得了比较迅速的发展,尤其是防蛀整理、防蚊虫整理及防螨整理,其产品被越来越多地被应用。

(一)防蛀整理

羊毛在各种天然纤维中是一种深受人们喜爱的天然蛋白质纤维,但在储存和服用期间,羊毛及其制品易发生蛀蚀。纯毛织物,特别是纯毛地毯最易被蛀蚀,而羊毛和合成纤维的混纺织物对生物的敏感性较小。随着人民生活的提高,大量的毛和毛制品进入家庭,同时住宅结构、建筑物及室内的环境变化也越来越适合衣料害虫的生育。对于针织品、机织服装、家具装饰织物等各种羊毛制品的防蛀虫性能的需求将随之增加。因此,在羊毛产品上增加防蛀功能,做到安全、经济势在必行,防蛀整理已成为当前发展毛织物功能化整理必不可少的一个部分。防虫蛀也是国际羊毛局对羊毛地毯的强制性要求。此外,防蛀整理还可应用于蚕丝、羽绒、毛皮等的加工。

危害羊毛及其制品的蛀虫种类很多,均属于鳞翅目或鞘翅目的昆虫,这些昆虫都有变异消化系统,可使羊毛被蛀蚀分解。食毛的蛀虫都喜欢生活在阴暗的地方,所以在羊毛纺织品中,受虫蛀危险最大的是长期储藏的羊毛制品,如夏天收藏的羊毛地毯、羊毛服装等,或其他一些长期摆放不动的羊毛制品,如地毯、壁毯和羊毛装饰物等,而且沾污的毛制品受虫蛀的危险性更大,这是因为羊毛本身并不能提供蛀虫生存所需要的全部食物,而有机物中往往含有蛀虫所需的食物。

羊毛及其制品防蛀方法很多,可分为物理法和化学法。物理法中常用的有紫外线照射及冷藏法两种,可以杀死幼虫,效果虽好,但只是临时的措施。化学方法主要包括羊毛化学改性和防蛀剂化学处理。羊毛化学改性主要是将羊毛中氨基酸残基改性,使它不能再成为蛀虫的蛋白质来源。例如羊毛可用乙二醛、环氧氰丙烷及二卤代烷烃处理,使之防蛀。目前使用效果最好的是防蛀剂整理,防蛀剂整理是一种可工业普及的防蛀方法。

1. 常用防蛀整理剂　防蛀剂整理是以有杀虫、防虫能力的物质,通过对羊毛纤维的吸附作用固着于纤维上,产生防蛀作用。防蛀剂与抗菌整理剂一样要求驱虫杀虫效果好、低毒,对人体安全,不影响人体正常生理机能,不影响织物色泽、染色牢度和织物手感、且耐洗、耐晒,无环境污染,不沾污设备,使用方便。

(1)有机氯化物防蛀剂:也称无色酸性染料结构防蛀剂,主要的产品有瑞士汽巴精化公司的 Mitin FF。其主要成分为:

它易溶于水,无色无臭,防蛀、耐晒、耐洗性能优良,尤其是湿处理牢度好。在酸性条件下,对羊毛有较大的亲和力,可和酸性染料同浴使用,用量一般为 1%～3%(owf),对色泽和染色牢度影响较小,但对染色的上染率有一定的影响。同浴染色时,染料需在 Mitin FF 上染之后,才能大量上染,若控制不当,易产生色花。

(2)氯化联苯醚类防蛀剂:产品有德国拜耳公司的 Eulan U33、Eulan WA New,主要成分为多氯 - 2 - 氯甲基磺酰氨基二苯醚,简称 PCSD。它可形成盐而溶于碱性溶液中,防蛀效果较好,工艺适应性较强,可用于不同的处理方法。

(3)氯菊酯类防蛀剂:天然除虫菊酯虽然有防蛀功能,但毒性小,且不耐光、易水解。现在使用的是拟除虫菊酯的变性化合物,如二氯苯醚菊酯(或称氯菊酯)与丙烯拟除虫菊酯等,目前市场上主要采用的是氯菊酯类,品种繁多。国内相应的产品如羊毛防蛀剂 JF - 86、高效耐久防蛀剂 ZIB 等,不仅处理后织物防蛀效果很好,而且有较高的稳定性。

氯菊酯类防蛀剂在酸性染浴中有良好的稳定性,和毛纺常用染料染色所需 pH 颇为接近。它可以与染料同浴处理,如媒介染料、弱酸性染料、中性络合染料及毛用活性染料等,一般不发生竞染、阻染和色花现象。最低有效用量为 0.1%～0.2%(owf)。

2. 防蛀整理方法及工艺

(1)染色同浴处理法:将防蛀剂和染料、助剂同浴应用,其染色时间长、温度高,防蛀整理的耐洗效果较好,是目前广泛应用的方法。但处理时间过长会使某些防蛀剂遭到破坏,而且有些助剂会抑制羊毛纤维对防蛀剂的吸收,故需适当选择应用。

如纯毛华达呢使用防蛀剂 JF - 86 进行防蛀整理工艺(染色、防蛀一浴法)如下:

工艺处方:

酸性染料	x(owf)
硫酸[98%(66°Bé)]	2%～4%(owf)
元明粉	10%～20%(owf)
防蛀剂 JF - 86	0.5%～0.6%(owf)

工艺流程可按染色工艺进行。

①强酸性、弱酸性染料:始染时加入防蛀剂。

②中性络合染料:为保证染色质量,采用达到100℃时加适量醋酸调节 pH 为 4～5,再加防

蛀剂继续沸染 40～60min。

③毛用活性染料：始染加入防蛀剂，或在 75℃保温时加入，染中浅色无后处理。若用氨水后处理，则可使染浴 pH 提高到 8～9，会减少织物对防蛀剂的吸收。

④酸性媒介染料：因染色工艺较长，采用媒染时加入防蛀剂。

（2）后整理间歇处理法：根据不同产品的不同要求和用途，对于防蛀强度等级要求不太高的织物，可以使用后整理处理法。这种方法操作方便，若能掌握适当的 pH、温度和时间，也能达到较好的处理效果。

（3）前处理法：对于不经染色或后处理的羊毛，可将防蛀剂加入到羊毛散纤维和毛织物的精练液或水洗槽中，加工方便，但处理温度低，时间短，防蛀剂不能充分渗入纤维内部，坚牢度较差。也可以将防蛀剂加入纺纱油中，而后施加于羊毛纤维上，这样大部分防蛀剂只附着在羊毛纤维的表面，因此牢度偏低。

例如羊毛洗涤时用防蛀剂 JF－86 在连续洗涤加工中处理，具有不增添处理设备、方便操作等特点。通常利用在洗涤最后一格冲洗槽中施加防蛀剂，因处理时间常常有限，而且温度易发生变化。为使防蛀剂快速吸附到羊毛上，宜增加防蛀剂用量，同时在最后一槽中还要增加一次酸，并适当提高温度。

（4）溶剂法：适用于疏水性防蛀剂，例如 Eulan BLS。通常是将防蛀剂先与水混合，然后分散于溶剂中（多以全氯乙烯为溶剂），使其很快为溶剂中的羊毛吸收。防蛀处理必须在洗净羊毛纤维上的表面活性剂后再进行。主要用于地毯纱的防蛀加工。

（二）防蚊虫整理

防蚊虫整理是将各种蚊虫驱避剂或杀虫剂对织物进行处理，使织物具有杀虫或驱虫功能的整理加工过程。防蚊虫整理是受野外作业人员、军人、露营者欢迎的功能整理。

1. 苯甲酰胺衍生物　这是一类使用较早的蚊虫驱避剂，其中最常用的是 N,N－二乙基间甲苯甲酰胺（又称 DETA、DEET、避蚊胺）。它是一种高效、广谱的驱避剂。英国生产的驱蚊衣就是利用 DETA 及氯菊酯整理加工而成的。

2. 氯菊酯　这是一类毒性较低，并能防治多种害虫，对空气和日光较稳定的杀虫剂。其防蚊整理是利用二氯苯醚菊酯从织物上的缓解释放作用，使蚊、蝇接触后，引起中枢神经兴奋，使其失去吸血能力，从而达到对蚊、蝇等害虫的触杀和驱避作用。如杀虫剂 CHP，可以适用各种色泽的全棉或化纤织物的防蚊虫整理，它是乳白色液体，无气味，含 10% 活性物质，能与水以任何比例混合，pH≤1，属非离子型。

工艺流程：

二浸二轧（CHP 8.5g/L，轧液率 75%）→预烘（80℃，布干为准）→焙烘（135℃，3.5min）→落布

（三）防螨整理

众所周知，即使在正常生活条件下（室内温度和湿度），通常清洁的家用纺织品也会是螨虫理想的栖身场所。随着城市的多层化，房屋结构趋向于封闭性，致使室内通风性差，室内存放家具物品后，进行全面的清洁卫生大扫除非常困难，尤其是地毯、床垫等纺织品。加上家庭空调设

备普及化,不但夏季是高温高湿的环境,就是冬季室内的温湿度也不低,从而形成了全年都具备螨虫良好的生长繁殖条件。已有一些研究报告指出:造成鼻炎、支气管哮喘等过敏性疾病,是室内尘埃中的螨虫引起的。所以除了改善居住卫生条件外,对纺织品的防螨虫整理也是至关重要的。

织物防螨虫整理的实施方法有喷淋、浸轧、涂层等,该技术的关键在于防螨整理剂的选择和整理剂的配制。

1. Actigard AM87 – 12RF　它是家用纺织品和铺地纺织品的全能性卫生防护剂。它对螨虫和应用范围内微生物有广谱抑制作用,其主要成分是异噻唑啉酮化合物和除虫菊酸衍生物,其外观呈棕色微混浊液体。如经长期储藏后使用,用前需充分搅拌。AM87 – 12RF 适用于如床上用品、靠垫(薄型和有填充料的)、羊毛毯、家具布和铺地纺织品等家用纺织品的防螨整理,能防止螨虫和微生物的寄生。作为抗微生物整理剂,它还适用于棉、羊毛、蚕丝、醋酯纤维、黏胶纤维及其混纺织物的抗菌整理。

AM87 – 12RF 可与阴离子和非离子助剂混合使用,与发泡剂、树脂、黏合剂、防污剂、柔软剂、防静电剂、氟碳化合物和阻燃剂等混用前,需经试验以确定这些助剂的存在是否影响其应用效果。经 AM87 – 12RF 整理后,不会影响纺织品的手感、熨烫牢度,对日晒、摩擦、皂洗、干洗、热泳移等牢度可能会有影响。AM87 – 12RF 可用浸轧、喷雾、泡沫法或在染浴中施加于纺织品,其用量为 1.0% ~ 1.2% (owf)。在用于棉和羊毛织物时,其后处理应无皂煮工序。用染色同浴法时,必须经预试验,观察染色工艺是否会影响其效果。染色同浴法的操作是:用热的软化水将整理剂配成 1:10 的溶液,加入染缸,织物在此溶液中 45℃时处理 5 ~ 10min,然后加入染料溶液进行常规染色,染色后水洗、脱水、烘干即可。以上各种处理方法,织物烘干后就无须进行其他处理,但烘干温度最好不低于 100℃,如羊毛织物也应在 80℃或稍高为好。

2. 异氰硫乙酸盐的乳液与聚酯共聚体的乳液同浴处理　利用这两种乳液同浴处理织物,可获得具有耐洗性的防螨效果。聚酯共聚体经非离子或阴离子表面活性剂在水中进行乳化分散后形成乳液。作为防螨整理剂的异氰硫乙酸盐经非离子或阴离子表面活性剂在水中进行乳化分散后形成乳液。涤纶织物在浸轧(轧液率为80%)、干燥(100℃)之后,再在 180℃下热处理 1 ~ 2min,来提高防螨效果的耐洗性。

学习引导

一、思考题

1. 分析拒水整理和防水整理的区别?

2. 简述拒水拒油整理的机理? 使用疏水性脂肪烃类化合物和有机硅整理剂能否达到拒油的效果?

3. 拒水整理按照不同整理剂的整理方法可以有哪两种整理效果? 拒油整理剂中一般含有哪种元素?

4. 采用有机氟作耐久拒油拒水整理时应注意什么事项？

5. 什么叫做极限氧指数？什么叫做损毁长度？什么是阴燃时间？

6. 目前关于织物的阻燃理论主要有哪四种理论？对地毯的阻燃整理比较适用的是哪一种理论？什么是协同阻燃效应？

7. 涤棉混纺织物为什么更容易燃烧？

8. 根据紫外辐射的波长和不同的生物学作用，可以分为哪几个波段？

9. 什么是紫外线防护系数（UPF）？防紫外线整理剂的整理方法有哪几种？

10. 什么是电磁波辐射？如何进行整理加工？

11. 分析织物上产生静电的原因是什么？织物进行抗静电整理的方法主要有哪些？

12. 怎样评价织物抗静电整理的效果？抗静电整理剂按照离子类型来分有哪几类？

13. 改善涤纶织物吸湿性的方法有哪些？抗静电整理、易去污整理和亲水整理主要是针对哪些纤维？

14. 使纤维或者织物具有保温性有哪些方法？

15. 吸湿快干整理一般是对哪种纤维进行加工？提高这种纤维的吸水吸湿性有哪些方法？用什么指标来表征织物的吸水速度？

16. 什么是卫生整理？为什么要进行卫生整理？

17. 抗菌整理的机理是什么？

18. 防霉整理的目的是什么？

19. 常用纺织品的抗菌整理剂有哪几类？各有什么特点？

20. 常用防蛀整理剂的特点？织物防螨虫整理的实施方法有哪些？

二、训练任务

（一）织物的防护性功能整理工艺设计

1. 任务

（1）棉织物的拒水拒油整理工艺设计；

（2）棉织物与涤纶织物的阻燃整理工艺设计；

（3）拒水整理、拒油整理和阻燃整理的效果评价。

2. 任务实施

（1）选取合适的拒水拒油、阻燃整理剂，同时选择拒水拒油、阻燃整理的工艺方法，查找对这些整理效果的评价方法。

（2）设计各种整理工艺：

①工艺流程；

②药品与设备；

③工艺条件；

④工艺说明。

（3）课外完成：以小组为单位，查阅相关资料，编制成 ppt。

(4)课内汇报形式:将任务分给不同的小组,采用小组轮流讲述,其他小组交流讨论,教师引导,共同完成学习和动手操作。

(二)织物的舒适性功能整理工艺设计

1.任务

(1)涤纶织物的非耐久性与耐久性抗静电整理工艺设计;

(2)涤纶织物的易去污整理及亲水整理工艺设计;

(3)涤纶织物的易去污整理的效果评价。

2.任务实施

(1)选取合适的抗静电整理剂、易去污整理剂,同时选择相应的整理工艺方法,查找对这些整理效果的测定方法。

(2)设计上述各种整理的具体工艺:

①工艺流程;

②药品与设备;

③工艺条件;

④工艺说明。

(3)课外完成:以小组为单位,查阅相关测试标准及工艺方法,编制成 ppt。

(4)课内汇报形式:将不同整理任务分给各个小组,每个小组轮流讲述,其他小组交流讨论,教师引导,共同完成学习和动手操作。

(三)织物的抗生物功能整理工艺设计

1.任务　棉织物的有机硅季铵盐类抗菌整理的工艺设计。

2.任务实施

(1)选取合适的有机硅季铵盐类抗菌整理剂,同时选择相应的整理工艺方法,查找对这些整理效果的测定方法。

(2)设计上述各种整理的具体工艺:

①工艺流程;

②药品与设备;

③工艺条件;

④工艺说明。

(3)课外完成:以小组为单位,查阅相关测试标准及工艺方法,编制成 ppt。

(4)课内汇报形式:将整理任务分给各个小组,每个小组轮流讲述,其他小组交流讨论,教师引导,共同完成学习和动手操作。

三、工作项目

(一)棉织物拒水与拒油整理工艺实践

任务:按客户要求生产一批具有拒水和拒油功能的棉织物。

(二)涤纶织物的易去污整理工艺实践

任务：按客户要求生产一批具有易去污功能的涤纶织物。

要求：查阅相关资料，设计涤纶织物易去污整理工艺并实施。设计内容包括工艺流程、工艺条件、设备、工艺操作方法、产品性能测试等，最后贴样上交。

学习情境5 涂层整理

学习任务描述：

学习任务包括涂层整理剂概述和涂层整理技术。学习任务按照产品涂层整理的要求来设计。每个学习任务包括涂层整理原理及涂层产品的认知、涂层整理方法选择、涂层整理剂的选用、涂层工艺流程设计、涂层工艺条件制订、涂层工艺实施等。

学习目标：

1. 掌握涂层整理剂的特点及在染整加工中的应用；

2. 掌握纺织品各种涂层整理工艺；

3. 能设计纺织品涂层整理工艺并实施。

纺织品涂层整理是在织物表面均匀地涂布一层（或多层）高分子化合物，通过黏合作用在织物表面形成一层或多层薄膜的整理加工技术。涂层整理的主要目的是改善织物的手感、外观和风格，使织物增加许多新的功能，如防风、防水、透湿、防羽绒、阻燃、遮光等功能。同时，还可以赋予织物保温、增温、抗菌、防音、磁性、导电、闪光、夜光、反光等特殊功能。在提高防水、透湿性能的基础上，赋予织物其他功能，是未来涂层发展的趋势。这样就使织物的用途大为拓宽，大幅度提高了产品的附加价值。

学习任务5-1 涂层整理剂

涂层整理剂又称涂层胶，是一种具有成膜性能的合成高聚物，涂层剂的种类不同，其性能也不同。早在两千多年前，古代中国人民就已经将生漆、桐油等天然化合物涂于织物表面，用于制作防水布。时至近代，已经出现了性能优越的多种聚合物类涂层胶。最初的产品存在仅防水而不透湿的缺陷，因此人体散发的汗气不能通过织物扩散传递到外界，使汗水在衣服和皮肤之间积累或凝结，感觉到发闷，尤其当人剧烈活动时，人体产生的汗更加使人体不舒服。在各种状态下，人体的排汗量如表5-1所示。

表5-1 不同状态条件下人体的排汗量

运动状态	释放热量[kJ/(m²·h)]	不同温度条件下人体排汗量[g/(m²·24h)]		
		0℃	10℃	20℃
坐	209	290	320	430
爬	406	430	520	720
水平步行	586	580	660	1010
中劳动强度	920	1010	1330	1730
重劳动强度	1255	1930	1990	2880

为了改善涂层剂的透气、透湿性，自 20 世纪 70 年代以来，通过改变涂层整理剂的化学结构和改进涂层加工方法等手段，研制出了一系列防水透湿型织物涂层剂。近年来，功能型涂层剂和复合型涂层剂也发展较快。常用涂层剂的性能见表 5-2。

表 5-2 常用涂层剂性能比较

项目 类别	优 点	缺 点	用 途
聚丙烯酸酯（PA）类	皮膜柔软、透明、防水、耐光、耐气候、弹性好	耐寒性差，0℃以下变硬	伞布、雨衣、防羽绒布
聚氨酯（PU）类	弹性好、皮膜强度高、耐寒、耐干洗	耐光性差、易发脆及泛黄	衣料、室内装饰
有机硅（聚硅氧烷）类	柔韧性、平滑性佳，弹性和通气透湿性优良	膜的黏结性较差，通常和其他涂层剂拼用	滑雪衫、防护服、工业帐篷
聚氯乙烯（PVC）类	耐水性好、价格便宜	柔软性差	雨衣
合成或天然橡胶类	弹性好、价格便宜	耐老化差、耐油性差	雨衣、工业帐篷
聚醋酸乙烯类	耐光、耐热很好、价格便宜	柔软性、耐水性、弹性差	

一、聚丙烯酸酯类涂层剂

聚丙烯酸酯类织物涂层剂，简称 PA，是目前常用的涂层整理剂之一，广泛应用于服装、装饰用纺织品。它的优点是：产品价格低，生产和应用工艺较为成熟，耐日光、气候牢度好，不易泛黄，透明度、相容性好，有利于生产有色涂层产品，耐洗性好，黏着力强。其缺点是：弹性差，易折皱，表面光洁度差，手感难以调节适度。最初的聚丙烯酸酯类涂层胶属于单纯防水型，然后通过不断改进，目前的品种具有防水、透湿、阻燃等多种功能。

聚丙烯酸酯类涂层剂一般由硬组分（如聚丙烯酸甲酯等）和软组分（如聚丙烯酸丁酯等）共聚而成，根据涂层产品的要求不同可选择适当的共聚单体及其组成。聚丙烯酸酯类涂层整理剂的化学结构如下：

$$\left[CH_2-\underset{COOR_1}{\overset{R_2}{C}} \right]_{n_1} \left[CH_2-\underset{R_3}{\overset{R_2}{C}} \right]_{n_2}$$

其中：R_1 为 $C_1 \sim C_4$ 烷基，R_2 代表 H 或 CH_3，R_3 为氰基或酰氨基。在这类涂层整理剂的组成中，丙烯酸丁酯和丙烯酸乙酯的含量较大。

1. 防水型聚丙烯酸酯涂层剂 此种聚丙烯酸酯类涂层整理剂最初多为溶剂型产品，其黏着性和耐水性极佳。一般将丙烯酸树脂溶于苯、甲苯等有机溶剂中，或将丙烯酸酯及其他活性单体在有机溶剂中聚合得到。经该类涂层剂整理的织物具有良好的防水性、耐久性等特点。但溶剂型产品含有大量的易燃、易爆有机溶剂，如甲苯、醋酸乙酯等，使用时容易污染环境或发生火灾，且溶剂回收费用高，限制了其应用范围。

为了克服溶剂型产品的缺点,水基型的聚丙烯酸酯类涂层整理剂应运而生。水基型聚丙烯酸酯类涂层整理剂又分为乳液类、非皂乳液类和水溶类三类。乳液类涂层剂的相对分子质量为 $1 \times 10^5 \sim 5 \times 10^6$,粒子直径为 $0.05 \sim 0.2 \mu m$,含固量一般为 $40\% \sim 60\%$。采用乳液聚合法,聚合时需加入少量复合乳化剂,在融结成膜过程中,一部分乳化剂被挤至膜与织物之间的界面,从而削弱了与织物的黏结强度,使产品的耐水压性受到一定的影响;另一部分乳化剂被挤至膜的外表面,引起膜表面的涩滞感,造成涂层织物的手感不爽。非皂乳液类(也称无乳化剂型)涂层剂不含乳化剂,主要用于织物的精细涂层防水整理。整理后的织物能保持原有的风格,具有柔软、滑爽的手感和很高的牢度,有较高的机械性能和良好的防水效果;水溶类涂层剂是在高聚物中引入亲水性官能团的胶体分散液,能在水中呈澄清状态,水溶类涂层剂的相对分子质量一般在 $1 \times 10^5 \sim 2 \times 10^5$。用水基型的聚丙烯酸酯类涂层剂进行涂层整理后的织物还需进行拒水整理,才能以使涂层织物获得更高的耐水压值和拒水性。

2. 防水、透湿型聚丙烯酸酯涂层剂　经此类涂层剂整理过的织物具有防水和透湿功能,其防水透湿机理是成膜时形成大量的微孔,这些孔隙直径小于 $2\mu m$,能阻止水滴(平均直径 $100\mu m$),却允许水蒸气分子(平均直径 $0.0004\mu m$)通过,从而使织物获得防水透气性。微孔膜透湿机理模型如图 $5-1$ 所示。

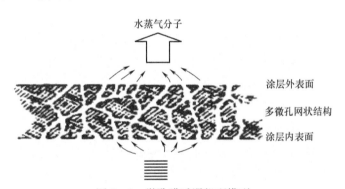

图 $5-1$　微孔膜透湿机理模型

为了改善聚丙烯酸酯类加工织物的透气、透湿性,自 20 世纪 20 年代以来,人们将含有羧基、羟基、氰基等亲水性基团的丙烯酸酯类共聚物溶解于有机溶剂(能与水混溶)制成涂层胶,涂后经温水处理,以去除溶剂,并使共聚物凝固,干燥去水使共聚物在织物上形成微孔薄膜。这种涂层剂以湿法涂层处理,织物透气、透湿性良好。

3. 多功能性聚丙烯酸酯涂层剂　目前,聚丙烯酸酯涂层胶已从过去单纯的防水透湿型发展到多个品种,甚至还兼有几种性能的多功能产品。其中,阻燃涂层胶发展最快,其应用原理是:

(1)选用阻燃性单体共聚;

(2)在聚丙烯酸酯乳液中添加阻燃协效剂和阻燃剂。

二、聚氨酯类涂层剂

聚氨酯简称 PU,这种材料由于其独特的结构可赋予加工产品突出的强度、柔韧性、耐磨性、透湿性、耐低温性等性能。将这类涂层剂用于纺织品后整理,可明显提高服装或饰品的华丽庄重感和衣着舒适感，因而受到广大消费者的青睐。

聚氨酯全称聚氨基甲酸酯，其分子结构中含有 – NHCOO – 单元的高分子化合物，聚氨酯类涂层剂是由多元异氰酸酯和含活泼氢的聚醚类或聚酯类化合物聚合而成的高分子化合物。其合成反应式及结构如下：

$$nOCN—R—NCO + mHO—R'—OH \xrightarrow{(m>n)} H\cdots(OC-N-R-N-C-O-R')_{n}\ OH$$

（异氰酸酯化合物）　　（含活泼氢化合物）　　　　　　　　　　（聚氨酯化合物）

聚氨酯类涂层剂有聚酯型聚氨酯（式中 HO – R'—OH 系聚酯二醇）和聚醚型聚氨酯（式中 HO – R'—OH 系聚醚二醇）。若从应用方面对聚酯型和聚醚型的性能做比较，则前者更具有优良的成膜强度和伸长度，耐光、耐热较好，但不耐水解，湿法涂层主要应用该类涂层剂，转移涂层也大部分应用该类涂层剂；后者具有较好的水解稳定性，手感柔软，但耐光和耐热性能较差。干法直接涂层和转移涂层以上两类产品均可应用。

在 1950 年前后，聚氨酯树脂（PU）作为纺织整理剂在欧洲出现，但大多为溶剂型产品，用于干式涂层整理。20 世纪 70 年代以后，由于人们环保意识的增强和政府环保法规的出台，水基型聚氨酯涂层整理剂迅速发展，水基型聚氨酯类涂层织物已广泛应用。聚氨酯的研究和应用技术出现了突破性进展，聚氨酯涂层剂是当今发展的主要种类，它的优势在于：涂层柔软并有弹性；涂层强度好，可用于很薄的涂层；涂层多孔，具有透湿和透气性能；耐磨、耐湿、耐干洗。其不足在于：成本较高；耐气候性差；遇水、热、碱要水解。其涂层工艺也可分为干法、湿法、热熔法、转移法和黏合法等。

1. 溶剂型聚氨酯涂层剂　溶剂型聚氨酯涂层剂除了在湿法涂层工艺中应用之外，还适用于转移涂层和干法涂层。最普通的溶剂有二甲基甲酰胺（DMF）、丁酮（MEK）、甲苯（TOL）、异丙醇（IPA）、乙二醇甲醚、乙二醇乙醚、丁醇、醋酸乙酯和乙二醇甲醚乙酸酯等。其中 DMF 毒性比其他溶剂大一些，因此有时可将溶剂区分为含 DMF 和不含 DMF 两大类。这些溶剂型涂层剂的固含量一般都在 25% ~ 40%，少数为 60% 或 60% 以上；粒状或粉状的称高固含型，固含量在 90% 以上。溶剂型聚氨酯涂层剂具有良好的强伸度和耐水性，但毒性大，易燃烧。溶剂型聚氨酯涂层剂多使用 DMF，或甲苯与异丙醇的混合物作为溶剂。

为了达到防水、透湿的效果，溶剂型聚氨酯涂层整理剂一般采用湿法涂层工艺加工织物。溶剂型的聚氨酯涂层剂主要用于轻型的防水涂层，如服装面料、雨衣面料、装饰用布等。溶剂型的优点是成膜性能好，与织物黏着力强，耐水压高，涂膜手感柔软、悬垂性能好等，更适宜于防水透湿涂层整理。缺点是溶剂有毒、易燃，对操作人员健康有害，要有环保安全措施；设备要求有防爆或废气处理装置，有时还要有溶剂回收装置，投资较大，成本较高。转移涂层时溶剂含 DMF 和不含 DMF 都有应用。干法直接涂层，除用水性涂层剂外，溶剂型也大量应用。

2. 水基型聚氨酯涂层剂　水基型聚氨酯涂层剂污染少，生产安全，其又分为水溶型和水乳型两类。

大多数水基型聚氨酯含有乳化剂或大量亲水基团，所以对涂膜的耐水性、磨洗强度有所影响。水基型与织物黏着力低一些,成膜性能和光洁度比不上溶剂型,作为转移涂层的面层还不够理想;对水敏感,耐水压也比不上溶剂型;烘燥不易,工艺上要减慢车速或设备上要加长车身才能解决。但水基型涂层剂安全无毒,有利环保。目前国际上已转向使用水基型聚氨酯涂层剂,对其性能上的某些缺点,现正在改进和解决。

由于存在以上的问题,以致水基型聚氨酯涂层剂主要只用于重型防水涂层,如各种车辆的雨篷、野外工作的帐篷、热气球等。它的优点是无毒、易清洗、防燃、防爆、无污染、成本较低;缺点是手感较硬,耐水、耐化学品性能不如溶剂型的聚氨酯。

水基型聚氨酯涂层剂通常用于干法涂层。为提高涂层产品的耐水性、柔软性和耐久性,应进行前、后的防水处理。水基型聚氨酯大分子中含有大量的极性基团,分子间作用力很强,导致其具有优良的成膜性,能够在织物上形成坚韧而耐久的薄膜,拒水性良好,而且还具有一定透湿性。

水乳型聚氨酯中含有氨酯键、脲键、缩脲键、醚键、酯键等基团,以及作为亲水基团的羧基、羟基等比较活泼的基团,在一定的条件下可进一步与丙烯酸丁酯、丙烯腈、苯乙烯、丙烯酸等反应,在应用上可以和聚丙烯酸酯类涂层整理剂及有机硅(聚硅氧烷)类涂层剂混合使用。

三、有机硅类涂层胶

20世纪70年代,有机硅(聚硅氧烷)织物涂层整理剂开始发展。美国 Dow – Corning 公司首先推出了 Suloff 23 等涂层整理剂,并作为1988年汉城奥运会帐篷布的涂层加工剂。

有机硅产品,通常是指聚硅氧烷系列,分为溶剂型和水基型。是一种分子结构中含有元素硅的高分子合成材料。有机硅类涂层整理剂主要由具有活性基团的聚硅氧烷弹性体、交联剂、催化剂组成的多组分涂层胶,聚硅氧烷类聚合物的主链是由硅氧键组成的稳定骨架,而硅原子上又连接有由烷基、苯基等有机基团构成的侧链,这种包含有机基团的无机结构使它集有机物和无机物特性于一身。因此,其容易透过氧气、氮气甚至水蒸气分子,处理后的织物具有良好的透气、透湿性,同时具有热稳定性好、表面张力低、平滑性佳、橡胶弹性和对皮肤无刺激等特点。这类涂层剂涂层整理后的织物,有很强的抗撕裂强度,突出的透水气性,在高温和低温下都有很好的柔韧性,耐紫外光性能好,涂层剂用量较少。采用不同的聚硅氧烷弹性体和不同的催化剂能使涂层纺织品具有不同的性能和风格。

其主要缺点是黏合性能较差,为提高其黏合性能,大多采用引入交联基团的方法。有机硅类涂层剂可以单独使用,也可以和聚氨酯、聚丙烯酸酯和聚醋酸乙烯等混配使用,能赋予织物良好的弹性和透气性,同时改善织物的柔软滑爽手感,增强织物的抗撕裂强力和抗皱性能。例如,聚硅氧烷涂层剂和聚氨酯涂层剂按一定的比例混合后涂布于织物上,可以得到令人满意的防水、透湿效果。聚氨酯涂层剂添加适量有机硅可改进织物的透水气性,减少摩擦系数,增加水解稳定性。有机硅与聚氨酯共同用于涂层,还可改进织物的染色牢度和颜色迁移性。另外,根据不同需要,将聚硅氧烷改性处理,使其保持原有的耐热性等特性的基础上,具有较好的亲水性、抗静电性等综合性能是此类涂层剂的发展趋势。改性聚硅氧烷是一类具有反应性的聚硅氧烷,它的高分子链中分别或同时含有环氧基、氨基、聚醚基等改性基团,具有多功能性和耐洗效果。

可采用直接涂层和转移涂层。有机硅涂层织物主要用于雨衣、雨伞、篷布、航海服、婴儿裤、热气球、滑雪衫、防护服等。

四、聚四氟乙烯涂层剂

聚四氟乙烯(简称 PTFE),也就是现在人们所熟知的杜邦公司的特氟隆(Teflon)。特氟隆分子之间很容易滑动,其摩擦系数在所有高聚物中是最低的,其拒水性好,难以被普通的液体所润湿,与其他物质的黏附性很小。聚四氟乙烯树脂多用于黏合涂层整理,可以制成具有防风、透湿、防水、保暖性能以及优良的耐化学性和耐低温性能的微孔薄膜,然后运用层压技术将普通纺织面料与微孔薄膜相复合,取长补短,集多种优良性能于一身,可以有效地解决既防水,又能透湿的矛盾。

聚四氟乙烯涂层剂是唯一集防水、拒油、防污三种功能于一体的树脂,它耐热、耐氧化、耐气候性好,不霉变,弹性好,无粘搭现象,是一种理想涂层剂,但价格非常高,这限制了它的使用。

五、聚氯乙烯涂层剂

聚氯乙烯(简称 PVC)涂层剂有优良的综合性能,在增塑剂含量高时,它表现出高伸长率、柔软性,良好的手感和耐磨性;当增塑剂含量减少时,它的柔软性和伸长率都下降,而硬度、拉伸强度和耐磨性增大。它无毒,耐气候,耐酸碱性好,绝缘性好,易染成各种颜色,也可制成透明无色的制品,尤其是价格低廉,使它成为许多涂层织物的首选涂层剂。

涂层剂是涂层整理中最主要的用剂,为了改善涂层剂的涂布性能、膜的物理化学性能,赋予涂层织物以多功能,在涂层浆中还需加入其他化学助剂。随着人们环保意识的增强,完全水分散、无溶剂(在合成和应用过程)污染的环保型、节能型涂层胶是国内外竞相开发的主要产品。

学习任务 5 - 2　涂层方法及设备

涂层织物的加工方法有很多,涂层工艺和涂层设备决定了涂层织物的性能。正确地选用涂层剂、涂层工艺和涂层设备是提高涂层产品性能的关键。按其涂布方法,涂层技术可以分为两大类,即直接涂层和间接涂层。

一、直接涂层工整理

直接涂层是将基布预热平整之后,用刮刀或压辊将涂层剂均匀涂布于织物表面,然后使其成膜的方法。直接涂层的涂层剂可以是溶剂型的,也可以是水基型、乳液、乳液泡沫体、增塑糊和有机溶剂稀释的增塑糊等。直接涂层的涂层厚度、涂覆量容易控制,表面光滑,溶胶渗透基布少,手感好。按照成膜方法的不同,又分为干法涂层和湿法涂层。

1. **干法涂层**　干法涂层是将用溶剂或用水稀释涂层剂并添加必要的助剂配制而成的涂层

浆,借涂布器均匀涂布于织物底布上,然后经加热,使溶剂汽化或水分挥发,从而使涂层剂在底布表面形成坚韧的薄膜。干法涂层的工艺及设备较为简单,适用于各种涂层剂,一般将涂层浆配制后即可涂布。涂层浆中也可加入发泡剂或用机械打成泡沫浆涂布,其泡沫含量为 200 ~ 300g/L,涂布后进行烘干和焙烘。这样可使产品获得柔软丰满、弹性优良的效果。涂层时应注意,一是要防止涂层浆在涂布时渗透底布;二是必须控制溶剂或水的汽化速度,以防止形成针孔和涂层起泡。

常用干法涂层的工艺流程为:

基布→浸轧防水剂→烘干→轧光→涂层→烘干→焙烘→防水整理→成品

干法直接涂层单元机如图 5 - 2 所示。

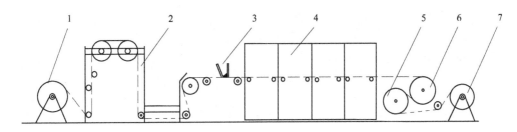

图 5 - 2 干法直接涂层单元机结构示意图

1—待涂织物 2—进布装置 3—涂布器 4—烘箱 5—冷却辊 6—烘筒 7—卷布装置

涂层设备中最重要的是涂布器,各种常用涂布器简介如下。

(1)刮刀式涂布器:利用刮刀式涂布器进行涂层的方法,叫作刮刀涂层法。刮刀涂层法是使用各种刮刀在底布表面涂上涂料。因设备简单而在干法涂层中常被采用,但涂层厚薄的均匀性难以控制,易产生横向的条纹。在涂层中应按涂布量选择适当的刮刀形式,常用刮刀形式如图 5 - 3 所示。生产中常用的刮刀式涂布器主要有下几种。

①悬浮刮刀涂布器:悬浮刮刀涂布器是在移动的平面上直接放置刮刀,靠刮刀对底布的向下压力进行涂层,如图 5 - 4 所示。影响涂层厚度的因素有刀刃形状、涂料浆黏度、底布张力、底布移动速度、刀对底布所呈的角度等。其缺点是涂层厚度难以掌握,涂层的均匀性较差。生产上主要应用于薄层的涂层,适用一般常规整理,如羽绒服、滑雪衫、旅游帐篷等面料的防雨、防风、防钻绒整理。

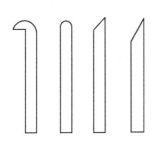

图 5 - 3 常见刮刀形式

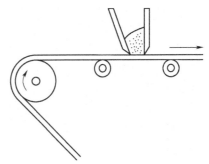

图 5 - 4 悬浮刮刀涂布器

②辊上刮刀涂布器：是在底布通过支撑辊时进行涂层，如图5-5所示。辊上刮刀比悬浮刮刀施加在底布上的张力小，它以控制涂布中织物与涂刀之间的空隙来获得要求的厚度，涂层厚度也较易控制。它主要涂布具有一定厚度和弹性的涂层，一般应用于厚层硬挺处理和泡沫浆涂层。

③橡胶毯刮刀涂布器：是用橡胶皮带在两个辊间回转，以其带作为支撑台，底布在其上移动，刮刀在布上进行涂层，如图5-6所示。底布承受张力较悬浮刮刀涂层要小。

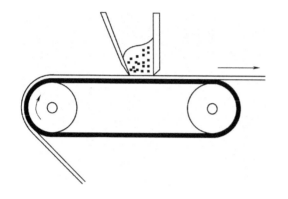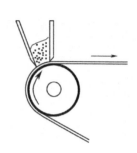

图5-5　辊上刮刀涂布器　　　　　　　图5-6　橡胶毯刮刀涂布器

（2）辊式涂布器：基布与附着有涂料的回转辊接触，从而达到涂层的目的。利用辊式涂布器进行涂层的方法，叫作辊涂法。常用的辊涂法有以下几种。

①舔液给浆涂布器：该涂布器是在基布与辊接触的状态下通过料槽，使涂层剂浸透底布表面而实现涂层，如图5-7所示。该涂布器具有良好的涂布均匀性，适用于薄型涂层，但涂层浆易渗透至基布。

②刻纹辊涂布器：刻纹辊涂层技术与凹版印刷或滚筒印花是同一原理，即将雕刻的凹版涂层辊与涂料槽接触并拾取涂层浆，辊上多余的涂料用刮刀刮去，而凹部的涂料在通过加压辊时转印在底布上，可形成不连续的涂层薄膜，如图5-8所示。

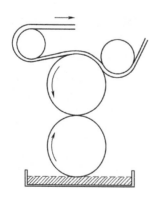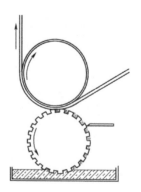

图5-7　舔液给浆涂布器　　　　　图5-8　刻纹辊涂布器

③同向辊涂布器:同向辊涂布器是上、下两个涂层辊紧密接触,下辊的一部分浸渍在涂料中,由于回转而使其表面附着一定量的涂层浆,当基布在两个辊之间通过时,上下辊对底布进行加压,使涂层浆附着并渗透其上。该技术适合于低黏度涂料。

④反转辊涂布器:反转辊涂布器的基本原理是辊从料槽中拾取涂层浆,然后靠摩擦将涂层浆涂布于与该辊表面运动方向相反的底布上,如图5-9所示。该系统工作时,一个涂层辊与基布反向运动。涂层厚度主要取决于长度计量辊和其下面的涂层辊之间精确可调的距离。涂层辊把浆糊层传递至织物上,改变涂层辊和织物的相对速度,也可以影响涂层的厚度。特别适合于在高的工作速度时加工厚度很薄的涂层制品。

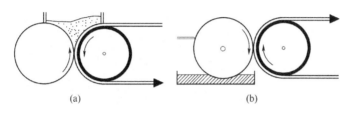

图5-9 反转辊涂布器

(3)圆网涂布器:是在辊筒或胶毯上用圆网刮涂,根据网孔的密度、大小可得到不同厚薄的涂层,且更适宜于泡沫浆涂层,同时还可改变网孔密度进行点黏刮层,如图5-10所示。该系统能量消耗和化学药品消耗都很低。圆网对于浆料、稳定泡沫、亚稳定泡沫和非稳定泡沫工艺均适合。圆网涂布器的显著优点是:

①几乎为无摩擦和无张力加工,所以非常适合于像非织造布那样娇柔和敏感的织物;

②可应用所含水分很少的不稳定泡沫涂层,所以烘燥仅需少量的能量,使之可以高速生产;

③根据需要,可适用于多品种生产,涂层厚度可按需调节;

④容易重复生产。

2. 湿法直接涂层(简称湿法涂层) 湿法涂层是利用强极性溶剂二甲基甲酰胺(DMF)能与聚氨酯无限混溶的特点,将溶剂型直链分子的聚氨酯溶解于二甲基甲酰胺中制成涂层浆。经聚氨酯—二甲基甲酰胺涂层浆涂层的底布,再经与水溶液接触,涂层表面中的二甲基甲酰胺向水相溶出,而聚氨酯由于不溶于水而使浓度迅速提高,分子间的凝聚力增大,从而形成半渗透膜。通过半渗透膜,二甲基甲酰胺向水相扩散,而水也向涂层扩散、渗透。涂层浆由于组成的变化和浓度的迅速提高形成不稳态,致使涂层浆在底布上形成骨架结构。由于半渗透膜能产生强烈的渗透压,促使涂层浆中的二甲基甲酰胺处于强烈的挤出状态,因此在最外的涂层表面会出现垂直于膜表面的二甲基甲

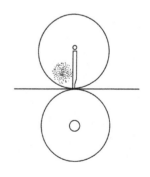

图5-10 圆网涂布器

酰胺溶出通路的痕迹,最终生成微孔薄膜。这种由工艺形成的微孔贯通网络,既具有透气、透湿性,又有良好的防水性。湿法涂层大多以溶剂型涂层剂为涂层浆,涂布后必须进行水溶处理,所以其工艺较为复杂,设备较为庞大,如图5-11所示,但其透气性及弹性较干法涂层为好,尤其

是较厚的涂层。当前干法工艺经过不断改进,已能基本达到湿法工艺的水平,且设备简单、操作方便。

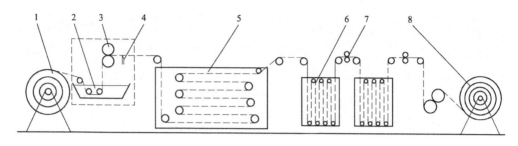

图5-11　湿法涂层设备结构示意图

1—织物　2—浸轧槽　3—轧辊　4—刮刀　5—凝固槽　6—水洗槽　7—轧车　8—卷布器

3. 热熔直接涂层　热熔直接涂层法也称热熔成膜法,在工业用涂层织物中应用较多。它是将一些固体热塑性高聚物颗粒或切片放入热熔装置,加热到一定的温度,使涂层剂呈熔融状态,然后被挤出至涂层装置,使熔体涂于基布表面,冷却结晶后,即牢固地敷在基布表面,呈薄膜状或线状、网状和点状。由于热熔直接涂层法使用的是100%固态热塑性高聚物作为涂层剂,与传统的采用化学涂层剂的涂层方法比较,生产过程中不产生废气、废水等,符合当今世界环保要求,所以近年来,热熔直接涂层发展非常迅速,应用范围越来越广,是涂层技术的一个发展趋势。

这种技术主要应用的领域有功能性运动服、防护织物、手套、鞋子、汽车工业、卫生和医用产品、热熔衬、技术复合材料等。目前热熔直接涂层设备主要有:热熔圆网涂层机(图5-12)、热熔辊筒涂层机、热熔喷丝涂层机、热熔多孔涂层机。

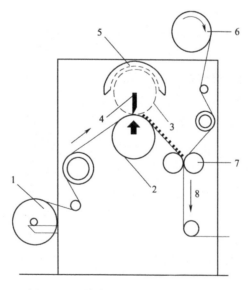

图5-12　热熔圆网涂层机结构示意图

1—基布　2—压力辊　3—圆网　4—挤出喷嘴　5—加热系统　6—叠层织物　7—轧辊　8—导布装置

二、间接涂层(转移涂层工艺)

由于直接涂层基布的缺陷容易反映在涂层织物表面,故它不适用于针织物、非织造布,而多用于机织物涂层,还有些树脂薄膜(例如聚四氟乙烯)和基布之间需要通过黏合剂来黏着。间接涂层是将涂层剂涂在载体上,再将载体或薄膜与基布结合,冷却后再将载体剥离而制成;或者在基布上涂着黏合剂,然后将基布与载体或薄膜复合。间接涂层时基布不受拉伸,变形不大,针织物、非织造布较适于使用这种方法。间接涂层产品表面光滑,但需要较多的涂层剂。

1. 转移涂层　在干法涂层中,转移涂层(间接涂层)比直接涂层具有显著的优点,涂层织物的最终表面相应于松弛的纸的表面,通过无应力模压形成。在转移涂层中渗入织物的量可以更有效的控制。

这种方法一般用于 PU 人造革胶黏层的涂布加工。转移涂层工艺已从二次涂布操作发展至三次涂布工艺,它的表面层是由涂布两个薄层所组成,进而减少了可能由于空气的进入或溶剂的挥发而造成的空隙,这对防水为主要功能的织物涂层整理是特别重要的。现在的织物涂布设备一般有三个涂布头及配套烘箱,总长为 20m 左右,涂布头通常采用设在橡胶承压辊上方的钢质刮刀,其涂布的精确度高。橡胶承压辊的应用,使施加极低的涂层剂量变为可能,且不会擦损或撕破转移纸。涂布的刮刀可以完全自动地定位和操作,刮刀与厚度仪配合使用能持续地测量薄膜的厚度。在最后一个涂布头和烘箱之前有一段短的距离,是织物的层压区。先施加最后一层聚氨酯溶液,并经一对轧辊层压,当薄膜尚处于湿态时与纺织物叠合。层压橡胶辊筒的间隙可自动调节,其上方设有全自动的出布和导布控制系统,机器的尾部是准确导向转移纸和涂层织物的另一自动装置。为了连续生产,织物和转移纸两者各自有一台双转台卷取装置。图 5-13 为转移涂层机最后一套涂布装置。

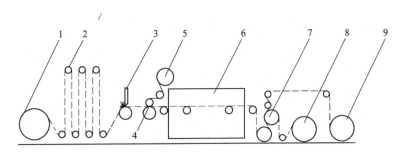

图 5-13　转移涂层机最后一套涂布装置结构示意图

1—转移纸　2—张力装置　3—涂布器　4—黏合装置　5—基布退卷

6—烘干机　7—冷却辊　8—转移纸成卷装置　9—涂层织物成卷装置

其工艺流程如下:

转移纸→涂布面层→烘干→冷却→涂布黏合层→基布黏合→烘干→冷却→转移纸和涂层织物分离

2. 黏合涂层　黏合涂层是将树脂薄膜与涂有黏合剂的基布叠合,经压轧而使它们黏合成一体,或将树脂薄膜与高温热熔辊接触,使树脂薄膜表面熔融而后与基布叠合,再通过压轧而使基布和树脂薄膜黏合成一体。

一般将聚四氟乙烯（PTFE）微孔薄膜、聚乙烯（PE）微孔薄膜及亲水性聚氨酯（PU）透湿薄膜与织物复合在一起,加工成防水透湿、防风透气的材料。也可将薄膜复合在两层织物之间,形成"三明治"式复合材料（复合面料）,这种材料除达到舒适保暖外,还有很好的双面效果。常用设备有:热熔圆网涂层机（图5-12）,热熔辊筒涂层机和黏合涂层机（图5-14）。

黏合涂层工艺流程为:

基布→涂布黏合剂→（烘干→）薄膜黏合→焙烘→轧光→成品

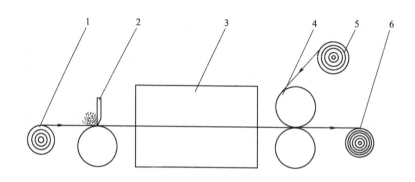

图5-14 黏合涂层机

1—基布 2—涂布器 3—烘箱 4—轧辊 5—树脂薄膜 6—涂层成品

学习任务5-3 涂层工艺

涂层整理加工是将高分子聚合物涂施于基质材料上,使纺织品、非织造布、针织物、纸张、地毯及其他材料成为具有独特或综合性能的复合材料。目前国内涂层产品已有几十种,其主要功能除了具备防水、防水压、防油、防油压、防风、防酸、防碱、遮光、阻燃、保湿、透湿、增温、闪光、防污及防辐射等外,还可以通过涂层整理改变织物的外观、风格,促进衣着用布向舒适、美观和多功能方向发展,涂层整理是提高纺织产品附加值的重要途径。同时,涂层产品又大量用于工业用布、劳保用品、箱包、人造革、鞋帽等,在旅游、装饰、建筑行业也有极广阔的开发前景。

涂层剂品种多,加入不同的添加剂组合后,可使织物具有各种不同的外表和功能性。涂层剂及涂层工艺和涂层设备都随着涂层产品的用途而定。本节只讨论常用涂层工艺。

一、干法直接涂层整理工艺

生产干法涂层产品的设备主要为轧光机、涂层机、定形机,这三种设备的配套既可实现涂层的任意性,又可进行各种风格的涂层。轧光机是涂层业界必需的设备,涂层前进行轧光整理可增加织物的平整度,尺寸的稳定性、致密性、减少涂层中的背透,使涂层更加平整、均匀、美观。涂层后进行轧光整理,可得到光滑如镜的手感和外观效果,所以说轧光整理是织物涂层的必备工序。

涤塔夫绸的防水、防羽绒溶剂型聚丙烯酸酯（PA）类涂层整理工艺处方:

聚丙烯酸酯涂层剂 P – 1120	100 份
交联剂	1 ~ 3 份
促进剂	0 ~ 3 份
甲苯	7 ~ 9 份
醋酸乙酯	7 ~ 9 份

工艺流程:

塔夫绸→悬浮刮刀涂层→烘干→焙烘→(轧光)→成品

二、防水透湿涂层整理工艺

纺织品作为服装面料,不仅要使消费者在穿着时美观大方,而且要使消费者感到舒适。而织物的防水性和透湿(气)性是创造服装内气候舒适性的两个根本的但又相互矛盾的条件。所以防水透湿织物是运动服、登山服、羽绒服、夹克衫、风雨衣的理想面料。目前,防水透湿织物的市场需要量不断增加,而且质量要求也越来越高,其功能不再仅限于服用,而且扩大到产业领域之中。防水透湿涂层工艺主要有微孔透湿涂层工艺和微隙(无孔)透湿涂层工艺。

1. **微孔透湿涂层工艺** 微孔透气透湿性防水涂层整理是在织物的表面形成一层微细多孔性薄膜,其孔径非常细微为 $0.2 \sim 10\mu m$,此孔径只能透过水蒸气的 H_2O 分子,对任何雨滴或水滴,因其粒径太大而无法通过(表 5 – 3)。这样人体内的水蒸气能有效地通过孔径向外渗透,而水滴无法向内渗透,从而达到透气透湿之效果。

表 5 – 3 水滴不同聚集状态颗粒直径的大小

聚集状态	汗(水蒸气)	雾	细 雨	中 雨	大 雨
颗粒直径(μm)	0.0004	100	500	2000	3000

由于雨滴直径为 $100 \sim 3000\mu m$,当如此大的水滴落在织物上时,因为多孔性涂层的孔径为 $0.2 \sim 10\mu m$,孔径太小,雨滴无法穿透,而形成防水性。而汗气的粒径为 $0.0004\mu m$,则能轻而易举地穿透多孔性涂层向外排出。所以多孔层膜的平均孔径大小、分布、数量、厚度、拒水性等决定了防水透气、透湿性整理的效果。通常在涂布层的表面还需进行拒水处理,使之表面增加疏水性基团,使表面与水滴的润湿角增大,这样就使雨滴更难于润湿织物表面,而容易从拒水层上脱落。微孔透湿涂层可采用干法直接涂层、湿法涂层和聚四氟乙烯薄膜层压复合涂层等工艺。

(1)干法微孔透湿直接涂层:干法微孔透湿直接涂层一般采用的都是水基型涂层剂,对于聚丙烯酸类涂层剂在采用这种涂层工艺时,常在其分子结构中增加水溶性基团,并将其制成乳液,涂于织物表面,利用其在热处理过程中的挥发作用,以形成多孔型的涂层薄膜;或在分子结构中引入一些具有特定空间结构、易于形成网状体系和具有较大极性的亲水性功能基团;还可以和聚氨酯涂层剂或有机硅(聚硅氧烷)类涂层剂进行复配,从而达到防水、透湿的目的。

聚氨酯涂层剂的干法微孔透湿直接涂层,是将聚氨酯树脂的有机溶剂(如甲苯、丁酮)加入水中,制备成 W/O 型乳液,然后在织物上进行涂层,在不同温度下蒸发时,低沸点的溶剂首先蒸发,水在涂层中的比例不断提高,当达到一个临界值时,聚氨酯则以多孔形式析出,并形成大量微孔。该法虽工艺简单,但有机溶剂的挥发易造成环境污染。另外,采用泡沫涂层法,在聚氨酯中加入阳离子或非离子表面活性剂,在涂层过程中加入发泡剂形成泡沫状,涂敷到织物上,当空气从膜中逸出后,膜上形成微孔,从而使其有透湿性能。由于微孔的存在,其防水性较差。

聚丙烯酸酯类涂层剂 PA – 3 的涂层工艺如下。

工艺处方:

防水加工:

	前防水加工	后防水加工
AG – 310	5g/L	30g/L
防水剂 H	10 ~ 20g/L	50 ~ 60g/L
6MD 树脂	10g/L	60g/L
防水剂 HA	5 ~ 10g/L	30 ~ 30g/L
MgCl$_2$ · H$_2$O	3.8g/L	20g/L

涂层加工:

涂层剂 PA – 3	1000 份
透明增效剂	50 ~ 200 份
6MD 树脂	40 ~ 100 份

工艺流程:

前防水加工(一浸一轧)→烘干(100 ~ 120℃)→轧光→涂布→烘干(100 ~ 120℃)→后防水加工(二浸二轧)→烘干(100 ~ 120℃)→焙烘(160℃,2min)→成品

①防水加工:为了增加织物的防水能力和控制涂层浆渗入织物的程度,一般采用先浸轧防水剂或树脂的方法。轧液浓度要掌握在使涂层浆能够顺利刮涂,不使其渗入过多,又要不影响其黏合牢度。也可作单面喷轧,不过要注意均匀度。

②轧光:温度为 140 ~ 160℃,压力为 3.9 ~ 4.91MPa(40 ~ 50kgf/cm^2),用非涂层面的热钢辊筒面轧光,也可进行摩擦轧光。如果在涂层面轧光,则温度应在 130℃ 以下为宜,甚至冷轧,以免粘搭轧辊。

③涂布:根据产品质量要求,注意使涂层厚度保持一致,在设备上要选择合适的刮刀,调整刮刀角度、织物张力、刀布间距以及涂布速度,且调整后要保持恒定。同时对涂层浆的黏度、厚度流动性都要调节恰当,以保证涂布质量。涂层浆涂布可用一次涂布或分多次加层涂布。

④烘干:经涂布后可进入拉幅烘干,一般温度掌握在 120 ~ 140℃。

⑤焙烘:在涤/棉基布上进行涂层时,焙烘温度可在 180 ~ 200℃,时间 0.5 ~ 1min。锦纶及纯棉基布则应适当降低温度,一般为 160 ~ 180℃,或再低一些,但时间应适当延长。涂层浆涂布后,如需要经附加功能处理,则可在浸轧防水剂处理后一并焙烘。

(2)湿法微孔涂层:该法利用聚氨酯能溶于 DMF 等水溶性有机溶剂而不溶于水的特性,将溶于 DMF 的聚氨酯涂层剂涂敷到织物上,而后进行湿法凝固成膜。由于聚氨酯不溶于水,而 DMF 与水可以互溶,使得水与聚氨酯内的 DMF 发生置换,通过双向扩散,水不断从树脂溶液中

萃取出溶剂 DMF,并使其进入水相,水则进入聚氨酯涂层膜,使聚氨酯发生凝固而形成皮膜,并在皮膜中形成大量相互贯通的指状或蜂窝状多孔结构,孔隙直径在 05～2μm。湿法微孔涂层透湿模型如图 5-15 所示。

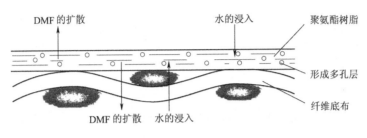

图 5-15　湿法微孔涂层透湿模型

由于形成的孔是相互贯通的,而且孔径低于水滴的最小直径,因此这种膜防水透湿,而且耐水压性能好。

(3)薄膜层压复合涂层。此工艺是将具有防水透气功能的聚四氟乙烯(PTFE)薄膜(通常是微孔薄膜)采用特殊的黏合剂,层压或黏结到各类织物上,从而使织物获得防水透湿性能,并有一定的防污、防油性能。功能性薄膜分为微孔膜、致密亲水膜和微孔亲水结合膜。微孔膜的防水透湿机理与微孔涂层类似。

2. 微隙(无孔)透湿涂层工艺　微隙(无孔)透湿涂层工艺是一种防水性好,又具有透气性的加工方法,且透气机理明显不同于微孔薄膜,是利用一种新型的、具有特殊功能团的热塑性聚氨酯树脂(TPU)。其透湿原理首先是利用高分子物质分子链中含有一定量亲水性基团(—OH,—COOH,—NH$_2$)的特点,以这些基团作为水分子的阶石,分子链因氢键和其他分子间力的作用在高湿度一侧吸附水分子,再通过大分子链的热运动,由亲水基团将水分子传递到低湿度一侧,并解吸(即由高压向低压扩散),形成"吸附—扩散—解吸"过程,达到透湿目的。即利用热塑性聚氨酯的特殊分子结构,由亲水性基团将水分子逐一传递出去,达到高透湿性。其防水性来自于薄膜自身的连续性、致密的实心结构和较大的膜面张力。

无论是溶剂型,还是水基型涂层剂,均可采用直接涂层法,待溶剂挥发或水分挥发后即形成无孔薄膜。由于膜中没有微孔,因而织物的防水性能好,但透气性稍逊。一般要在织物表面作拒水整理,否则会在其表面形成一层水膜,更加影响透气性。经过微细透湿涂层整理的织物一般耐水压可达98kPa 以上。TPU 薄膜可水洗,耐低温可达 -30℃,且质地轻软,是一种较理想的价格又不高(与 PTFE 膜比)的层压薄膜材料。

微隙透湿涂层工艺处方如下:

前防水加工:

防水剂 EM-11	20g/L

涂层整理:

PU-195	100 份
增稠剂	3 份

有机硅 289　　　　　　　　　　　　　　　5 份

MD 树脂　　　　　　　　　　　　　　　2 份

后防水加工：

防水剂 EM – 11　　　　　　　　　　　30g/L

防水剂 H　　　　　　　　　　　　　　40g/L

催化剂 HA　　　　　　　　　　　　　20g/L

工艺流程：

前防水加工（一浸一轧）→烘干（100～120℃）→涂层→烘干（100～120℃）→后防水加工（二浸二轧）→烘干（100～120℃）→焙烘（150℃,3min）→成品

学习引导

一、思考题

1. 什么是涂层整理技术？

2. 涂层加工的目的是什么？

3. 常用涂层剂有哪几类？各有什么特点？

4. 干法涂层的特点是什么？

5. 如何设计常用干法涂层工艺？

6. 防水透湿涂层机理是什么？

7. 如何设计防水透湿涂层工艺？

二、训练任务

涂层整理工艺设计

1. 任务

（1）涤纶塔夫绸干法涂层整理工艺设计；

（2）锦纶防风透湿涂层整理工艺设计。

2. 任务实施

（1）选择涂层整理剂对涤纶织物进行防水透湿涂层整理。

（2）设计涂层整理工艺：

①工艺流程；

②药品与设备；

③工艺条件；

④工艺说明。

（3）课外完成：以小组为单位,编制成 ppt。

（4）课内汇报形式：小组讲述,其他小组提问,教师指导,共同完成学习任务。

三、工作项目

涤纶塔夫绸涂层整理生产

任务：按客户要求生产一批防水、防钻羽绒的涤纶塔夫绸。

要求：设计直接涂层整理工艺并实施。包括工艺流程、工艺条件、设备、工艺操作、产品质量检验等。

学习情境 6 生物酶整理

学习任务描述：

学习任务包括纺织用生物酶概述、纤维素纤维织物酶整理、羊毛织物酶整理。学习任务按照生产过程中酶整理项目来设计。每个学习任务包括酶整理原理及酶整理织物产品风格认知、酶处理方法的选择、织物的选择、酶的选用、设备的选用、工艺流程设计、工艺条件制订、工艺实施及产品质量检测等。

学习目标：

1. 掌握生物酶的特点及在染整加工中的应用；

2. 掌握纤维素织物、毛织物生物酶的整理工艺；

3. 能设计棉、麻、毛生物酶的整理工艺并实施。

学习任务 6-1 纺织用生物酶

一、纺织品加工用酶

酶的生物整理最早应用在靛蓝牛仔服装的洗涤整理上，以获得具有洗白感的减量整理效果，部分或彻底取代化学洗和石洗。20 世纪 80 年代，随着生物工程的迅猛发展，酶制剂在纺织工业中的使用也越来越广泛，生物酶在纺织品加工领域中的应用得到迅速发展。由于生物酶具有作用条件温和、选择性高、无毒害、可完全降解等特点，可代替传统染整加工中有毒和高浓度化学物质，从而大大降低环境污染。生物酶加工已作为绿色生产工艺而引起人们的极大兴趣和重视，生物技术在纺织品染整加工中的应用正在引起传统纺织工业的一场革命。

由于酶的专一性，人们选择不同的酶用于印染加工的不同环节。如纤维素酶可用于棉织物煮练、牛仔布水洗、棉和人造丝织物的减量处理以及用于防止起球、改善光泽的生物抛光整理及超级柔软整理等。蛋白酶可用于去除羊毛鳞片的防缩整理，对丝纤维可进行脱胶，精练。

目前，纺织印染工业应用较成熟的酶制剂有淀粉酶、纤维素酶、蛋白酶等。

常用酶及其在纺织印染工业中的应用见表 6-1。

表 6 - 1　纺织品加工用酶

纤　维	酶	加 工 用 途
纤维素纤维	α—淀粉酶	退浆
	脂肪酶、果胶酶、纤维素酶	精练
	葡萄糖氧化酶、过氧化氢酶	漂白
	半纤维素酶、木质素酶、果胶酶	沤麻
	纤维素酶	光洁整理
	纤维素酶、漆酶、蛋白酶	牛仔服酶洗
蛋白质纤维	蛋白酶	真丝精练
	纤维素酶、果胶酶	羊毛炭化
	蛋白酶	羊毛改性
聚酯纤维	聚酯酶	改性处理

二、纺织品生物酶整理

利用生物酶对纺织品整理,称为生物酶整理。生物酶整理与其他化学品整理相比,其最突出的特点就是整理效果的永久性和加工对环境的低污染性。

生物酶整理功能有:

(1)清洁织物表面,减少绒毛(生物抛光);

(2)改善织物手感,使之柔软、滑糯;

(3)改善织物悬垂性;

(4)减少起毛起球;

(5)改善织物亲水性;

(6)改善织物对染料的亲和力及得色量,改善织物染色均匀性;

(7)使织物获得特殊效果,如 Lyocell(又名 Tencel,天丝)纤维的二次原纤化、仿桃皮绒、羊毛防毡缩等。

三、酶整理原理

在酶处理过程中,酶的作用是催化反应。酶的催化作用是通过降低体系中分子的活化能来实现的。

作为一种催化剂,酶有着催化剂一般的特征,同时又有不同于一般催化剂之处。表现为:

(1)酶催化反应的速率极高,催化剂加入后,速度可以提高几百万倍;

(2)酶的催化作用具有高度的专一性,对其所作用的底物具有严格的选择性;

(3)反应条件温和无毒、无污染,大多数酶催化反应均可在常温常压的温和条件下进行,因而较易控制,操作环境较安全;

(4)对环境条件极为敏感,这一方面使反应易控,另一方面又直接影响到产品的性能和质量稳定性。

(一)纤维素酶整理

在纺织印染工业中,应用最多的生物酶是纤维素酶。纤维素酶和其他酶一样是一种具有催化作用的活性蛋白质,能使纤维素长链大分子分解成低分子糖类或单分子葡萄糖。根据作用特点,纤维素酶大致可分为内β-葡萄糖酶(EG)也称CX,外β-葡萄糖酶也称C1,纤维素二糖水解酶(CBH)和β-葡萄糖苷酶(β-glucosidase)。

纤维素酶是一种含有相互协同作用的多种组分的复合酶,它对纤维素纤维的作用主要通过三部分完成:CX酶,作用于纤维的结晶部分;C1酶,膨化纤维素,作用于纤维的无定形部分,并最终使纤维素变成可溶性的产物;β-葡萄糖苷酶,作用于纤维素二糖、三糖类物质,使它们最终分解为单糖。

纤维素分子是由β-D-葡萄糖剩基彼此以1,4-苷键连接而成的直链高分子化合物。结晶区的纤维素分子排列整齐,结构紧密,纤维素酶不易进入内部。酶处理时,酶通过细孔吸附于纤维表面,并产生作用,仅使织物表面,特别是疏松部分的纤维素分子降解、水解和减量,织物变得光滑整洁,手感柔软,起毛起球现象也有所改善,但织物强度有所降低。由于降解作用从非晶区开始,如果酶处理控制适当,织物强力损失可调节在合理范围内,对织物的服用性能影响很小。

在纤维素酶中,也有能水解结晶区纤维素分子的高值纤维素酶(EC),这种酶能与结晶区的纤维素分子有效地结合,并切断某些纤维素分子,最后使纤维素降解、水解和分散。这种酶对结晶度高达60%~70%的纤维素分子作用时,其水解能力要比低值纤维素酶高14倍,但对非晶区或低结晶度纤维素的水解能力与低值酶基本相同。

纤维素酶广泛用于纤维素纤维制品的生物抛光、柔软等整理。

(二)蛋白酶整理

蛋白酶可以用于羊毛、蚕丝及皮革整理,是能将蛋白质肽键催化分解的酶的总称。它有多种分类方法,按酶催化水解反应的最适宜pH分为酸性蛋白酶(pH=2.5~5.0)、中性蛋白酶(pH=7.0~8.0)、碱性蛋白酶(pH=9.5~10.5);按其来源可分为动物蛋白酶、植物蛋白酶和微生物蛋白酶;按其水解蛋白质的方式可分为内切酶(切开蛋白质分子的内部肽键,生成相对分子质量较小的多肽类)和外切酶(切开蛋白质或多肽分子氨基或羧基末端)。

羊毛纤维的蛋白质主要由肽键连接的氨基酸组成。酶对肽键水解起催化作用,使蛋白质链的长度降低,部分蛋白质链最后水解成游离氨基酸而溶解。蛋白酶对羊毛处理时,酶在溶液中先向纤维表面扩散,然后再吸附在纤维上进行作用。

利用蛋白酶去除羊毛的鳞片层,可以达到防毡缩的目的;另外,蛋白酶还广泛用于羊毛生物抛光整理。

蛋白酶可以用于真丝织物砂洗。砂洗后真丝织物的表面呈现微绒,可使织物具有细腻的手感,并有书写和霜雾等独特外观效果,而且织物手感变得厚实。在柔软剂的配合下,织物的悬垂性、弹性均有一定改善。真丝砂洗一般以碱性蛋白酶为主,且可以和脱胶配合进行,但需要一定的物理摩擦组合使丝素表面起绒并使微绒耸立。

四、酶整理的发展趋势

通过生物工程和印染工业专业人员的不断努力,生物酶在纺织工业中的应用已在不断扩大。如酶制剂 Cellulost、Denimax Acid SBX、Lconc 和 Deniam BT、Denimax Ultra BT 等纤维素酶,用于牛仔服水洗整理,BF-7658 酶及其类似产品用于织物退浆;2709 碱性蛋白酶等已在国内生产和应用。随着生物技术的进步,印染产品质量的提高,以及生态环保日益的要求严格,生物酶在我国印染工业上的应用,必将不断取得进展。

同时,随着人们对纺织品要求的不断提高,生物酶整理技术也逐渐从着眼于风格整理,开始向赋予织物功能化的复合加工发展。生物酶对羊毛的防毡缩加工,去除鳞片,减小纤维直径,减轻刺痛感,并赋予拒水性,亦是最近着重研究的方向。此外,纤维间用酶交联进行防缩整理;将噬食微生物的酶,固定于纤维表面的抗菌整理;将能分解臭味的酶涂敷于纤维上的防臭整理等,使酶在纤维上的利用从传统加工技术进入到创新时代,这是今后纺织品整理发展的一大方向。蛋白酶现已用于原丝脱胶及丝织物和服装的砂洗加工。如 Clariant 公司推出了微生物的抗菌防臭剂(Sunitized)和防虫防螨剂(Finish)的织物功能整理加工工艺。目前关注的另一个酶处理问题是联合酶处理工艺的开发,如何将这些生物酶处理工艺有机地结合起来,如酶退浆—精练—浴法、酶精练—染色—浴法、酶精练—生物抛光—浴法、漂白抛光—染色—浴法等。

但是,尽管生物酶在染整加工中的应用发展较快,而且很多工艺也非常成熟,如酶退浆工艺和牛仔服的酶洗返旧整理、生物酶抛光整理和生物酶精练、染色后皂洗去除浮色以及染色废水的脱色处理等,但目前人们对于酶对纺织基质的作用机制以及如何控制酶的活性、使酶处理效果具有重现性和均匀性等了解得还不够。同时酶是一种混合物,它会受到菌种来源、培养工艺、纯化方法等的影响。因此根据不同工艺要求开发适合某一特定用途、成分稳定、协同效果明显的酶制剂以及酶的商品化加工,降低酶成本等方面还有待研究。

随着生物工程技术和基因工程技术的不断发展,酶的成本会越来越低,将有越来越多的酶制剂被开发并应用于纺织行业,生物酶将是目前纺织化学药剂的理想替代品。

五、生物酶应用中的非环保因素

生物酶在纺织中的应用,尽管具有明显的绿色环保特色,但也有一些非绿色环保的因素值得注意。

1. 酶制剂的粉尘问题　酶制剂作为一种生物催化剂,其漂浮粉尘可使人产生过敏、呼吸困难等情况。如工人长期在有蛋白酶粉尘环境中工作,如果没有合适的保护措施,眼睛的角膜会受到伤害,引起视力下降。酶制剂废弃物的操作在国际上有严格的程序,以防止产生不必要的伤害。目前,商业酶制剂都以颗粒和液体为主,粉尘的危害已经大为下降,因而不必过度担心。

2. 商业酶制剂中的其他添加剂　目前商业酶制剂中除酶蛋白外,还有一些其他的添加剂。如 pH 缓冲剂、防腐剂、稳定剂和分散剂等。在有些产品中,非酶成分的比例非常高,需要注意这些添加剂的绿色环保特性。

3. 纺织酶加工中助剂的使用　在纺织酶加工中,一般都需要和其他助剂配合,以达到加工效果。在一些工艺中,助剂虽然不是起主要作用,但也很关键。例如,棉织物的果胶酶精练,在处理中不仅要添加一系列助剂(如渗透剂、螯合剂等)，而且处理后需要进行高温淋洗，才能达到一定的毛效。因而，与酶工艺配套的助剂必须不是环境禁用材料。

学习任务6-2　纤维素纤维织物的酶整理

纤维素织物生物酶整理后，织物性能变化表现在如下几个方面：

(1)减量。使织物具有丝绸感。该技术已用于低特(高支)精细织物生化洗涤加工和人造纤维(黏胶)优化风格加工。一般将减量率控制在3%~5%，织物具有丝绸一样的柔软手感。

(2)柔软。用酶加工能使织物具有较好的柔软手感，这种柔软性不同于一般柔软剂加工。一是无柔软剂等化学品的毒害性，对人体安全，加工时也无环境污染，有利于生态；二是穿着过程中，经不断洗涤可长期保持这种柔软特征。如果酶处理织物再结合柔软整理，可获得更好的手感。

(3)去除绒毛。棉织物用纤维素酶处理后，随着处理时间的增加，绒毛可以大量去除，从而改善织物的光泽，染色后色光更鲜艳。

(4)改善起球性。由于酶的高度专一性，一旦其周围环境改变，酶就可能失效。因此，酶处理时条件的控制非常重要。影响酶整理加工的因素主要有酶的浓度、温度、pH、时间，另外，为使酶作用更有效，还必须施以一定的机械作用，控制好机械作用，是获得最佳酶整理效果的先决条件。基于此，间歇式工艺尤其适合于酶整理工艺。就机械而论，转鼓式水洗机、喷射式、溢流式或绳状染色机也能提供最佳的工艺条件，连续设备由于不能产生大的湍流而不太适用。由于处理时间较短以及机械作用基本上作用在织物表面，因此，间歇式工艺能赋予织物特定的表面改性。如果再使用一些磨料助剂，如用于受到冲击水洗的浮石和绳状整理的微晶等，将更有助于突出经纤维素酶整理后的织物表面特性。

一、纤维素纤维制品生物酶表面抛光整理

生物酶抛光整理也叫光洁整理，是一个生物过程，即用一种特殊的纤维素酶如 Cellusoft，对纤维素纤维织物进行改性，而得到一种特殊的整理效果。这些纤维素纤维包括棉、黏胶纤维、Tencel 纤维、苎麻、亚麻以及上述纤维的混纺织物。

纤维素酶对纤维素大分子的1,4-苷键有特殊的催化作用。酶分子较大(比水分子大1000倍)，难以渗透到纤维内部，只能接近纤维表面，将暴露在纤维表面的原纤(短纤维)末端水解，并通过机械揉搓(织物与织物，织物与设备的摩擦)作用，使表面的微原纤脱落，去除导致起球的纤维，从而使织物外观得到改善。经生物酶表面处理的织物组织更清晰、表面更光洁、颜色更艳亮，且这种效果具有较好的耐久性(图6-1)。

同时，酶处理后，织物中纱线自由度增加，纤维可自由移动，改善了织物的悬垂性、柔软性和吸水性，进而提高了织物穿着的舒适性和外观，使织物品质大大提高。目前，生物酶表面整理已从棉、麻纤维拓展到黏胶纤维、Tencel 纤维、柞蚕丝和羊毛等各种容易起毛起球的纺织品中。

纤维素类纤维的表面整理所用的生物酶大多为纤维素酶，如 Novo - Nordisk 公司的 Cellu-

　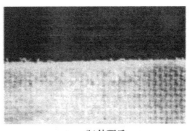

(a)处理前　　　　　　　　　　　　　　　　(b)处理后

图6-1　用 Cellusoft 酶清除绒毛的效果

soft L、Bangalore 公司的 Biocellulase ZK、日本的 Supra BioK-80 等。

生物抛光使用的设备可以在印染厂现有的设备中进行。一般可在具有调整循环能力的喷射液流染色机或绳状染色机、转笼水洗机等设备中,通过酶作用及对织物施以物理揉搓作用来达到目的。

Cellusoft L 酶光洁整理工艺如下:

浴比	1:(5~11)
速度	80~150m/min
温度	45~55℃
pH	4.5~5.5(用醋酸作缓冲剂)
时间	30~120min
Cellusoft L	0.5%~3%(owf)
终止	1.0g/L 纯碱,10min 或升温至 70~75℃保温 10min

酶处理的 pH 和温度主要影响酶的活力,如图6-2、图6-3 所示,pH 为 4.5~5.5、温度为 45~55℃时,Cellusoft L 酶具有较大活力。处理温度和 pH 主要由酶自身决定。

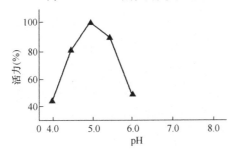

图6-2　Cellusoft L 酶 pH—活力曲线

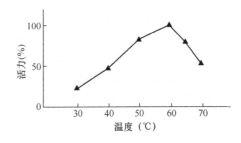

图6-3　Cellusoft L 酶温度—活力曲线

在酶处理的 pH 和温度一定时,处理时间越长,整理效果越好,但织物强力损伤增大,如图6-4所示,应根据酶的活力和工艺要求合理确定。

生物表面光洁整理效果的测试方法是多方面的,首先是减量率,减量率随纤维素酶用量的增加而增大。减量率太小达不到整理目的;减量率太高对织物的强力损伤大。故减量率通常控制在 3%~5%,能得到比较好的效果。酶处理减量率用下式计算:

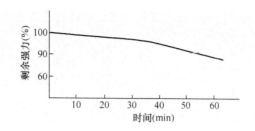

图6-4　Cellusoft L酶处理织物强力与处理时间的关系

$$减量率 = \frac{酶处理前织物重 - 酶处理后织物重}{酶处理前织物重} \times 100\%$$

抛光效果还可通过测定酶处理后织物表面绒毛去除质量来评估，抛光效果与酶的浓度有关，见表6-2。

表6-2　Cellusoft L酶处理与起球性的关系　　　　　　　　　　　　　　单位：级

酶浓度（%,owf）	回转数			
	0	125	500	2000
0	4.5	4	3.5	2
1.2	5	5	5	4
2.4	5	5	5	4

①起球性用 Martindel 型试验仪测试，1级为起球最多；5级为没有起球。
②实验条件：涤/棉(50/50)针织物，1.2%(owf)Cellusoft L(日本 Nobono Rudesuku 公司产品)，浴比1：8，温度50℃，pH 为4.5，在溢流染色机上处理1h。

酶处理会造成织物的强力下降，但是适当控制工艺条件，可以将强力损伤保持在最低范围内。纤维素的生物抛光也可与染色等其他工艺相结合，但必须选择两种加工方法能互相兼容的条件。

生物抛光整理不但能提高织物的抗起球能力，避免织物表面的起毛起球现象，而且显著提高了织物的悬垂性，使织物更加柔软，表面更加光泽，色彩更为鲜艳，并具有光滑的手感。

用于纤维素纤维生物抛光用的纤维素酶，亦可用于黏胶纤维、亚麻、苎麻、黄麻、涤/棉、涤/黏等织物。对于黏胶短纤维、人造丝来说，其纤维强力较低而且聚合度、结晶度和取向度均比棉纤维要低得多，所以酶水解时特别要小心，否则将使织物强力明显下降。

二、棉织物的超级柔软整理

棉织物的超级柔软整理即减量加工，是利用纤维素酶对棉的水解作用，去除纤维表面的绒毛，使纤维改性，并具有柔软的手感。

传统的柔软整理有的效果不持久，有的柔软剂还会影响织物的吸水性能，而且存在对环境的污染。而生物酶整理不影响棉的吸水性，其柔软度也是持久的。

柔软整理的效果主要由减量率来决定。减量率随纤维素酶用量的增加而增大。减量率太小达不到超柔软的目的，减量率太高对织物的强力损伤大。故减量率应控制在3%～5%，能使棉织物得到丝一般的超级柔软手感,获得新的织物风格。

不同的酶,处理工艺也不同,Clariant 公司推荐对棉纤维使用酶制剂 Bactsol DC,对黏胶纤维使用酶制剂 Bactsol CA,它们均是由内切和外切 β - 葡萄糖酶按不同比例所组成的纤维素酶。工艺条件为 pH = 5,温度为 $60℃$,处理时间为 60min。

为了使减量加工得到较好的重现性和高效率,常在酶处理过程中加入重金属离子(Fe^{2+}、Ca^{2+})等对酶不起抑制作用的物质,可保持处理过程中酶有较好的活性。

对低特(高支)纱棉布与粗棉布进行纤维素酶处理试验比较,粗棉布的手感更加柔软,表面光洁美观,形成自然有规律的花纹。粗棉布形成这种美观自然的花纹,是由于纤维素酶对纤维素纤维织物的特定部位的基团具有降解功能,未被降解部分产生自然收缩而形成规则的自然花纹。同时,粗棉布悬垂性能、缩水率、手感和丰满度等,均得到明显改善,提高了服用性能。虽然强力略有下降,但不会影响织物的使用。

三、麻织物的酶整理

纤维素酶也可用于处理麻织物或粗麻纱。酶作用于纤维或纱线表面伸出的羽毛,使其分解,提高其分裂度,将其硬而直的尖端部分原纤化,使之柔软,以改善粗硬麻制品的肌肤触感和穿着舒适感,也可将粗麻纱变为毛羽少、条干均匀、可挠度高的细麻纱,提高可纺性。这种加工尤其适合于针织品,可提高针织麻制品的品质。

麻织物纤维素酶整理一般是在酸性条件下进行,工艺流程如下:

酸洗→亚氯酸钠漂白→纤维素酶整理→双氧水漂白

经纤维素酶整理后的亚麻织物,毛羽量下降约50%,布面光洁,手感柔软,经穿着试验,刺痒感有明显的下降,舒适性提高。

纤维素酶对亚麻织物的整理,是一种降解减量处理,若工艺控制不当,会使织物强力损失过大,因此要严格控制工艺条件。

对工艺参数如时间、浴比、酶用量、pH 等进行试验,结果见表6-3。

表6-3 不同工艺参数下的试验结果

参数		强力(N/5cm×20cm)	失重率(%)	毛羽个数	工艺条件
时间(min)	30	446	2.3	39	pH 为 5.5~6,温度50℃,酶2%,浴比1:20
	60	442.3	2.5	35	
	90	436	2.8	33	
浴比	1:20	422	2.2	35	pH 为 5.5~6,温度50℃,时间60min,酶2%
	1:15	441	5.0	31	
	1:8	443	3.9	30	
酶用量(%,owf)	1	445	2.5	38	pH 为 5.5~6,温度50℃,时间60min,浴比1:20
	3	442	5.0	33	
	5	410	8.1	31	
	7	389.5	13.4	28	

续表

参数		强力（N/5cm×20cm）	失重率（%）	毛羽个数	工艺条件
温度（℃）	40	450.1	4.5	34	pH 为 5.5~6, 时间 60min, 酶 2%, 浴比 1:20
	50	441.5	5.0	32	
	60	442	6.1	30	
	80	460.5	2.0	37	
pH	3	465	2.2	31	温度 50℃, 时间 60min, 酶 2%, 浴比 1:20
	4	411	4.9	34	
	6	442.5	3.1	32	

由表 6-3 可知，时间在 30~60min，浴比在（1:8）~（1:15），酶用量在 1%~3%，温度在 40~60℃，pH 在 4~6 时，各项指标较好。

正确选用各工艺参数是非常重要的。从表 6-3 中可见，失重率是随时间的增加而增加的，且前 30min 的增加速度较快，30min 后的失重率变化不大。因此，在生产中要保证加工时间在 30min 以上，以保证整理的效果。纤维素酶的用量直接影响酶的整理效果。随着酶浓度增加，去除毛羽效果越明显，手感越柔软，效果越好，但失重率增加，强力下降越大。同时也可以看出，纤维素酶的活力与 pH 及工艺温度有非常重要的关系，要获得较大的酶活力，应控制较佳 pH 与温度的范围，如 pH 为 5~6，温度为 50~60℃。纤维素酶的活力比较高，在这个范围之外，活力明显降低，甚至失活。所以生产中要严格控制好 pH 和工艺温度。

由于各工艺条件相互关联，实际生产中，可以根据进一步的实验来确定最佳工艺。如根据表 6-3 获得的较好工艺范围，进一步通过正交实验确定最佳工艺为：酶用量为 2%，温度为 50℃，pH 为 5，浴比 1:15，时间为 60min。

在酶整理时，还应注意适当加快织物的循环速度，有利于织物表面毛羽的去除，提高处理效果。

生物酶处理对亚麻织物服用性能有很大影响。见表 6-4，随着失重率增大，亚麻织物得色量增加，润湿性提高。悬垂性变好，织物柔软性提高。但亚麻织物的拉伸断裂强力减小，这是因为生物酶处理破坏了纤维大分子间的氢键，使纤维结构变松散，有的使纤维大分子断裂。

表 6-4　生物酶处理对亚麻织物服用性能的影响

亚麻织物的失重率（%）	0	2.2	3.2	4.5	5.4	6.4	7.5
染色的着色深度 K/S 值	6.8	7.4	7.6	7.8	8.4	8.8	8.9
润湿性（cm/30min）	12.5	12.8	13.2	13.6	14.2	14.3	14.3
悬垂系数（%）	38.7	37.5	36.2	34.8	33.5	32.7	31.9
断裂强力（N）	396.9	383.2	374.2	353.8	340.0	334.2	330.3

四、Tencel 纤维（天丝）织物的生物酶风格整理

Tencel 纤维极易原纤化，因而适合利用 Tencel 纤维的原纤化产生明显的桃皮绒效果。

　　Tencel 类纤维在湿处理过程中,由于物理摩擦容易产生原纤化,其原纤维较长,易相互缠结,伏在织物表面而影响外观。通过生物酶处理,可去除原纤绒毛,经干态下转鼓处理,产生次级原纤化;这时的原纤与水洗湿处理所产生的初级原纤维不同,它是通过酶对轴向最上部的纤维切断,在其末端形成微原纤维,微原纤维比较短,而且均匀,不会发生相互缠结,织物手感和蓬松感明显提高,采用合适的硅酮柔软剂,便可以获得超级柔软丰满的桃皮绒效果(图6-5)。

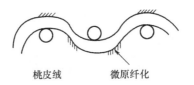

图6-5　桃皮绒效果(微原纤化)

　　目前已开发出多种用于 Tencel 的纤维素酶,如 Cellusoft L,它在 pH 为 5 左右,50~55℃的条件下处理 Tencel 纤维 60~120min,可赋予织物自然的柔软性,还可去除纤维表面的绒毛以提高光泽。中性纤维素酶是利用基因工程生产出的单一成分的纤维素酶(如 Nobo Ziam806),专门用于人丝、棉、麻的交织物。这类酶主要在 pH 为 7.5 的中性条件下(处理 60~120min)使用,它不与纤维素中结晶部分作用,所以不易降低棉和麻的强度。如果用于 Tencel 纤维,则有优良的去除绒毛效果。目前对 Tencel 纤维大多推荐使用弱酸性纤维素酶,如 Cellusoft Plus L,它是由霉菌培养出来的专用于 Tencel 纤维的酶制剂,其最佳 pH 为 6,在浴比为 1:20 的转笼水洗机中,于 55℃下处理 30~90min,可使 Tencel 纤维的绒毛完全去除,并使织物的柔软性、悬垂性、抗起球性得到明显的改善,而且可减少酶处理的时间。

　　Tencel 的次原纤化工艺加工工序大致为:

　　烧毛→退浆→纤维素酶处理→染色→整理定形→喷汽转笼

　　所用设备大多采用转笼水洗机或液流染色机。用液流染色机时常安装冲击板来增加对纤维的物理作用,形成风格优雅的微原纤维。经纤维素酶处理的 Tencel 纤维广泛作为内衣和外衣面料。近来,有人将酸性纤维素酶通过水溶性高分子物进行交联,产生改性纤维素酶,可在中性条件下使用。由于酶分子变大,改性后的纤维素酶只能作用于纤维表面,大大减少了纤维的强力损失。

　　由上所述,酶对纤维纤维素纤维制品的处理可获得多种效果,并且这些作用是相互关联的。如生物抛光和柔软整理,在生物抛光整理时,同时获得柔软的手感,而柔软整理时,又可使织物表面光洁。因此,在实际操作过程中,应合理选择工艺,以达到主要目的,并同时改善织物的服用性能和提高其品质。

学习任务6-3　羊毛织物的酶整理

　　羊毛酶处理主要是对羊毛进行减量处理,可用于羊毛生物抛光处理、防毡缩、仿羊绒和降低染色温度等,是使羊毛制品高档化、提高附加值的有效途径之一。

一、羊毛织物生物酶抛光整理

用蛋白酶对羊毛进行生物抛光处理,能去除织物表面毛羽,减少粗毛纱的刺痛感,减少起毛起球,并使其色泽更加柔和,纹路更加清晰,悬垂性大大增加,手感更加柔软,穿着更加舒适,产品的附加值大大增加。

用蛋白酶对毛进行处理时,一般在 50~60℃ 的弱碱性条件下进行,处理结束后,通过升高温度(80℃)或降低 pH(pH=3 左右),使酶失去活性,减少对纤维的损伤。减量率一般控制在 6%~10%。酶处理后用有机硅柔软剂对羊毛纤维进行柔软处理,可获得柔软的手感。

Biosoft PW 是一种常用于毛针织服装酶整理的蛋白酶。用 Biosoft PW 酶处理精纺和粗纺毛针织服装时,可在转筒水洗机中进行,运行 30min 后再加入合成柔软剂处理。酶整理后的织物手感、抗起毛起球性和悬垂性等均有提高,并可改善其柔软性和表面光洁度。

二、羊毛生物酶防毡缩整理

生物酶还可用于羊毛防毡缩整理,效果较好,有望取代羊毛氯化,以解决工艺过程中产生严重影响生态环境的 AOX(可吸附有机卤化物)问题,该指标已受到所有工业化国家的限制。

羊毛蛋白酶处理时,酶首先对羊毛鳞片和皮质层之间的胞间物质作用,使胞间物质分解,局部的鳞片层凸出呈剥离之势。随着处理的进行,鳞片脱落,皮质层逐渐暴露,最后鳞片显著剥落,皮质进一步暴露,纤维结构变得松弛。

在羊毛防毡缩工艺中所采用的酶主要为碱性蛋白酶和中性蛋白酶两种。碱性蛋白酶由曲霉属的丝状菌或由芽孢杆菌属的枯草杆菌产生,其商品有 Enthylon FA－10,Enthylon ASN－30,Esperase SOL 等。中性蛋白酶由木瓜蛋白酶(从香木瓜乳中可得到),或木瓜蛋白酶和曲霉的混合酶,或枯草杆菌产生,其商品有 Lythylon PA－10L,Lymap WA 等。其中木瓜蛋白酶用得较为普遍,在使用时,先将羊毛在亚硫酸盐溶液中,于 40~60℃,pH 为 9 的条件下预处理 30min,然后加碳酸钠或碳酸氢钠,调节 pH 至 8~8.5,于 50℃ 下处理 60min。

图 6-6 是酶处理前后羊毛纤维表面的电镜图,从图中可以清楚地看出酶对羊毛表面鳞片层的作用。

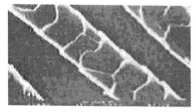 

(a)未处理的羊毛纤维表面　　　　　　(b)处理的羊毛纤维表面

图 6-6　羊毛纤维表面的电镜照片

蛋白酶在去除鳞片层时,对羊毛纤维有一定的损伤,如图6-7所示。

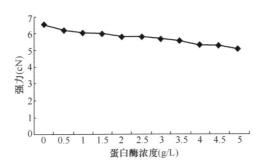

图6-7 碱性蛋白酶浓度对羊毛纤维强力的影响

(70英支澳毛 20英支/2毛纱织成的平针针织物,碱性蛋白酯)

从图6-7可以看出,随着蛋白酶浓度的增加,羊毛纤维的强力逐渐下降,这说明碱性蛋白酶对羊毛具有损伤作用。若蛋白酶对鳞片作用较充分,势必会损伤羊毛的皮质层。因此,在蛋白酶与羊毛鳞片层反应的同时,必须保护羊毛的皮质层,使羊毛不至于受到较大损伤。

采用不同的前处理与酶的结合工艺,可使羊毛获得各种各样的风格。如用氧化前处理/碱性蛋白酶处理,可使减量增加,使织物获得滑爽感的轻软触感;用还原前处理/酸性蛋白酶处理,减量程度低,但可得到具有山羊绒般的柔软和滑爽的触感。不论采用氯化/酶处理,还是氧化/酶处理,都能提高去除鳞片的效果,使纤维线密度降低,毛绒脱落或纤维尖端呈圆形,减轻刺痛感。同时,前处理和后处理还会提高纤维的膨润度,加速上染,改善上染率。目前,酶与前处理和后处理以及应用树脂结合在一起的工艺可代替传统的防毡缩工艺(氯化/树脂法)。但酶防毡缩加工还存在着酶的成本高,工艺条件不易控制及酶易失活,处理不匀,防毡缩效果不理想等问题,需要进行深入研究,使其逐渐完善。酶处理是未来羊毛防毡缩整理的必然趋势。

三、改善羊毛染色性能整理

将羊毛织物先用脂肪酶和壳聚糖处理,再用不同浓度的蛋白酶处理羊毛,然后用直接翠蓝染色,测定染色残液的吸光度,结果见图6-8。

从图6-8可以看出,直接染料能很好地上染经蛋白酶处理的羊毛纤维,而一般情况下,羊毛纤维与直接染料的结合较弱,染色后颜色很浅。

羊毛染色时,染料一般通过两种途径向纤维内部扩散,一是穿过角质层向皮质层渗透;二是通过毛纤维蛋白质细胞之间的间隙向内部扩散。

当羊毛用蛋白酶处理时,胞间的黏合物部分蛋白质优先被催化水解,部分肽键断裂,产生吸水基团,使纤维吸水溶胀性增大,染料易于在其中扩散;

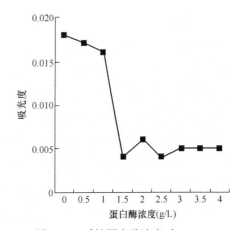

图6-8 碱性蛋白酶浓度对
羊毛纤维染色性的影响
(70英支澳毛 20英支/2毛纱织成
的平针针织物,碱性蛋白酯)

另一方面,部分蛋白质水解产生的小分子物溶出纤维,使扩散通道增大,因而染色速率大大提高。所以可以使用低温染色而不需要沸染,如60℃染色可达到沸染的效果。羊毛蛋白酶处理时,一般先用氧化剂处理羊毛,使蛋白质的一些二硫键和肽键断裂,以利于酶向角质层扩散并进行催化水解。由于酶处理后,染色速率尤其是初染率大大提高,染色时应注意始染温度不易太高,以免染色不匀。羊毛经酶处理后各项染色性能较好,但湿处理牢度有所下降,这可能是因为酶处理后染料的扩散通道增大,染料分子易于扩散进入纤维内部,也易于从纤维内部扩散出来。

四、羊毛生物酶拒水整理

采用转移酶即转谷氨酰胺酶(TG)对羊毛进行拒水整理。它主要作用于组成角质层的异二肽键[$e-(\gamma-$谷氨酰)赖氨酸]上,使谷酰胺残基和赖氨酸残基之间产生交联反应,并放出氨气,由此使羊毛纤维表面的外层薄膜层及内部角质层部分疏水化,而产生拒水效果。羊毛表面本身就具有一定程度的疏水性,经酶处理后不仅将其表面进行改性,而且纤维内部的蛋白质主链和侧链部分也发生改性,羊毛的疏水性进一步提高。因此酶在拒水整理时的用量只需0.5%~1%(owf),它是常规拒水剂用量的1/200~1/100。

综上所述,用酶对羊毛进行处理,可有效地改善羊毛纤维或织物的物理、化学和机械性能,具有抛光、防毡缩、改善染色性能及羊毛改性等作用。而且这些作用是相互关联的,如防毡缩整理时可改善手感和染色性能等。在对羊毛进行处理时,应根据主要目的来选择合适的酶及工艺。

五、蛋白酶处理后羊毛的其他性能变化

1. 抗起毛起球性能 羊毛经过蛋白酶处理后可获得一定的抗起毛起球性能。羊毛纤维虽然强度不高,但断裂伸长较大,具有较好的耐疲劳性能,因而是天然纤维中唯一会明显起毛起球的纤维。通过酶种的选择和工艺优化,羊毛的抗起毛起球等级可以从3级提高到4~4.5级。

2. 柔软性能 蛋白酶处理后,在柔软剂的配合下,羊毛可以获得较好的柔软效果。对柔软剂的作用机理目前还不十分清楚,可能的原因基本和纤维素酶的柔软整理机理类似,即蛋白酶处理在羊毛表面形成了微孔。鉴于微生物蛋白酶对鳞片表层的减量活性很弱,因而微孔可能存在于接近表面的鳞片中。微孔的存在使柔软剂易于吸附,并在使用中得到逐步释放,改善了处理织物的柔软性。有机硅类柔软剂是目前常用的柔软剂。

3. 光泽 蛋白酶处理后,羊毛织物的光泽有所改善。有人对处理后的产品进行光泽测定表明,粗绒毛光泽提高了25%,细绒毛由于本身光泽较好,只提高了15%。这主要是因为蛋白酶对羊毛鳞片表面附着物的去除,使羊毛鳞片更为光洁,从而增加了处理物的光泽。也有研究表明,蛋白酶处理后织物的白度也有所增加。

4. 纤维直径 通过蛋白酶对羊毛的减量,减小羊毛纤维的直径,提高羊毛的品质,是羊毛蛋白酶改性的一个前景。然而无论从羊毛的结构,还是从蛋白酶对羊毛的作用机理来看,通过减量来减小羊毛直径将是非常有限的。

学习引导

一、思考题

1. 酶具有什么特点？

2. 为什么要在织物染整加工过程中使用酶？

3. 哪些织物能用酶整理？

4. 织物酶整理的成本如何？

5. 织物酶整理过程中要注意哪些问题？

6. 纤维素织物酶整理工艺有哪些？

7. 纤维素纤维织物酶整理具有什么特点？

8. 哪些纤维素纤维织物适合进行酶整理？

9. 不同纤维素纤维织物酶整理加工过程中应注意哪些问题？

10. 如何设计纤维素纤维织物酶整理的加工工艺？

11. 羊毛织物酶整理工艺有哪些？

12. 羊毛织物酶整理具有什么特点？

13. 羊毛织物酶整理加工过程中要注意哪些问题？

14. 如何设计羊毛织物酶整理的加工工艺？

二、训练任务

生物酶整理工艺设计

1. 任务

(1) 棉织物生物酶光洁整理工艺设计；

(2) 棉织物生物酶柔软整理工艺设计；

(3) 麻织物生物酶光洁整理工艺设计；

(4) 羊毛织物防毡缩整理工艺设计。

2. 任务实施

(1) 选择生物酶整理原理选取合适的生物酶及织物。

(2) 设计生物酶整理工艺：

① 工艺流程；

② 药品与设备；

③ 工艺条件；

④ 工艺说明。

(3) 课外完成：以小组为单位，编制成 ppt。

(4) 课内汇报形式：小组讲述，其他小组提问，教师指导，共同完成学习任务。

三、工作项目

棉织物生物酶抛光整理生产

任务：按客户要求生产一批棉织物生物酶抛光整理织物。

要求：设计棉织物生物酶抛光整理工艺并实施，包括工艺流程、工艺条件、工艺设备、工艺操作、产品质量检验等。

学习情境 7 合成纤维仿真整理

学习任务描述：

学习任务包括仿真概述、仿丝绸整理、仿毛整理、仿桃皮绒整理及仿麂皮整理。学习任务按照仿真项目来设计。包括仿真原理及仿真产品风格认知、织物选择、加工方法选择、设备选用、工艺流程设计、工艺条件制订、工艺实施及产品质量检测等。

学习目标：

1. 掌握合成纤维的仿真方法；

2. 会根据织物的风格要求选择合适的仿真整理工艺；

3. 能设计常用仿真整理工艺并实施。

学习任务 7-1 仿真整理概述

一、纺织纤维的仿真

纤维的仿真实际上是化学纤维的发展史。仿天然纤维织物是化纤织物生产的主攻方向。随着高新技术的迅速发展，新型的化学纤维不断涌现。开发高性能、高仿真、高功能的纺织面料，首先是对纤维基材的研究。

合成纤维仿真大致可分为四个阶段：

第一阶段，1960 年以前是合纤发展的初始时期，是合纤原料的开发时期。先后开发了聚乙烯醇、聚酰胺、聚丙烯腈、聚酯等新的聚合物，为合成纤维的发展提供了原料保证。

第二阶段，1960～1970 年是开始注重纤维截面仿真的时期。开发了异形纤维，改变了圆形纤维所制成的织物平滑、呆板的外观。

第三阶段，1971～1975 年是仿真丝的前期，采用细旦、超细旦纤维、异收缩纤维进行仿真丝生产；1976 年后是第三阶段仿真丝的后期。为了获得更自然的外观，改变合纤特有的均质形态，而开发出了复杂的不均匀的多沟槽纤维、花色纤维、不定形纤维。并从单种方法的改性，发展为几种改性技术的结合使用，并注重织物结构的改进。

第四阶段，1980 年后是新合纤时期。这种新合纤将高分子化学改性的最新成果和合纤加工的高新技术密切结合起来，使合纤产生超天然纤维的优越特性，例如使合成纤维具有吸水、抗静电、抗菌除臭、抗紫外、热敏、光敏等功能，生产功能性面料。

二、纺织面料的仿真

纺织面料的仿真要从如下几个方面着手：

（1）纤维基材：首先在纤维基材上研究，在纤维性能上模拟天然纤维。

（2）组织规格：仿真产品除了纤维基材线密度的仿真外，在织物组织规格上也要与天然纤维类同，才能仿真。

（3）染整加工：染整加工改善产品的性能，提高织物品质，使其获得与被仿真纤维类似的特征和风格，从而提高产品的附加值，达到仿真的目的。

仿真面料主要有涤纶仿真丝绸织物、仿麂皮织物、仿桃皮绒类织物、仿毛产品等。

学习任务 7-2　仿真丝绸整理

众所周知，涤纶是一种力学性能非常优良的纺织纤维，但与天然纤维相比，存在织物的手感和风格较差，穿着时闷热、不透气等缺点。于是，如何通过物理或化学的方法来克服涤纶织物的这一缺点，在纺织界引起了极大的重视，人们纷纷研究开发改性涤纶产品，使涤纶织物的性能与外观模仿天然真丝织物。这种产品不仅具有真丝绸那种特殊的珍珠般的光泽，同时还具有手感柔软和轻薄飘逸的特点，外观呈现真丝绸风格，而且在强度、尺寸稳定、抗皱和免烫等性能上还优于真丝绸，深受广大消费者的青睐。

一、仿真丝绸原料的选择及仿真措施

真丝绸具有轻薄、柔软、飘逸、滑糯的风格，仿真丝绸必须具备与真丝绸近似的特点，同时，还需增加透气性和穿着舒适性，才能达到仿真的目的。

现代仿丝绸整理是从真丝的整体性能上模拟，对真丝的手感和外观进行充分的研究，从而真正让仿真丝绸产品达到真丝织物的外观和手感，除此之外，还要求在性能和风格上超过真丝。综上所述，在制作仿真丝纤维时，主要采用以下技术。

1. **改变纤维的截面形状**　不同的截面形状，如三角形、Y形、T形、五叶形、六角形、八角形、双孔不等边凸三角形等，可使纤维性能发生一系列的变化，不仅可以改善纤维光泽，而且可以改变织物的悬垂性、蓬松性、干爽性等。

2. **改变纤维的纵向形态**　即变径纤维。因为蚕丝是天然纤维，其直径不是均一的，采用变径纤维，可以使织物的光泽柔和，纤维间的间隙增加，织物变得更自然、更仿真。

3. **改变纤维的表面**　纤维表面经过处理以后，形成小的裂痕、沟槽，或形成微坑微穴，可使织物获得干爽的手感、较深的色泽和丝鸣效应。

4. **纤维细旦化**　通过细旦化可以明显降低纤维抗弯刚度，使织物变得柔软，提高悬垂感。

5. **混纤技术及变形技术**　采用收缩率不同的混纤丝，能获得天然丝微卷曲的效果，从而使仿丝织物更丰满、更有天然感；也有采用异形截面、异线密度混纤丝，因它们的弯曲模量不同，可以使织物产生柔软的手感和回弹性，并具有丰满感和悬垂性。

综合运用超细纤维技术、多元差别化技术和各种后加工技术,开发出的"新型丝状织物",在某些方面均超过真丝。

二、涤纶仿真丝织物整理工艺

不同风格要求的涤纶仿真织物,其染整加工工艺也不同,主要是按原料、织造方法、织物结构、产品花色品种及最终风格要求而定的,差异较大。但其基本工艺流程如下:

坯布 → 准备 → 退浆、精练、松弛 → 脱水 → 开幅 →(烘燥)→ 预定形 → 碱减量 →
　　　　　　　└→ 连续精练(绉类织物不适用)────┘

水洗 → 烘干 → 增深处理 → 染色 → 水洗 → 脱水 → 开幅 → 烘干 → 后定形 → 后整理 →
　　　　　　　　　　　　　└→ 印花 → 蒸化 → 水洗 ─┘

(磨毛、柔软、抗静电、防水、防缩率)→ 验布 → 卷布 → 成品

在此工艺中,要点是加工工艺中尽可能保持松弛状态,使织物充分收缩。在仿丝绸加工中,松弛、预定形及碱减量处理对织物的风格影响较大,应加以注意。

1.**退浆、精练、松弛**　该工序主要是去除织物上的油剂和浆料,同时使织物充分膨化收缩,以消除纺丝、捻丝及织造中所产生的扭力及内应力。对强捻品种,要解捻松弛,以产生绉效应,赋予良好的手感和丰满度;即使对无捻或弱捻织物,也要充分收缩,以增加织物的活络感。

2.**预定形**　预定形主要是消除前处理中产生的折皱,稳定后续加工中伸缩变化,改善涤纶大分子非结晶缺陷,使后续减量的均匀性得以提高。

松弛收缩的织物经干热预定形后,织物的风格受到影响,但它改善了织物尺寸稳定性和减量均匀性。超喂 10% ～20% ,温度控制在 180～190℃ ,定形前可增加松式烘燥,也可增加定形机箱体,从而提高生产效率。需要说明的是定形温度越高,对手感影响越大。

3.**碱减量**　所谓碱减量整理是指使用氢氧化钠溶液来处理涤纶织物,使之重量减轻的仿真丝绸整理。在处理过程中,涤纶的表面因纤维分子酯键水解而发生溶蚀,其结果导致织物中纤维及纱线间空隙增大,织物重量减轻,性能发生变化。碱减量使纤维表面形成凹坑,消除了涤纶丝的极光,使织物光泽趋于柔和,并获得良好的透气性、形变恢复性、柔软性、悬垂性和外观酷似真丝绸的仿真效果。

碱减量过程可表示为:

$$\cdots \text{—} \overset{\underset{\|}{O}}{C}\text{—O—CH}_2\text{—CH}_2\text{—} \xrightarrow{\text{NaOH}} \cdots \text{—} \overset{\underset{\|}{O}}{C} \overset{O}{\underset{OH}{}} +\text{HO—CH}_2\text{—CH}_2\text{—}$$

$$\cdots \text{—} \overset{\underset{\|}{O}}{C}\text{—OH} \xrightarrow{\text{NaOH}} \cdots \text{—} \overset{\underset{\|}{O}}{C}\text{—ONa}$$

减量工艺的难点在于如何有效地控制减量率,使织物表面呈现均匀减量状态。减量率应根据纤维的组成、线密度、形状,纱线的捻度、粗细,织物的经纬密度、结构交织点和厚薄、疏松度及成品的质量要求而定,一般为 12% ～20% 。

碱减量可在印染厂原有设备中进行,如溢流染色机等设备,也可在专用的连续碱减量设备

中进行,如韩国的 SEG 连续碱减量机。

$$减量率 = \frac{减量前织物重 - 减量后织物重}{减量前织物重} \times 100\%$$

减量率随着烧碱浓度的增大而增大,如图 7-1 所示。但不同品种、规格、组织,其在碱中的水解不尽相同,所以应针对具体情况,以手感、光泽、强力等性能符合要求为前提,以提高烧碱利用率,降低成本为原则,合理确定碱的浓度。

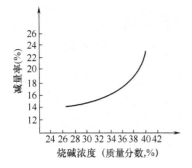

图 7-1 乔其类织物减量率与烧碱浓度的关系

减量率还与汽蒸温度和时间有关,如图 7-2、图 7-3 所示。温度在 90℃ 以下时,水解速率非常低,只有温度在 100℃ 以上时,减量率随着温度的升高而大幅提高,碱的利用率也提高。但温度过高,织物强力下降,故一般汽蒸温度为 100 ~ 125℃,织物强力、手感、光泽较好。

汽蒸时间是提高烧碱利用率的重要因素,随着时间延长,减量率呈直线上升,但速度太快,减量率不易控制,一般选择 3 ~ 5min 为宜。

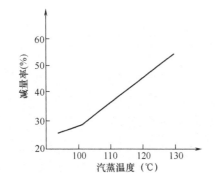

图 7-2 乔其类织物减量率与汽蒸温度的关系

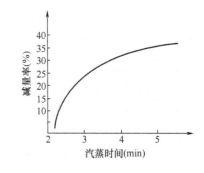

图 7-3 织物减量率与汽蒸时间的关系

连续碱减量工艺处方:

氢氧化钠	30g/L
促进剂 S-4YC	4g/L
汽蒸温度	100 ~ 125℃
时间	3 ~ 5min

4. 增深整理 增深整理可以在一定程度上提高超细纤维织物的显色性,可作为提高染深性的一个辅助手段。增深整理的途径有两类,一类是通过改变纤维性能、纤维表面沟槽化、纤维截面异形化,改变纱线结构、碱减量处理或等离子体处理等,使纤维表面粗糙化,从而增加对光的漫反射,从视觉上提高颜色深度;另一类是在后整理中,利用低折射率的树脂整理方法,使织物表面对入射光的反射率降低而达到增深的效果。

5. 染色 涤纶仿真丝的染色一般采用高温高压溢流喷射染色,经碱减量后,洗净的绳状绸可以不经过开幅脱水、烘燥工序,可直接引入染色机进行染色,染色后一般必须进行还原清洗,充分去除织物表面残留的染化料助剂,以免影响染色牢度。

6. 印花　仿真丝绸的印花其图案一般是多套色,浓艳的花卉形图案为主,即使是几何形图案,也是散空留隔,没有连续的条格花型,因此一般用平网印花机为主,较精细的特殊图案可采用转移印花来印制。

涤纶仿真丝绸印花以采用单分散染料印花为主,印花后经过热熔固色,可以用长环悬挂式高温常压蒸化机,热熔后织物还得经冷水洗、皂洗,为防止白地沾污,在皂洗时,可采用防沾污洗涤剂 PR - 20,使印花效果更好。

7. 整理　主要有柔软整理,也可根据需要进行拒水整理、磨毛等整理。涤丝绸碱减量后,常使用亲水性有机硅柔软处理,能进一步提高涤纶仿真丝绸的柔软度、悬垂性、亲水性及抗静电性,穿着舒适,从而提高服用性。有机硅用量一般为 3~5g/L,温度为 180℃,时间为 30s。

学习任务 7-3　仿毛整理

一、仿毛面料

仿毛纤维主要采用细旦或超细旦丝,再结合异线密度、异形截面、异收缩技术的综合运用及各种新型纺纱方法,可以使织物获得轻薄、细洁、柔软、滑糯、丰满的感观,仿毛织物的品质更高。

化纤仿毛面料大致有以下两类。

1. 短纤维仿毛织物　原料一般采用涤纶短纤和各种中长化纤(如涤纶、黏胶纤维、腈纶等)。该类产品的特点是表面毛感较强,光泽自然、柔和,但织物的抗起毛起球性和弹性回复性较差,而且生产工艺流程长,劳动生产率较低。

2. 化纤长丝仿毛面料　原料一般采用各种涤纶、锦纶长丝,通过合理选配长丝线密度、截面形状、收缩率及各种变形加工,再配以一些功能性整理,来改善织物的抗起毛起球性,该类产品细腻、滑糯、蓬松而富有毛感,且具有较好的抗起毛起球性和弹性回复性。

不断发展的化纤仿毛面料,为毛纺织物增添了大量的花色品种,同时也大大降低了纺织品的成本。仿毛织物具有质地柔中有刚、软而不疲、手感滑糯丰满、弹性好等特点,适合各消费层次的需要,存在较大的市场潜力。

毛织物的重要特征是外观有短纤纱的自然的随机不匀、光泽柔和、由卷曲纤维堆砌的蓬松纱线等。涤长丝仿毛织物为了获得毛织物的外观,往往采用空气变形加工、假捻变形加工、加捻等方法,以降低纱中纤维排列的平行规整程度,并在纱线表面形成适当毛羽。为获得毛织物的光泽,往往采用部分五叶形或其他异形截面纤维;为了获得毛织物的蓬松柔软感,往往采用异收缩混纤;为了同时获得硬挺度的滑糯感,往往采用不同线密度纤维混纤,让粗纤维处于纱芯,体现织物的"身骨",让细纤维浮在织物表面,形成滑糯柔软感。

化学纤维仿毛是从形状和性能上用化纤丝模仿羊毛,从而达到以合成纤维代替羊毛的目的。随着现代高科技的发展,化学纤维仿毛产品结构发生深刻的变化,差别化纤维层出不穷,新型原料的开发和利用,拓宽了仿毛产品的发展空间,涤纶仿毛产品的品质得到明显提高。目前国内外市场的化纤仿毛产品,正趋向多样化、功能化。

二、仿毛整理工艺

仿毛产品在织造过程中,应增大织缩率,提高织物仿毛性能,织物经纬向缩率大是织物质地柔软、弹性好、手感滑糯的主要原因。从准备到织造过程中要严格控制张力;在染整加工过程中,采用全松式加工,使织物在后处理中充分收缩、膨化。

在染色前应进行松弛处理,而且必须尽量减小各染整工序的张力,采取收缩、膨化方法,使织物获得最大限度的蓬松和弹性,依照国内外提高涤纶仿毛织物毛型效果的经验,前处理—染色—整理应采用"松—松—松"的全松式加工。而松式煮练退浆、高温高压喷射染色及松弛热定形正是实现此保证的有效手段。这样,纤维得到最大的回复收缩和卷曲稳定性,且色泽鲜艳,匀染性好。涤纶仿毛的染整缩率掌握在经向13%~15%,纬向10%~11%为宜,还可提高其蓬松性,改善折皱弹性,取得理想的毛型效果。

还要正确控制减量率,提高染色质量。减量率的大小与织物的手感、风格关系密切。如碱减率过高,则会严重损伤纤维的机械性能;减量率过低,将不能满足织物的柔软、蓬松要求。故仿毛织物减量率一般控制在10%左右。

同时,还应重视整理,改善织物风格。可采用柔软、热定形、轧光、罐蒸等整理,改善织物手感和风格。

仿毛织物染整加工工艺流程为:

翻布缝头→预处理→烘干→预定形→烧毛→碱减量→(染色→脱水→固色)→柔软→烘干→热定形→轧光→罐蒸→码布、检验、打卷、包装

染整技术关键工序如下所述:

1. 预处理 预处理的目的,一方面是去除织物上的油污及浆料;另一方面,使织物在高温无张力条件下进行处理,并且通过搓揉使织物获得蓬松效果,并具有弹性,消除织物内应力,同时防止织物处理过程中产生折痕、摩擦痕和极光等弊病。在此过程中,温度、时间与揉搓对织物的仿毛效果有着显著的影响,而温度是决定性的因素。随着温度的提高和时间的延长,织物的缩率逐步提高,因此,前处理要掌握好织物的仿毛特性,首先要控制好温度。其次,热处理过程中,如能对仿毛织物进行揉搓或拍打,比简单地进行热处理得到的松弛效果更好,同时还可增加织物的弹性和蓬松感,使仿毛织物的毛型感得到充分发挥。表7-1是仿毛华达呢松弛预处理前后部分物理指标的对比,可以看出,松弛处理后织物性能有较大提高。

表7-1 仿毛华达呢松弛预处理前后部分物理指标的对比

厚度(mm)	预处理前	0.6	蓬松度	预处理前	1.80
	预处理后	0.9	(cm³/g)	预处理后	2.68
增厚(%)		50	增加蓬松度(%)		49

2. 预定形 预定形有减少坯布皱印,同时起到防止经向收缩过大和达到布幅统一的作用。预定形时温度控制较重要,一般为 165~170℃,速度为 45m/min,超喂 8%。

3. 碱减量 碱减量处理可使纤维表面产生溶蚀,减小纤维线密度,使织物的手感由刚硬变柔软,活络性增加,悬垂性提高,特别是使纤维表面腐蚀,克服了合纤表面的极光,使织物光泽柔和,质轻柔软,具有优良的悬垂性。同时,也可使织物表面摩擦系数降低,对织物的抗起毛起球、抗静电性、透气性增加也有一定的效果。

减量工艺参数确定:涤/黏仿毛织物在溢流染色机上 100℃ 处理 60min,通过试验确定 NaOH 用量,结果见表 7-2。

表 7-2 NaOH 用量试验

NaOH(%,owf)	TF-118L 促进剂(%,owf)	织物手感、弹性、柔软性
5	1	硬
8	1	硬
10	1	软,无弹
12	1	软,微弹
15	1	软,弹
17	1	过软,弹而皱

由表 7-2 可见,烧碱用量为 15%,TF-118L 用量为 1%(owf),100℃、60min 处理后手感软而弹,仿毛效果好。

4. 染色 可以选用高温高压溢流染色机或高温高压喷射染色机。染色过程中,织物长时间浸渍在染液中,不断受到搅动,织物的经纬向交叉点松动,使纤维进一步收缩和蓬松。染色时,应根据纤维特性及仿毛织物的特点选用合适的染料及工艺。

5. 柔软整理 采用组合型柔软整理剂,将氨基硅油柔软剂 130 乳液和 150 微乳液或 170 微乳液配合使用。柔软剂 130 是弱阳离子性,由于其具有很好的回弹性和滑爽度及柔软性而被选用,150 或 170 是氨基硅微乳液是非离子和弱阳离子性,其有很好的糯软度和一定的蓬松度,和 130 配合使用,可使织物既柔软,悬垂性好,又有弹性。

工艺流程:

浸轧柔软剂(30g/L,一浸一轧、轧液率 80%~90%)→预烘→焙烘

6. 热定形 热定形的目的是使仿毛织物具有稳定的尺寸,并使织物手感蓬松、弹性好。定形时,超喂量控制在 4%~5%。为改善手感,热定形时应降低温度,延长定形时间,定形温度一般为 165~170℃,时间 30s,速度为 45m/min。

7. 烘干 仿毛织物常采用多层网带松式烘干机烘干。

8. 轧光 轧光可使面料平整、光洁、光亮。影响轧光效果有三大要素:车速、温度及压力。轧光车速应根据设备状况及工人操作熟练程度而定,一般为 20~30m/min。温度要根据面料的色变情况及光泽度来定,一般为 100℃,在此温度下织物的色变小,光泽适中。压力应根据设备状态及面料光泽而定,压力在 3~12MPa 范围内选择。

参考工艺：车速 25m/min，温度 100℃，压力 8MPa。

9.罐蒸 可采用 KD 罐蒸机，它是意大利 BLELLA SHRUNK PROCESS 公司生产制造的高压罐式汽蒸后整理设备，其特点是整理效果好、产量高，广泛用于毛织物和仿毛织物的汽蒸整理。蒸后织物具备硬挺、柔软、滑爽、蓬松等手感风格以及色光独特、尺寸稳定的特性，是高档仿毛面料提高仿毛效果的重要工序之一。

罐蒸工艺为：

抽真空（1min）→外汽汽蒸（4min）→放掉余汽（1min）→内汽汽蒸（3min）→内外汽平衡汽蒸（1min）→出机

学习任务 7-4 仿桃皮绒整理

桃皮绒是一种新颖的薄型起绒织物，是从人造麂皮中脱胎而来的。它是由超细纤维组成的一种薄型织物。经染整加工中精细的磨绒整理，使织物表面产生紧密覆盖约 0.2mm 的短绒，犹如水蜜桃的表面，具有新颖而优雅的外观和舒适的手感，从而受到人们的青睐，故命名该类织物为桃皮绒（peachskin）。与麂皮织物相比，桃皮绒织物质地柔软，光泽柔和高雅，因其绒更短，表面几乎看不出绒毛，但皮肤却能感知到，以致手感和外观更细腻、别致，且保形性好、易洗、快干、免烫。桃皮绒类产品可以作为服装面料，也可作为箱包、鞋帽、家具装饰的理想材料。

一、仿桃皮绒材料

桃皮绒织物种类较多，从原料上来说，有真丝、纯棉、涤/棉、黏胶纤维、涤纶、锦纶及其混纺织物；按织物结构划分，有平纹桃皮绒、斜纹桃皮绒、缎纹桃皮绒、变化组织桃皮绒和针织桃皮绒等；根据生产工艺的不同，又可分为剥离分割型复合超细纤维桃皮绒和直纺式超细纤维桃皮绒等类别。随着新合纤的不断发展，细旦和超细旦纤维织物桃皮绒整理技术也不断完善，其产品成为目前仿桃皮绒织物的主要产品。本节主要介绍细旦和超细旦纤维织物仿桃皮绒整理技术。

桃皮绒类织物独特风格的形成，是以超细旦、高密、薄型织物为基础的。织物表面由线密度为 0.5dtex 以下的超细纤维构成时，表现为桃皮状的表面手感。涤锦复合超细纤维桃皮织物，其最细单纤线密度为 0.11dtex，织物表面"看不见绒面摸得出绒"，成为各类桃皮织物中的佼佼者。日本在桃皮绒产品中占领先地位。

1.复合超细纤维桃皮绒织物 目前应用较多的复合超细纤维，主要有剥离型复合超细纤维和海岛型复合超细纤维。如日本钟纺公司 1984 年开发剥离分割型涤锦复合超细纤维。纺丝和织造过程中的纤维线密度类似常规纤维，不需要特别的加工技术，而关键加工技术是织物结构设计和后整理过程中的纤维剥离分割。

2.直纺式超细纤维桃皮绒面料 直纺式超细纤维桃皮绒一般是 100% 的涤纶面料。由于涤纶的染色性能好、颜色也比较鲜艳，在国外占有比较大的份额，国内因纤维生产技术没有过关,目前这类面料不多。

织物设计的关键之一为原料选用,关键之二为组织与紧密度设计。超细纤维手感柔软滑顺,这是它的优点,同时存在的缺点是纤维刚性小、没有身骨,纤维间排列紧密,不易形成空隙,所以一般都选用由超细涤纶丝与单纤线密度为 $2 \sim 5 dtex$ 的高收缩涤纶丝组成的混纤。织造时,超细纤维的混纤丝一般只用于织物的经或纬一个方向,另一方向大多用普通涤纶丝。织造后,织物无须经过磨毛,只需经过松式染整加工,由于两种纤维在染整时热缩率不同,丝线产生螺旋形卷曲。以一根高收缩丝为主轴,而细旦丝蓬松卷曲呈藤绕树状,使织物表面形成超细纤维的触感,同时在织物内形成较大的空隙,所以这类桃皮绒织物手感蓬松丰满、抗皱性好。

桃皮绒织物手感柔软、丰满、厚实、有身骨,有一定的强力,其桃皮绒风格的形成主要依靠细旦丝和超细旦丝的原料,并借助化学和物理的后加工。

二、仿桃皮绒织物整理工艺

(一)不同桃皮绒织物的加工流程

1.超细复合丝仿桃皮绒织物

(1)中浅色:

坯布准备→退浆、精练、松弛→预定形→碱减量→开纤→水洗→松烘→定形→染色→柔软→烘干→(预定形)→磨绒→砂洗→柔软拉幅定形→成品

(2)深色:

坯布准备→退浆、精练、松弛→预定形→碱减量→开纤→柔软烘干→(预定形)→磨绒→砂洗→松烘→定形→染色→柔软拉幅定形→成品

2.细旦丝仿桃皮绒织物

(1)中浅色:

坯布准备→退浆、精练、松弛→预定形→碱减量→皂洗→松烘→定形→染色→柔软烘干→(预定形)→磨绒→砂洗→柔软拉幅定形→成品

(2)深色:

坯布准备→退浆、精练、松弛→预定形→碱减量→皂洗→柔软烘干→(预定形)→磨绒→砂洗→松烘→定形→染色→柔软拉幅定形→成品

染整工艺,尤其是碱减量、柔软、磨绒、砂洗等对织物服用性能的影响较大。各类仿桃皮绒织物只有经原料组织的合理设计和织造染整的合理配置,才能获得优良的服用性能。

(二)主要整理工序及工艺

1.**前处理** 超细纤维织物的前处理过程十分关键,其中包括退浆、精练、松弛,这三个过程是相互关联的,因为退浆、精练是在温热状态下进行的,加之助剂作用和松式加工,此时,由于复合的两种纤维收缩率不同,低收缩性的纤维缠绕在高收缩性纤维周围,在纤维间形成一个卷曲空间,从而使织物获得良好的蓬松感。前处理设备最好采用松式精练机,其优点在于连续生产,效率高,松式加工,便于织物收缩。

海岛棉退浆精练工艺：

NaOH	4 ~ 5g/L
渗透精练剂 TF – 125	2.0g/L
蓬松柔软剂 S – 208	1.0g/L
浴比	1 : (15 ~ 20)
温度	95 ~ 100℃

2. 碱减量与开纤 碱减量一方面是将复合纤维分开，使之成为超细纤维；另一方面是为了使纤维表面起麻点和槽痕，从而在织物结构中产生空隙，提高其吸湿性；同时，使织物更加蓬松，赋予织物柔软和悬垂性。由于分离的超细纤维单纤极细，对减量率的要求不同于常规纤维，一般掌握在 5% ~ 10% 为宜。

海岛棉碱减量与开纤工艺：

NaOH	15 ~ 25g/L
碱减量促进剂 KP	1.0g/L
浴比	1 : (15 ~ 20)
温度	125 ~ 130℃
时间	40 ~ 50min

3. 预定形 织物一般要经过预定形，如果是涤纶织物一般预定形温度为 190 ~ 210℃。若是涤锦复合超细纤维，预定形温度一般为 160℃ 以下。预定形是在磨绒前进行的，其作用是控制织物幅宽，防止织物折皱，使布面平整，保证磨绒时的均匀性。

4. 染色 超细纤维上染速率大，易染色不匀，要注意控制升温速度。染色设备宜选用高温高压溢流染色机。

5. 柔软 在磨毛前，织物必须经过柔软处理，其作用是减小纤维之间的摩擦力，使织物蓬松、利于磨毛。但柔软剂的用量要适度，过多反而影响磨毛效果。

6. 定形 仿桃皮绒织物一般至少需要两次热定形，即预定形和后定形。在磨毛之后，织物再经过柔软拉幅定形，可去除浮毛，使布面上的绒毛更牢固，同时还能提高织物尺寸稳定性，但定形温度不宜太高，一般不能高于预定形温度，否则织物手感会出现"硬、板"现象。柔软定形工艺流程：

浸轧柔软剂(15 ~ 20g/L)→短环烘干→针板定形(150℃, 30s)

7. 磨绒 仿桃皮绒类织物独特风格的形成，可以说是超细旦、高密、薄型织物是基础，而磨绒整理是产品的关键。影响磨绒的工艺因素见学习任务 2 – 4 绒面整理。

目前国内进口的磨毛机型号较多，有德国祖克·米勒公司的 SE – 4 型磨毛机，意大利 Sperotto Rimar 公司的 SM 型磨毛机，意大利 Caru 公司的 CSM 型磨毛机。

超细旦仿桃皮绒织物磨绒参考工艺如下：

设备：德国祖克·米勒公司的 SE – 4 型磨毛机

砂纸目数：110.2 ~ 196.8 网孔数/cm(280 ~ 500 目)

磨辊转速：800 ~ 1000r/min

车速:10 ~ 15m/min

接触弧长:150 ~ 175mm

超细纤维仿桃皮整理的技术关键是使织物的桃皮风格与织物的强力、柔软性、悬垂性之间保持平衡,避免顾此失彼的现象发生。表7 - 3为仿桃皮绒织物服用性能指标阀值参考值。

表7 - 3　仿桃皮绒织物服用性能阀值(临界值)

服用性能指标	好	中	差
悬垂系数(%)	<35	30 ~ 40	>40
折皱回复角(°)	>310	300 ~ 310	<300
弯曲刚度(cN/cm)	0.03 ~ 0.04	>0.04	<0.03
透气量[L/(m² · s)]	>80	60 ~ 80	<60
湿阻(cm)	>1.0	1.0 ~ 1.5	>1.5
泼水性(分)	>70	50 ~ 70	<50

8.砂洗　砂洗的目的是使织物表面起绒。砂洗是将织物在专用砂洗设备中,在特定条件下,通过机械及化学作用,使织物表面起绒而达到“桃皮”效果,色调和光泽趋于柔和,风格和性能都得到改善。

(1)砂洗工艺条件确定原则。为了得到良好的表面效应,必须根据所处理的织物纤维的种类和织物结构选择不同形态、不同硬度的砂洗剂。砂洗的工艺条件的确定有以下原则:

①砂洗程度:砂洗有重砂、中砂、轻砂之分。一般来说,助剂用量越多,时间越长,温度越高则产品砂洗的程度就越重,即所谓“灰度”越大。但对织物的强力、色差、缩水率有不利的影响;

②色差:色差与所采用的染料性能有关;

③强力与缩水率:温度高,时间长,则强力下降大,缩水率也大。

上述因素在砂洗工艺中应全面考虑,还需视织物的品种、规格及染料的性能而定。一般砂洗温度为100℃,砂洗剂用量为25g/L,时间为45 ~ 60min,浴比为1: (20 ~ 25)。

(2)柔软。用于砂洗的柔软剂能使织物增重,因而可以提高织物的悬垂性,并使手感软中带糯,产生松软而丰满的效应。一般以阳离子柔软剂为主,如国产的 SL - 1、SL - 2。柔软温度为40℃,柔软剂用量为35 ~ 40g/L,浴比为1: (20 ~ 25)。

(3)烘干和打冷风。采用转笼式烘燥机效果较好。经过长时间的打冷风,织物的柔软度和起绒充分体现出来,时间一般为45 ~ 60min。

学习任务 7 -5　仿麂皮整理

麂皮作为美观、时髦和身价的象征,价值极高。但天然麂皮的使用受到产量、价格等限制,为满足更多消费者的需求,人们开发出人造麂皮(仿麂皮)产品。仿麂皮最初是在日本发展起来的。在 JIS(日本国家标准)中,仿麂皮整理被定义为:纺织物经起毛后使其具有麂皮样外观和手感的整理。仿麂皮整理的发展归纳起来经历了三个历程:第一时期仅仅是在天然棉基布上进行磨绒,第二时期以棉质基布为主进行植绒和剪毛。这两个时期的仿麂皮产品仅仅是在外观上仿制,在性能方面,特别是耐寒性、触感、透气性、透湿性等不太理想。第三时期即以目前发展较快的超细纤维为材料来开发产品,是利用超细纤维的特性,通过染整技术手段使织物成为麂皮绒,即表面绒毛细密、手感柔软光滑,并具有一定的皮质感。这个时期的仿麂皮不仅从外观上进行仿制,而且深入到织物结构上的仿制和功能叠加,可使织物外观和服用性能与真麂皮相媲美,并具有天然麂皮纤维没有的优点,价值倍增。

人造麂皮材料的制造过程为:

（1）生产特殊纤维——超细纤维;

（2）用上述纤维生产片状材料,如非织造布、机织布或针织布;

（3）片状材料浸渍树脂溶液并固化;

（4）对片状材料表面磨毛,将超细纤维从基布中拉出,使其似天鹅绒;

（5）染色、整理。

一、人造麂皮织物材料

1. 天然麂皮纤维与仿麂皮纤维（超细纤维） 天然麂皮绒是以胶原质的底板为主体结构,经过表面涂有金刚砂的研磨辊研磨,表面产生了一层很细的绒毛,通过电子显微镜可以观察到其表面是互相交织的纤维簇,底根和绒毛的纤维极细,正是这种细密的纤维毛层赋予了麂皮特有的性能——"书写效应"。正是这种绒毛结构赋予麂皮柔软、光滑、细腻的触感和其特有的书写效应。

随着对麂皮结构的认识,仿麂皮整理可以从外观上的仿制深入到织物结构上的仿制,以使织物外观和服用性能均能与麂皮相媲美。超细纤维和聚氨酯整理技术的发展,使这一愿望的实现成为可能。

要模仿天然麂皮,必须满足以下条件:

（1）绒毛必须由超细纤维组成;

（2）从基布组织中的纤维能够获得均匀分散的超细纤维绒毛;

（3）绒毛可以倒伏,具有"书写效应";

（4）由超细纤维组成的纤维束三维方向交织;

（5）交织结构中有固定的交织点;

（6）非层状结构。

在制造仿麂皮材料时,同时要克服天然麂皮纤维的缺点有:洗后发硬和收缩、尺寸稳定性差、色牢度差、分量重、裁剪时得率低、质量和尺寸不均匀、耐细菌和蛀虫的侵蚀性差。超细纤维人造革的优点有:外观上类似于天然皮革;比天然皮革轻;均匀性比天然皮革好;防皱性好;与天然皮革相比,易于缝纫;透气性与天然皮革相似;色谱范围广;色牢度大大高于天然皮革;无味;防霉变虫蛀。

2. 基布组织结构 人造麂皮织物基布的组织结构有四类:非织造布、机织布、针织布和非织造布与机织布的复合布。织物的组织结构对仿麂皮效果有很大的影响。非织造布的结构与麂皮相似,特点是成本低,结构较为疏松,因而整理后织物的手感较机织物柔软,起绒性也好,但强度不如机织布;仿麂皮结构的针织物为经编缎纹结构,机织物为缎纹结构织物,由于纬向多浮于织物表面,因此可以采用超细纤维为纬向,普通纤维为经向。机织布虽然能保证织物强度,但由于结构紧密,使织物手感变硬,起绒性也不如非织造布;针织布的伸长、弹性和起绒性均较好,但尺寸稳定性差,加工难度大,针织和机织物可生产薄型仿麂皮材料,但织物上的绒毛掉落后,易露出织物结构;非织造布与机织布的复合布既有内部粗纤维作骨架,以确保织物强度,又有外层的非织造布结构,提供织物较为柔软的手感。综上所述,从基布的组织结构上看,应根据仿麂皮织物的不同用途,选用合适的基布。相对来说,非织造布与机织布的复合布作基布较为理想。

二、仿麂皮织物整理工艺

仿麂皮织物的加工工艺流程:

坯检→翻缝→退浆→减量→开纤→预定形→磨绒→(染色→水洗、烘干)→柔软烘干→功能性整理→拉幅定形→成品包装

关键工艺分述如下。

1.松弛退浆 因涤纶超细纤维仿麂皮织物较薄,通常将退浆、精练两者合一,在高温高压溢流染色机中进行。在退浆精练前,应使织物在退浆精练液中处于无张力状态,静置 6~7min,使退浆精练液完全渗透到织物内部,并经湿热作用,使织物获得回弹性、蓬松性、平滑性、匀染性优良的效果。

工艺处方:

烧碱	2~4g/L
精练剂	2g/L
抗皱剂	1g/L
乳化分散剂	0.5~1g/L
浴比	1:(15~20)
温度	95~100℃
时间	30min

2.碱减量与开纤 表现涤纶超细纤维仿麂皮织物风格的关键是碱减量、开纤工序,它不仅实现纤维的超细开纤,且能改善织物的悬垂性,赋予织物柔软滑糯的风格。对海岛型超细纤维仿麂皮绒,在退浆干净均匀的基础上稍有碱减量即可使水溶性海岛丝海部分溶解,岛部分则充分开纤,织物高度蓬松柔软,光泽柔和,同时对织物的抗起球性,提高吸水透气性均有良好的作用。

3.预定形 预定形的目的是要消除前道工序产生的折皱,以防止后道加工时产生疵布,涤纶超细纤维仿麂皮预定形温度一般为150~160℃,速度30~50m/min。

4.聚氨酯整理和磨绒整理 聚氨酯树脂整理是决定人造麂皮性能的重要因素。由于聚氨酯在性能上有独特之处,能够得到柔软、富有弹性而强韧的薄膜,不但透气透湿性能好,而且耐磨耐低温。按其溶解性能分为溶剂型和水分散型。经过起绒的超细纤维类织物再经水分散型聚氨酯树脂 Elastoron 浸渍后,通过适度的磨绒,可得到回弹性优良、抗皱性良好的仿麂皮织物。

工艺处方：

Elastoron F - 29	30%（owf）
Elastoron C - 52	20%（owf）
Elastoron E - 200	0.5%（owf）
催化剂 32	1.5%（owf）
NaHCO$_3$	0.1%（owf）

工艺流程：

浸轧聚氨酯树脂（轧液率 80%）→预烘（120℃，3min）→焙烘（150℃，1min）

磨绒整理是仿麂皮绒的关键工序。根据织物的最终用途，即服装及装饰等领域特点，选择不同目数的砂纸。意大利生产的干湿两用磨毛机，磨辊的旋转方向可顺转，也可逆转，既能使绒毛伏下，又能以对立状态起绒，从而提高磨绒效果，使得绒面短、密、匀、平整。利用该设备进行磨绒，其工艺条件见表 7 - 4：

表 7 - 4　意大利 SPEROTTORIMAR PLURIMA 磨毛机工艺条件

砂皮目数［网孔数/cm（目）］	94.5（240）	126（320）	236.2（600）	236.2（600）
磨辊转数（r/min）	800	800	1000	1000
车速（m/min）	15			
张力［N（kgf）］	931（95）			

磨绒时砂皮的选择原则是：由粗到细；磨辊转速由低到高；方向为第 1、第 3 辊与布运行方向相反，第 2、第 4 辊与布运行方向一致，以利于纤维束切开，单纤磨断，确保绒面细腻、丰满、均匀。同时还应注意车速、张力的控制以及织物包绕角大小的调节，避免磨绒时织物强力损失过大或绒感不够，使布面平整、无条痕、皱印，磨毛均匀，绒毛长短一致。

5. 染色　设备：SEM106 - Ⅱ高温高压染色机。

6. 柔软整理

工艺处方：

柔软剂 WS - 3050	5g/L
防水剂	15 ~ 20g/L

工艺流程：

浸轧工作液（轧液率 70%）→烘干→定形（160℃，50s）

7. 功能性整理

（1）"三防"整理。为了使加工的经向麂皮绒在外观、手感等方面酷似天然麂皮，可通过各种整理加工赋予织物拒油、拒水、防污等功能，从而提高产品的附加值。

工艺流程：

浸轧整理液（汽巴特福隆整理剂 50 ~ 60g/L）→烘干→定形（160 ~ 165℃，30s）→成品

生产中既要保持原有麂皮绒的外观，又要使其具有"三防"的功能，预烘温度和时间显得尤为重要。预烘温度高，整理剂迅速在织物表面形成薄膜，造成手感粗糙，变硬，绒毛扁平，没有蓬

松感,"三防"效果也较差。因此,在预烘时,采用低温,一般温度控制在 70~80℃,降低车速,让整理剂随温度慢慢升高而渗透到纤维内部,再进行高温定形固着,达到预期的效果。经过整理,经向麂皮绒具有较好的拒油、拒水、防污功能。

(2)抗静电阻燃复合整理。聚酯及超细纤维类经向麂皮绒具有一定的疏水性,同时又有一定的亲油性,非常容易沾上油性污垢,并带有静电,且对干性污垢有一定吸附力。采用耐久性抗静电剂,如进口的 Migafor FS 7053 和国产 CAS、XFZ – 01、FRC – 1 大多为带有吸湿性基团的高分子树脂类物质。这类树脂主要是聚对苯二甲酸乙二酯和聚氧乙烯对苯二甲酸酯的嵌段共聚物,结构与涤纶相似,进入纤维表面,被吸附在纤维上而获得一定的耐久性效果;同时聚氧乙烯基团可使纤维具有一定的亲水性能,从而具有抗静电作用。选择常州化工研究所研制的耐久阻燃剂 FRC – 1,整理后的织物具有良好的阻燃性能。

阻燃抗静电复合整理工艺流程:

浸轧整理液(FRC – 1 + 抗静电剂)→预烘→定形(170℃,45s)→水洗→烘干

工艺处方:

耐久阻燃整理剂 FRC – 1	150g/L
抗静电剂	30g/L
渗透剂	1g/L
pH(用 10% NaOH 调节)	6~6.5

学习引导

一、思考题

1. 真丝绸具有什么风格?

2. 为什么有仿真丝绸产品?

3. 哪些织物能加工成仿真丝绸产品? 从原料上如何选择(纤维,织造)?

4. 涤纶仿真丝绸的原理是什么?

5. 织物仿丝绸的风格是如何通过整理工艺获得的? 整理过程中要注意哪些问题?

6. 如何设计仿真丝绸整理加工工艺?

7. 仿毛织物具有什么风格?

8. 哪些织物能加工成仿毛产品? 从原料上如何选择(纤维,织造)?

9. 织物仿毛的风格是如何通过相应加工获得的? 加工过程中要注意哪些问题?

10. 如何设计仿毛整理加工工艺?

11. 仿桃皮绒织物具有什么样的风格?

12. 哪些织物能加工成仿桃皮绒产品? 从原料上如何选择(纤维,织造)?

13. 织物仿桃皮绒的风格是如何通过相应加工获得的? 加工过程中要注意哪些问题?

14. 如何设计仿桃皮绒整理加工工艺?

15. 仿麂皮织物具有什么风格?

16. 哪些织物能加工成仿麂皮产品? 从原料上如何选择(纤维,织造)?

17. 织物仿麂皮的风格是如何通过相应加工获得的? 加工过程中要注意哪些问题?

18. 如何设计仿麂皮整理加工工艺?

二、训练任务

合纤仿真整理工艺设计

1. 任务

(1)涤纶仿真丝绸整理工艺设计;

(2)仿毛整理工艺设计;

(3)仿桃皮绒整理工艺设计;

(4)仿麂皮整理工艺设计。

2. 任务实施

(1)选择仿真整理方法并选取合适的织物。

(2)设计仿真整理工艺:

①工艺流程;

②药品与设备;

③工艺条件;

④工艺说明。

(3)课外完成:以小组为单位,编制成 ppt。

(4)课内汇报形式:小组讲述,其他小组提问,教师指导,共同完成学习任务。

三、工作项目

涤纶仿真丝绸整理生产

任务:按客户要求生产一批涤纶仿真丝绸织物。

要求:设计涤纶仿真整理工艺并实施,包括工艺流程、工艺条件、设备、工艺操作、产品质量检验等。

学习情境8　丝织物整理

学习任务描述:

学习任务包括丝织物的机械整理和化学整理两大部分。学习任务按照丝织物的处理过程来设计,包括脱水、烘燥、拉幅、机械防(预)缩、轧光、机械柔软、化学柔软整理、硬挺、增重、砂洗、防皱、防泛黄整理等部分。

学习目标:

1. 掌握机械整理的一般方法和过程;

2. 掌握化学整理的种类和一般处理方法;

3. 能设计丝织物常用整理工艺并实施;

4. 能对丝织物的整理质量做出评价。

学习任务8-1　丝织物机械整理

作为纯天然蛋白质纤维的丝织物,不仅具有柔和艳丽的光泽、丰满滑爽的手感等独特的风格,而且外观高贵典雅、轻盈飘逸,还具有吸湿透气、穿着舒适、护肤的内在品质。但丝织物所存在的缺点也是众所周知的,如悬垂性差、湿弹性低、缩水率高、摩擦起毛及起皱泛黄等。因此,丝织物整理的主要目的是改善织物的外观,使之具有均匀柔和的光泽、优良的手感和悬垂性等特点。另外,经过定形、拉幅、防皱防缩整理,可改善丝织物的服用性能。通过各种化学整理,改善织物的手感;赋予真丝织物抗变黄、抗皱、防静电、防霉、增重、阻燃等服用性能。

一、丝织物的脱水与烘燥

丝织物的共同特点是轻薄、柔软、易起皱、易挂丝擦伤。因此,其机械整理除应考虑纤维的性能外,还应根据织物的组织规格,合理选用相应的整理工艺和设备。丝织物的一般性机械整理主要是指脱水、烘干、拉幅(定幅)、机械预缩及轧光整理等。印染厂的脱水、烘干设备都分属于练、染、印各车间的,而丝绸印染厂的脱水、烘干设备的选择往往根据织物品种来定;烘干工艺对丝织物的手感、光泽都又有较大的影响,且烘干往往与熨烫、柔软等工艺同时进行,一机多用。因此丝绸印染厂将脱水、烘干划归于整理车间。

1. 脱水　丝织物在进行练漂、染色、印花等湿处理加工后,含有大量的水分。这些水分的存在加重了烘干的负担,必须在烘干之前经济而有效地将其去除。脱水主要是去除织物上机械留蓄的水分和毛细管孔隙中的水分(即自由水),它是以挤压、离心作用和抽吸等原理进行的。脱水方式可根据丝织物的品种不同而选用性能、方法不同的脱水设备，如轧水脱水机、离心脱水机和真空吸水机。

轧水机是让织物平幅通过一对软、硬轧辊组成的轧点，轧去织物中的水分，而达到去除水分而不损伤绸面的目的。适用于不能采用离心脱水机脱水的、怕折皱的织物。如真丝斜纹绸、电力纺、缎类丝织物等。真丝织物的轧水，通常是和打卷连在一起的。

离心脱水机是由于高速旋转时产生的离心力的作用，而使织物中的水分脱离织物。织物被挤压在转笼内壁，易造成皱痕，严重的甚至造成永久性皱痕。故离心脱水机一般只适用于一些不易产生折皱的丝织物，如乔其、双绉等绉类及提花类织物的脱水。

真空吸水机是利用吸水器内抽真空，当织物通过吸水机的吸水缝时，织物上的自由水被抽吸掉，从而完成吸水作用。真空吸水机脱水后的丝织物既可保持平整的外观，又不会使丝织物的组织变形，但这种脱水方式的动力消耗较大，主要适用于不能用离心脱水机脱水的、不耐轧的丝织物，如斜纹绸、电力纺、立绒等厚织物和卷装丝织物。对于蚕丝电力纺等不耐折皱的织物，可采用平幅轧水后再经真空吸水的方式进行脱水。在丝绸印染厂，真空吸水装置往往设在烘干机的前部。

2.烘燥 丝织物经过脱水后，仍处于潮湿状态，剩余的水分必须通过烘干，借热能汽化的方式加以去除。有的丝织物绳状加工后经过开幅，但仍有皱痕。因此，必须烘干烫平。丝织物的烘燥工序对成品手感和光泽具有较大的影响，丝织物通用的烘干设备多为单辊筒烘燥机，它既能起烘燥作用，又起平光作用。染整生产过程中所用的烘干设备，根据供给被干燥织物蒸发水分所需热能的传递方式不同，可分为烘筒烘燥机、热风烘燥机和红外线烘燥机三种。真丝织物比较娇嫩，不能承受过大的张力，烘燥不易过急、过度，故目前印染厂常用烘筒烘燥机和热风烘燥机两类。

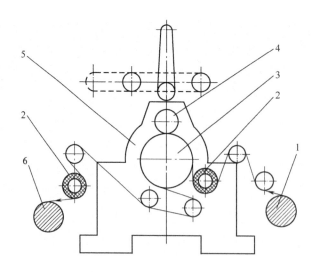

图8-1 单辊筒整理机结构示意图

1—进布卷 2—伸缩板扩幅器 3—烘筒 4—上轧辊 5—机架 6—出布卷

(1)烘筒烘燥机。烘筒烘燥机有单辊筒烘燥机和多辊筒烘燥机之分。单辊筒烘燥机属于接触式烘燥机,也称平光整理机。这种设备结构简单、占地面积小、操作方便、整理后的丝绸平挺光滑,主要适用于电力纺、洋纺等薄型织物。因此,它是丝绸印染厂目前普遍使用的烘干设备,如图8-1所示。

该机是靠一只内通蒸汽的金属辊筒(铜或不锈钢制)来烘干织物的。烘干时,织物直接接触经蒸汽加热的金属辊筒,并受上压辊的压力作用而达到烘干和熨平的目的。在该机的前后部位也就是织物进出部位都安装有伸缩板式扩幅辊,其扩幅能力较大,且织物越潮湿(摩擦力大),经向拉得越紧,则扩幅作用越大,可使织物平幅无皱地烘干并进行打卷。因此,这种设备兼有扩幅定形作用,对于没有拉幅设备的工厂更为适用。有的厂在机前加装真空吸水机,还有的厂把两台或三台单辊筒烘燥机连在一起使用或者制成多辊筒整理机来提高烘燥效率。烘筒烘燥机的缺点是,经向张力较大,织物缩水率增大,又因直接接触辊筒,织物烘干后易产生摩擦极光,手感发硬,有时一次烘不平,尚需再烘1~2次。为了提高烘干效率,可以多次烘干,改善成品的手感和光泽,很多厂将一台真空吸水机和两台单辊筒烘干机、一台小呢毯整理机,组成"三合一"呢毯整理机。但唯有紧式加工这一缺点没有大的改善。"三合一"呢毯整理机广泛用于电力纺、双绉和花绉缎等较厚织物的烘干整理。一般,烘筒烘燥机的蒸汽压力为0.20~0.30MPa,车速为25m/min。

(2)热风烘燥机。热风烘燥机是利用热空气传热给织物以去除水分,通俗来说,就是利用热风来吹干织物,比起烘筒烘燥机更能够使织物获得比较满意的均匀烘干效果。在烘燥过程中,空气除带走被烘燥织物的水分外,还供给使水分汽化所需的热量。因此,需先将冷空气(或循环的低热空气)经加热器加热升温,然后将热空气经风机、风道送入烘房内加热织物。热风烘燥属于对流传热形式。热风烘燥机的类型较多,根据丝织物在烘房内的状态不同,有悬挂式、圆网式、气垫式等多种形式。现简要介绍如下:

①悬挂式热风烘燥机。它是为克服丝织物紧式烘干设备的缺点而设计的松式烘干设备,采用热风对流式烘燥方式。它利用蒸汽散热片加热,由鼓风机使热空气循环。如专为丝绸烘干设计的国产Q241型,其结构如图8-2所示。

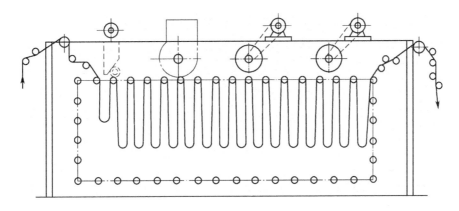

图8-2　Q241型悬挂式热风烘干机结构示意图

悬挂式热风烘燥机的最大优点是,在烘燥过程中,织物自然悬挂于导布辊上,所受到的机械张力很小,伸长少,故烘后织物的缩水率低。该机特别适用于表面有凹凸形花纹及绉类织物的烘干,也可用于一般成品及半成品的烘干。其缺点是烘干后织物不够平挺,尚需进一步熨平。因此,某些绸面要求平挺的丝织物的烘干不适于应用这种设备。

②圆网烘燥机。圆网烘燥机因机头装有超喂装置,张力小,也属于一种松式烘干设备。它是根据离心式风机的抽吸作用,使热风透过织物间隙循环流动的原理制成的。织物平摊无张力地进入烘房,并包绕在圆网上。根据织物要求不同,圆网烘燥机可由两网或四网组成,圆网直径为1400mm,工作幅度为1200~1800mm。在一般热风烘燥中,热风大多是平行于织物流动,因此烘燥速度较慢,而圆网烘燥机是使热风透过织物流动的,从而大大提高了烘燥效率,节省能源,且烘干时织物不受张力,因此烘干后的织物缩水率较低,手感柔软,绸面平整。这种烘干机适应性强,一般适用于厚织物如丝绒织物、绢纺绸、绉类及花纹织物的烘干,也适用于丝织物的松式烘燥整理。其结构如图8-3所示。

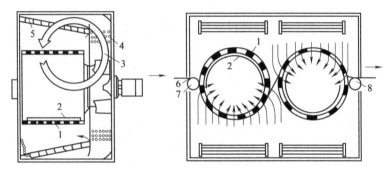

图 8-3 圆网烘干机

1—圆网 2—密封板 3—离心风机 4—加热器

5—导流板 6—织物 7—喂入辊 8—输出辊

③松式无张力气垫式烘燥机:该机主要由进布装置、烘房、热风循环系统、输送网、落布装置等几部分组成,如图8-4(a)所示。织物以平幅状态引入进布机架,经超喂装置(设在进布架上的旋钮可调整喂布量,超喂量要根据织物在烘房内形成的波浪大小加以适量控制)将织物平摊在输送网上,再由输送网将织物缓缓载入烘房。在热风房内,热风循环系统、错位式排列的上下风嘴均固定在稳压箱上,借助于下喷嘴喷出的热风风力将松弛的织物脱离输送网,使受烘织物在气垫中呈波浪状向前行进。车速、风量可根据织物的含湿量、组织规格和后道工序要求而定,热风温度根据织物的厚薄而定。喷嘴喷风装置如图8-4(b)所示,在整个烘燥过程中织物均呈松式状态,且不断受到热风风力的搓揉作用,应力得以释放,因此织物手感柔软丰满,缩水率小,尺寸稳定。

二、丝织物的拉幅整理与机械防(预)缩整理

1. **拉幅整理** 丝绸织物在染整加工过程中,往往会受到许多机械张力的作用,从而引起织物经向伸长、纬向收缩、幅宽不均匀,并发生不同程度的纬斜现象。

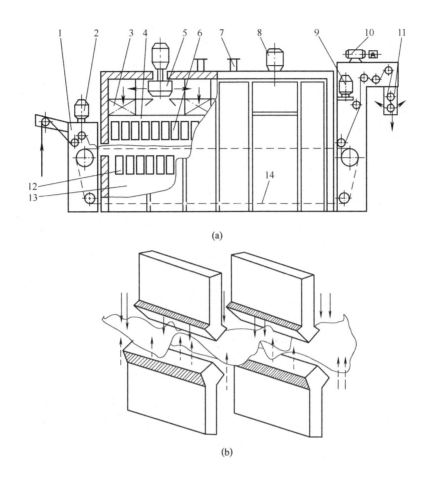

图 8 - 4　ZMD 421 型气垫式烘燥机结构示意图

1—进绸机架　2—进绸电动机　3—加热器　4—上稳压箱　5—循环风机

6—上风嘴　7—排气口　8—风机电动机　9—输送网电动机　10—出绸电动机

11—出绸装置　12—下风嘴　13—下稳压箱　14—输送网

为使织物按规定要求具有整齐划一的稳定幅宽,一般应对丝织物进行拉幅(定幅)整理。拉幅整理就是利用纤维在湿、热状态下具有一定程度的可塑性,以机械作用将织物缓缓扩幅至规定的尺寸并缓缓烘干,消除部分内应力,调整经纬丝线在织物中的状态,从而获得暂时的定形效果。织物的拉幅整理是在拉幅机上进行的。拉幅机包括布铗拉幅机、针板热风拉幅机以及布铗、针板链热风拉幅定形两用机。丝织物种类不同,拉幅整理的要求不同,选用的拉幅机种类也不相同。

2. 机械防(预)缩整理　丝织物在染整加工过程中,由于经向处于紧张状态,受到较多的拉伸作用,发生伸长,经烘燥后被暂时固定下来,纤维内存在内应力,织物经洗涤后在内应力的作用下会发生一定程度的收缩。真丝绸染整成品的缩水率一般要求控制在 5% 以下(绉类织物例外)。

降低丝织物缩水率最简单的方法就是将织物在无张力或松弛状态下进行最后一次干燥整

理。例如将织物落水或给湿，让它在湿热状态下回缩，然后再松式烘干。目前采用的针铗超喂拉幅烘干机和松式气垫式烘干机，就是其中的一种机械预缩的方法。防缩整理机的种类很多，主要有橡胶毯或呢毯预缩机、汽熨整理机（即蒸绸机）和汽蒸预缩机等。

橡胶毯式预缩整理机的预缩效果比呢毯防缩机的好，但用于蚕丝织物的预缩整理时，工艺不易掌握，在桑蚕丝织物中较少应用。而呢毯预缩机虽然预缩作用较小，但成品光泽柔和、手感丰满而富有弹性，使成品外观质量得以进一步改善，尤其对绉类织物效果更为显著，故应用较为普遍，一般称为呢毯整理。丝织物经预缩整理后不仅可以获得一定的防缩效果，而且手感、光泽都可以得到一定程度的改善。

汽熨整理（平幅连续汽蒸预缩机），也称蒸绸。它是一种适用于真丝织物的机械物理整理方法。它是利用蚕丝等蛋白质纤维在湿热条件下定形的原理，使织物表面平整光洁，形状和尺寸稳定，缩水率降低，并能获得蓬松而丰满、柔软而富有弹性的手感，光泽自然柔和。近年来，真丝织物的汽熨整理已被列为正式整理加工工艺。蒸绸设备有两种，即间歇蒸绸机和连续蒸绸机，前者一般借用毛织物蒸呢机。蒸绸时间应视丝织物品种而定，一般多为30min。丝织物经汽蒸收缩后，虽然缩水率变小，丝纤维呈蓬松柔软状态，但手感发纰、绸面起皱，不够平整挺括，所以必须经连续蒸绸机处理。连续蒸绸机多使用连续蒸呢机，如图8-5所示。

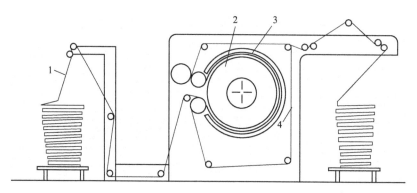

图8-5　连续蒸呢机示意图

1—织物　2—蒸呢辊　3—全幅无缝毛毡套筒　4—全幅无缝包布

该机的进绸处设有超喂装置，并配有高效冷却、汽蒸系统，还设有导向、张力和校直包布的控制装置，操作方便，织物冷却效果好，可在出绸处立即打卷。对于薄、中、厚各种类型的织物均可加工。该机的设备结构基本与呢毯整理机相同，只是大辊筒有孔，外部密闭。蒸汽由外部喷入后，通过呢毯和被蒸织物，辊筒内部进行抽吸。一个大辊筒部分用于汽蒸，部分用于烘干。呢毯辊筒压力294kPa（3kgf/cm²），车速20m/min（与汽蒸收缩机同步）。使用连续蒸绸机对真丝织物进行蒸绸，其效果更佳，可使整理后的织物获得汽熨和呢毯防缩两种整理的综合效果。

近年来，采用平幅连续汽蒸预缩机和连续蒸呢机联合处理真丝织物，大大降低了织物缩水率，并且保持了真丝绸原有的柔和光泽和丰满柔软的手感。除此以外，还可以克服因使用机械超喂整理出现的木耳边和鱼鳞皱等疵病，消除由于机械张力而存在的内应力和织物表面的极光，从而获得更加令人满意的整理效果。平幅连续汽蒸预缩机的结构如图8-6所示。

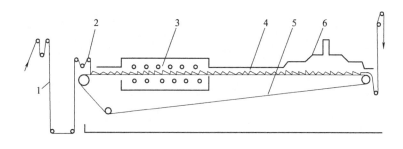

图 8-6 平幅连续汽蒸预缩机示意图

1—织物 2—超喂调节辊 3—蒸汽给湿区 4—烘燥区 5—松弛输送带 6—冷却区

它是由超喂调节辊、织物松弛输送带、蒸汽给湿区、烘燥区、冷却区等几部分组成。丝织物在输送带上呈波纹状(由于超喂率较大),并随输送带向前移动。当进入蒸汽给湿区后,具有强烈抽吸作用的饱和蒸汽从织物的上下两方喷入,渗入到织物内部,使织物充分吸湿膨化,从而改善经(纬)向纱线间的织缩状态,所以汽蒸效果好。输送带下方装有振动辊(由于它不断转动时会周期性地敲打输送带),可使织物随之振动,并不断变换位置和松弛收缩。当织物离开汽蒸松弛区后,设备迅速排气使织物冷却,并烘干定形保持尺寸稳定性。由于该机的汽蒸区通道体积小(长约 1.5m,外壳高约 15cm),因此耗气量不大。装在汽蒸区顶部的蒸汽使加热室顶部温度较高,避免了冷凝水滴的形成。汽蒸预缩机的工艺条件为:蒸汽压力 392kPa(4kgf/cm²),车速 20m/min,超喂 5%~6%。

三、丝织物的轧光、柔光、刮光整理及机械柔软整理

1. 轧光、柔光、刮光整理 桑蚕丝织物的天然光泽较好,一般不需轧光整理。但有的织物经加工后,光泽不能达到标准要求,可以有选择地进行轧光整理。如提花织锦等熟织产品,经纱浮露较多,织造后绸面不够平挺,通过轧光整理可以使之平滑并富有光泽。有些黏胶丝织物如需提高光泽,可采用三辊轧光机进行轧光整理。三辊轧光机由一根极光滑的钢辊与一对纸粕或棉花等压制成的软辊所组成,织物通过线速度相等的两个轧点,即可得到光滑和柔软的绸面。织物的含水量对轧光具有一定的作用,含水量较高的织物通过热轧点后就显得挺括和光滑,对过度干燥的织物则不起轧光作用。一般要求织物含湿量在 10%~15% 或再稍高些,在轧光机中通过时才产生光泽。

有些丝绸产品为了获得柔和的光泽,可通过汽熨机整理。其主要作用是利用蚕丝和化学纤维在湿热条件下定形的原理,使织物表面平整,形状和尺寸稳定,织物的缩水率降低,并能获得柔软而富有弹性的手感,消除由辊筒烘燥或轧光带来的"极光",使织物的光泽柔和。

有些真丝织物如色织缎类,经一般整理后的光泽不足,可借刮光整理提高光泽。如将织物通过一排导辊,导辊上装有螺旋形钝口金属刮刀或橡皮刮刀,或用砑刮机构。丝织物的刮光整理适用于高级色织缎类织物。

2. 机械柔软整理 机械柔软整理是利用机械的方法,在张力作用下将织物多次揉搓、弯曲,

使织物获得适当的柔软度。真丝绸机械柔软整理的方法很多,其中揉绸机包括螺旋式和纽扣式两种。揉绸机就是通过机械方法将织物多次揉搓、弯曲,使织物组织点松动,破坏织物的僵硬状态,从而改善其柔软度。除使用揉绸机外,还可以在平滑的桌面上摔打,并经单辊筒整理机轻轧。另外,使用超喂拉幅整理,可改善印染加工时因机械拉伸而造成的织物僵硬;呢毯或橡胶毯整理可适当改善因真丝绸直接接触金属表面而造成的粗糙手感,汽蒸预缩机整理也可改善织物的手感和缩水率,使织物获得一定的柔软效果。但现在使用较多的是在机械柔软整理机上进行的揉搓整理,如意大利的 AIRO‐1000 柔软整理机,又称气流式织物整理机。经 AIRO‐1000 加工处理的真丝绸不仅手感令人满意,而且整理过程中常见的疵病如皱印、白条、砂洗痕、污渍等可基本消除。

学习任务8‐2　丝织物化学整理

真丝绸因其本身比较柔软、光泽柔和、吸湿性好、穿着舒适,所以一般只进行机械整理,即可达到实用要求。但它确实也存在如悬垂性差、湿弹性低、缩水率高、易起皱、发毛、泛黄等不足。同时,人们对真丝织物也提出了一些新的要求。真丝绸化学整理的目的就是提高真丝绸的实用性和功能性,以赋予其新的外观和特性,提高其附加价值。

一、柔软整理

在真丝绸织物进行柔软整理时,要先浸轧柔软整理液,然后在一定温度条件下进行拉幅烘干即可。真丝织物使用的柔软剂主要有非有机硅和有机硅两类。非有机硅类的柔软剂大都为具有长链脂肪烃的化合物。采用有机硅类柔软剂对真丝绸进行柔软整理,既可在感观上赋予真丝绸高品质化、差别化,因而具有"超柔软整理剂"的美称,又可在功能上赋予真丝绸以复合功能,即在获得柔软手感的同时,使真丝绸具有拒水(或吸水)、抗静电、防污、抗皱等功能。若对柔软度和耐久度要求较高时,则采用反应性聚硅氧烷可获得令人满意的效果。尤其是经过改性聚硅氧烷整理的真丝织物,手感更为光滑和柔软,洗可穿性、缝纫性均改善,且具耐水洗及干洗。

此外,丝织物还可以用生物酶进行柔软整理。酶整理是在温和的物理和化学条件下,从织物表面除去毛羽得到的柔软效果,且能保持织物原有的吸湿性能。处理后织物有光洁柔软的外观,同时也改善了起毛起球性。

二、硬挺整理

丝织物使用的硬挺整理剂常为热塑性树脂乳液或者天然浆料,常用的硬挺剂有聚醋酸乙烯乳液、聚乙烯乳液、聚丙烯酸酯与聚丙烯腈共聚物乳液、聚氨酯类等,如硬挺剂 504、480 等,它们都是不溶于水的高分子化合物。使用时将其制成乳液来浸轧织物,经过一定温度处理并烘干后,便成为不溶于水的树脂微粒固着在织物上,具有良好的耐洗性。随着使用树脂的性能不同,织物手感会有很大变化,在某些情况下,织物的强力和耐磨性也有所提高。整理工艺为先浸轧处理液,然后烘干即可。

单纯的硬挺整理,会使织物有硬板和粗糙的感觉,有时也要求渗入一定量的柔软剂。丝织物的柔软整理和硬挺整理都可以被视为了改善和加强织物的柔软、硬挺、丰满等手感而进行的手感整理。柔软和硬挺整理,虽然要求不同,但为了彼此兼顾,除单独使用外,也可配合使用。

三、增重整理

蚕丝是细而长的长丝纤维,因而可织出柔软而轻薄的织物,如乔其、薄绸、丝袜、轻薄的电力纺等。而在织制厚织物时,不仅要消耗大量高价的蚕丝纤维,而且织物缺乏厚重感,组织不够紧密。不仅如此,蚕丝织物经脱胶后失重约23%,使其变得更为轻薄,而蚕丝织物通常是以重量来计价的,所以需对蚕丝织物进行增重整理。增重整理不仅会增加蚕丝的重量,而且还会改善蚕丝的质量和性能,特别是改善真蚕丝织物的防皱性和悬垂性。但过量的增重会招致蚕丝的脆化。特别是在按要求的重量增重时,往往增重过度会引起麻烦。故应视增重方法,仔细斟酌增重的程度、处理方法和质量。

增重方法有锡增重、单宁增重、丝素溶液增重和合成树脂增重等。国内外使用较多的仍旧是历史悠久的锡增重法。一些欧洲国家如意大利、法国、瑞士、奥地利、德国、英国等都盛行锡增重。通过锡增重,蚕丝纤维的重量增加,纤维变粗,而且手感厚实,具有松散的蓬松感,风格和光泽、身骨、弹性等均有改善。目前增重整理主要用于真丝领带和妇女用高级上衣等厚织物。锡增重整理方法简述如下。

锡增重用氯化锡($SnCl_4$)进行,其处理工艺由以下四道工序构成。

1. 氯化锡处理　使氯化锡被蚕丝纤维所吸附、扩散、渗入纤维内部,并同时产生一定程度的水解。

$$SnCl_4 + 4H_2O \longrightarrow Sn(OH)_4 + 4HCl$$

处理后轧液、水洗、脱水。

2. 磷酸盐处理　用磷酸盐处理浸轧过氯化锡溶液的蚕丝织物,可使蚕丝吸附的氯化锡固着。处理后轧液、水洗、脱水。

$$Sn(OH)_4 + Na_2HPO_4 \longrightarrow Sn(OH)_2HPO_4 + 2NaOH$$

以上两道工序可根据需要反复进行,直至符合增重要求。

3. 硅酸盐处理　经硅酸盐处理使锡增重物稳定化。处理后轧液、水洗、脱水。

$$Sn(OH)_2HPO_4 + Na_2SiO_3 \longrightarrow Sn(SiO_3)HPO_4 + 2NaOH$$

4. 皂化　皂化处理可以去除丝织物上未反应的锡、处理液等物质。

工艺流程及条件是:

$SnCl_4 \cdot 5H_2O$ 处理(375g/L,30℃,30min)→冷水洗→$Na_2HPO_4 \cdot 12H_2O$ 处理(50g/L,60℃,20min)→冷水洗→(重复上述工艺)→泡花碱处理(100g/L,60℃,15min)→冷水洗→皂洗(1g/L皂片+1g/LNa_2CO_3,80℃,15min)→冷水洗→烘干

锡增重的本体是氯化锡,经过上述处理,水溶液的氯化锡在蚕丝纤维内发生化学变化,生成在水中不溶性的锡氯化合物(锡酸凝胶 $SnO_2 \cdot 2H_2O$)沉积在蚕丝纤维中。丝织物增重一次处

理后,增重率达 19%~20%,若重复一次,增重率可达 40% 左右。对绞丝增重,同样也能达到上述要求。意大利、法国、瑞士制的高级领带,几乎都经过锡增重,其增重率大部分达 35%~40%。经锡增重后的真丝不仅外观良好,而且实用性能也极好,如成品较挺括、手感丰满柔软、悬垂性提高,蓬松性优良。但染色时染料的上染百分率有所下降,色光偏暗,强力也有所下降,且对光敏感,容易加速脆损,所以对增重的程度、处理方法都要十分谨慎小心,避免增重过度。

四、砂洗整理

真丝绸砂洗整理是一项新兴的后整理技术。所谓砂洗,就是使真丝绸产生丝绒状均匀耸起的绒毛。在这个过程中,织物处于松弛状态,并使用化学助剂即膨化剂和柔软剂,使丝素膨化而疏松(表层的微纤裸露出来),然后在一定的 pH 和温度下,借助机械作用使织物与织物、织物与机械之间产生轻微的均匀摩擦,使丝素外层包覆着的微纤松散而挺起,使绸面产生出均匀而细密绒毛,从而使织物手感松软、柔顺、肥厚、光泽柔和,悬垂性及抗皱性能大大提高。具备良好的悬垂性和抗皱性的衣服在家庭洗衣机中洗涤后,可以不经熨烫直接穿着,因此也可以说它具有"洗可穿"性,从而改善了原有丝绸在穿着上的不足之处,使砂洗绸服装属于高档次的商品。砂洗绸与真丝绸相比是旧貌换新颜,它的质地不再像丝绸那样飘逸,而是变得浑厚。尤其是用薄型的真丝绸如电力纺、双绉等加工后效果更为明显,在手感上呈现"腻、糯、柔、滑"四大特点,而且还具有相当的弹性。

但必须注意的是,桑蚕丝绸生性娇嫩,稍加外力摩擦就能使外层包覆的微纤裸露而产生绒毛。这种现象如果发生在局部,就会形成人们通常认为的"灰伤"疵点。但作为有意识的全部擦伤则是砂洗绸的制造技术。

1. 砂洗整理工艺流程 砂洗作为一种较新颖的整理工艺,工艺流程目前尚不统一。一般的工艺流程如下:

将染色、印花绸或服装制品装入稍大一些的砂洗袋内→放入配有化学助剂的砂洗机中→砂洗膨化→脱水→水洗→(中和)→上柔软剂→烘干→开幅→码尺→检验→成品装箱、装盒

2. 砂洗用助剂和设备 丝织物砂洗效果与纤维膨化程度关系密切,其影响因素有膨化剂用量、膨化温度和时间,除此以外,砂洗效果还与织物中纱线捻度、交织点情况和交织紧密度等有关。适用于真丝绸砂洗用的助剂有:

(1)膨化剂:主要是对蚕丝有膨化作用的碱剂、酸类以及醋酸锌、氯化钙等。膨化剂用量一般采用 10~50g/L 为宜,具体用量应根据织物组织种类、厚薄以及对砂洗的要求来决定,用量不宜过多,否则会影响织物的强度,但也不宜过少而影响到砂洗效果。

温度和时间对膨化程度也有影响,一般情况下温度控制在 45~65℃ 范围内,对轻薄织物轻度砂洗,一般控制在 15~30min;对厚重织物砂洗时间可适当增加,温度也可适当提高,有的还可预先浸泡。砂洗染色、印花产品时,应考虑砂洗过程的"剥色"作用,因此对砂洗温度和时间要综合掌握。

砂洗(膨化)后的织物要经过充分水洗,使织物保持中性,必要时可用酸碱中和,以后再进行必要的柔软处理烘干(包括烘干后继续打冷风,工厂又叫冷砂)。

（2）砂洗剂：主要有金刚砂、砂洗粉等。

（3）柔软剂：因为只有在柔软剂的作用下，烘干机的搓揉、拍打和烘干后的打冷风，才能使膨化后已裸露于织物表面的绒毛挺立，织物手感变得丰满、柔和、飘逸感强。一般选择阳离子型柔软剂，阳离子型柔软剂对成品的触感起决定性作用，这种助剂可以与非离子型表面活性剂并用。柔软处理温度在 35℃ 左右，时间为 20min。

（4）砂洗用设备：砂洗设备是用来进行膨化、砂洗和柔软处理的设备，各厂不一。主要有绳状水洗机、溢流喷射染色机、转鼓式水洗机以及专用砂洗机等。脱水后烘干主要采用转笼式烘燥机。转笼式烘燥机是利用蒸汽或电加热散发器散发的热量，通过风机产生热循环。转笼内有三条肋板，可将织物抬起和落下。织物在转笼内产生逆向翻滚，使织物与织物相互拍打和揉搓，从而改善烘燥时真丝绸在湿热状态下由于纤维的热可塑性而造成的板硬感，而变得蓬松、柔软。由于吹入的蒸汽缓和，使真丝在松弛状态下均匀而缓慢地收缩和干燥，从而使砂洗后的产品绒毛挺立、手感柔和、飘逸感强。烘干时，温度逐渐上升，最高不超过 80℃，烘干后应继续冷磨约 60min。出笼后应立即开幅、码尺、检验和包装。另外，砂洗时要对设备的运转情况（即坯绸的运动、摩擦）密切关注，要使织物轻柔和摩擦均匀。

各种组织结构的真丝织物都可砂洗整理，但经、纬线均为无捻长丝的电力纺和斜纹绸较其他织物，如双绉、素绉缎更易产生"起毛"效果，且织物表面性能的提高也较明显。另外，染色绸比练白绸的砂洗效果要好。砂洗绸一般是将染色后的丝绸或服装进行加工，因此对染料必须进行选择。如酸性染料的牢度低，砂洗后色泽褪色较严重，同时色光也有改变。活性染料、1∶1 金属络合染料及 1∶2 金属络合染料变化少。

五、防皱整理

丝织物在保持原有独特风格的前提下，为了提高桑蚕丝织物的防皱性能，可进行防皱整理。纤维反应型树脂即 N – 羟甲基化合物能改善真丝的抗皱性和防皱性，但反应型树脂整理大多易产生游离甲醛问题，现在一般采用低甲醛或无甲醛的整理剂，如水溶性聚氨酯、有机硅系列、多元羧酸 BTCA 等。

防皱整理浸轧液组成：

水溶性聚氨酯 FS – 621	100g/L
柔软剂	10g/L

工艺流程：

二浸二轧（40℃，轧液率 70% ~ 80%）→烘干（低于 100℃）→焙烘（160℃，1min）

六、防泛黄整理

真丝的泛黄老化是指真丝绸受日光、化学品、湿度等的影响和作用而产生的强力显著下降和泛黄现象。

1. **真丝泛黄的原因**　人们经多年的研究，特别是从老化泛黄的丝素中部分地分离出了黄色酞分子和色原体之后，真丝老化泛黄的原因可归纳如下：

（1）紫外线等光照作用使组成丝纤维的氨基酸，尤其是色氨酸、酪氨酸残基吸收光能量，发生光氧化作用，导致纤维强力下降。

（2）温湿度效应表现为丝织物在40%以上的湿态下长期保管，会显著泛黄。

（3）真丝绸精练后残存的蜡质、有机物、无机物和色素等，练漂后未洗净的精练剂和漂白剂等，穿着时沾上的污垢，因洗涤不当而在织物上残留的洗涤剂等都可能引起真丝绸泛黄老化。

（4）空气中的氧气、大气中的各种污染气体如 NO_x、SO_2 等，都对真丝绸的泛黄老化起促进作用。

引起真丝绸泛黄老化的原因是错综复杂的，要防止真丝绸泛黄老化，还应采取综合措施。

2. 防止真丝绸泛黄老化的措施

（1）在染整加工方面：真丝绸在精练时，使用质量良好的精练剂和精练助剂，精练的浴比及精练助剂的用量应适宜，并需有充分的时间进行前、后处理。精练操作要标准化。对经泡丝剂泡丝并在织造时上蜡的真丝绸，在用皂碱法精练前，要浸入含有乳化分散剂等表面活性剂的冷水和温水中进行前处理。后处理水洗要充分，使真丝绸上不残留精练残渣。为了除去精练残渣，水洗温度宜为30℃左右。此外在染整加工中，不用易于引起真丝绸泛黄的荧光增白剂、柔软剂和树脂。并加强测试，如精练绸用脱水机脱水时，要测定排水口处液体的pH。还要对成品进行耐光试验，以保证真丝绸制品的质量。

（2）在练白绸运送和储存方面：真丝绸成品宜采用不透气的密封形式包装，并且要避免利用含有泛黄物质的包装材料。在仓库装卸货物时，要避免卡车向仓库内排气；在储藏时，要避免与含有泛黄物质的塑料薄膜、硬纸、橡皮带、搁板和纸等相接触。商店陈列真丝绸产品时，要尽量避免真丝绸受外界有可能导致泛黄的因素作用。无论仓库还是商店的陈列柜都要干燥。不宜使真丝绸裸露暴晒过久，勿使真丝绸的表面积尘过多。制线时所用络筒油及制作服装时衬衣的衣袖、袖口等处所用黏合衬，都不应含有易泛黄的物质。

（3）在消费过程中：真丝绸服装在服用时，除勤换勤洗外，洗涤要充分，洗后出水要清，宜晾干，不得长时间在日光下暴晒。洒过香水的真丝绸服装在保管时，必须将香水散发去除。存放真丝绸服装的家具和容器等，温度要低，温湿度变化要小，必须选择避免日光直射且通风良好的场所。

（4）化学整理剂对真丝绸织物进行处理：目前研究较多、效果较好的化学整理剂及其处理方法如下：

①用紫外线吸收剂处理真丝绸。可用于蚕丝防泛黄加工的有苯并三唑系和二苯甲酮系及水杨酸苯酯系等紫外线吸收剂，而以二苯甲酮系中的 Seesorb 101S（商品名）效果最好，其特点是分子中含有—SO_3H 基团，易溶于水。真丝绸经反应性的含羟基的氨基甲酸酯树脂加工后，再用紫外线吸收剂处理，具有显著的防泛黄效果。

②对真丝进行树脂整理或接枝共聚整理，也能对防泛黄性有一定程度的改善，但要注意对树脂品种和焙烘条件的选择。根据实践经验，采用硫脲－甲醛树脂、二羟甲基乙烯脲树脂和含羟基的氨基甲酸酯树脂等整理剂以及用环氧化合物接枝共聚的方法处理真丝绸，都具有显著的防泛黄效果。需要注意的是真丝绸织物的焙烘条件不能过分激烈。将上述两种防泛黄整理方

法结合起来,工艺如下:

将真丝绸织物浸渍含羟基的氨基甲酸酯树脂溶液中 20min→离心脱水→60℃预烘 20min→130℃热处理 20min→1%(owf)的紫外线吸收剂(2 - 羟基 - 4 - 正辛氰基二苯甲酮)溶液浸渍 2h(浴比为 1:50,密闭状态下)→轻度脱液、烘干(30℃,24h)。

结果表明,由于将这两种方法结合在一起发挥了协同效应,防泛黄效果显著。

③酸性浴处理。真丝绸经碱处理及在残留碱性物质的作用下,其丝素膨润,结晶度下降,如照射紫外线容易泛黄。而用酸在等电点附近处理真丝绸,去除丝绸上的残碱,则丝素复原,紫外线对蚕丝蛋白质的影响下降,可防止泛黄。所用酸性浴,既可用盐酸、硫酸、磷酸等无机酸配制,也可用甲酸、醋酸、乳酸、苹果酸、柠檬酸等有机酸配制,但必须控制 pH 在 1~5,若能将 pH 控制在 2~4,则防泛黄效果尤为突出。处理浴温度宜高于常温,以利于酸性溶液充分渗透到纤维内部。采用这种方法处理真丝绸只需浸渍整理液几分钟到几十分钟就能获得充分的防泛黄效果。

④屏蔽气体性薄膜 + 脱氧剂。经酸性浴处理的真丝绸,易受存储环境的影响而渐渐失效,这种处理属于暂时性的。真丝绸经过屏蔽气体性薄膜 + 脱氧剂处理可以获得永久性的防泛黄效果。将经酸性浴处理的真丝绸用聚亚乙烯氯化物和聚乙烯层叠的屏蔽气体性薄膜包起来,再在该包装物中装入脱氧剂(如日本东亚合成化学公司的 Bilaron LHA - 250 或钯等),经酸性浴处理,可以防止真丝绸泛黄。虽然利用屏蔽性薄膜遮断空气也有相当的防泛黄效果,但只有通过脱氧,才能完全防止泛黄。

学习引导

一、思考题

1. 分析真丝绸加工的特点?

2. 丝织物的机械整理有哪些?

3. 丝织物的脱水主要是去除织物上的哪些水分? 用于丝织物脱水的脱水机种类主要有哪些?

4. 丝织物的烘燥工序对成品手感和光泽具有较大的影响,目前丝织物常用的烘燥设备有哪些?

5. 拉幅整理是利用纤维在湿、热状态下具有一定的可塑性来进行,能否起到永久的定形效果?

6. 真丝绸机械防(预)缩整理可采取哪几种方法? 降低丝织物的缩水率最简单的方法是什么?

7. 真丝织物进行柔软整理可以采用机械柔软整理和化学柔软整理的方法,常用的化学柔软剂有哪两大类?

8. 丝织物使用的硬挺整理剂常为热塑性树脂乳液或者天然浆料,单纯的硬挺整理会使织物有硬板和粗糙的感觉,此时需如何处理?

9. 真丝绸的增重整理不仅会增加蚕丝重量,而且还可以改善哪些方面的特性? 真丝绸增重整理可采取哪几种方法?

10. 真丝绸砂洗时要用到哪些助剂? 设计真丝绸砂洗工艺。

11. 丝绸抗皱整理剂中纤维反应型树脂即 N – 羟甲基化合物是有效的,但是它有什么缺点?

12. 为什么真丝绸易泛黄? 酸性浴处理真丝绸可以达到永久的防泛黄效果吗?

二、训练任务

丝织物的机械与化学整理工艺设计

1. 任务

(1)不同真丝绸织物的脱水与烘燥工艺设计;

(2)柔软整理工艺设计;

(3)丝织物砂洗整理工艺设计;

(4)丝织物增重整理工艺设计。

2. 任务实施

(1)选取合适的丝织物种类,同时选择柔软整理、砂洗整理和增重整理工艺方法。

(2)设计各种整理工艺:

①工艺流程;

②药品与设备;

③工艺条件;

④工艺说明。

(3)课外完成:以小组为单位,查阅相关资料,编制成 ppt。

(4)课内汇报形式:小组讲述,其他小组交流讨论,教师指导,共同完成学习。

三、工作项目

丝织物增重整理工艺实践

任务:按客户要求生产一批经过增重整理的丝织物。

要求:查阅相关资料,设计丝织物增重整理工艺并实施,包括工艺流程、工艺条件、设备、工艺操作方法及产品质量测试等。

学习情境 9　毛织物整理

学习任务描述：

学习任务包括毛织物干整理、湿整理及特种整理。学习任务按照毛织物整理项目来设计，包括毛织物整理的目的、原理、加工方法选择、设备选用、工艺流程设计、工艺条件制订及工艺实施等。

学习目标：

1. 掌握毛织物整理的方法；

2. 会根据织物的功能要求选择合适的整理工艺；

3. 能设计常用毛织物整理工艺并实施。

毛织物品种很多，但按毛织物加工工艺的不同主要可分精纺（梳）毛织物和粗纺（梳）毛织物两大类。

毛织物整理可分为湿整理、干整理和特种整理。通过这些整理，可以充分发挥羊毛的优良品质，增进其身骨、手感、弹性、光泽及外观，提高其服用性能。特种整理还可赋予织物特殊性能，提高其使用价值。

精纺毛织物的结构紧密，线密度较低，衡量实物质量主要从身骨、手感、呢面、光泽四个方面考虑。精纺毛织物品种不同，对于织物的质量要求也各有侧重。凡立丁、派力司、薄花呢等属于薄型织物，一般用于夏季服装，整理后要求织物呢面平整洁净，光泽足，手感要滑、挺、爽，即织物要有既薄又挺的风格。而华达呢、直贡呢等属于厚型织物，是春秋季服装的理想面料，整理后要求织物手感丰满，弹性好，光泽自然。因此，精纺毛织物整理的侧重点是湿整理，在进行整理加工时，要侧重把握洗呢和煮呢工序，处理好各工序张力的关系，既要避免因张力过大，织物发生薄削板硬现象，又要防止因张力过小使织物发皱；也要处理好给湿和烘干的关系，烘干过度影响织物手感、光泽，并使羊毛纤维遭受损伤，织物含湿过高则影响整理效果。

粗纺毛织物线密度较高，质地疏松，呢面被绒毛覆盖，通过整理，要使粗纺毛织物具有质地紧密、呢面丰满、绒面织物绒毛整齐、光泽好及保暖性强等特点。为此，粗纺毛织物的整理重点是缩呢、洗呢、起毛、剪毛。又因粗纺毛织物品种不同，外观风格差异较大，整理的侧重点也不尽相同。如纹面织物要求花纹清晰，并具有一定的身骨和弹性；粗花呢要以洗呢为重点；而呢面织物要求织纹隐蔽，呢面丰满平整，手感厚实，则要以缩呢为主；立绒及拷花织物以起毛、剪毛为重点。一般，缩呢是粗纺毛织物整理的基础，洗呢是使织物具有良好光泽和鲜艳颜色的关键，在粗纺毛织物的整理中要处理好两者的关系。另外，起毛对改变毛织物外观风格作用较大，随着起毛机械的不同，可赋予毛织物不同的风格。

毛纺织厂多为纺织、染整联合加工厂，毛织物染整加工通常在湿整理车间和干整理车间进行。湿整理车间主要的加工工序有：烧毛、洗呢、煮呢、缩呢、烘呢定幅、炭化和染色。通常把不包括炭化和染色的烧毛、洗呢、煮呢、缩呢、烘呢定幅等加工工序称为毛织物的湿整理。毛织物的干整理包括起毛、剪毛、压呢和蒸呢整理等加工工序，在干整理车间进行。

学习任务9-1　毛织物的湿整理

毛织物的湿整理是指毛织物在湿、热条件下，借助机械力和压力作用而进行的整理，包括坯布准备、烧毛、煮呢、缩呢和烘呢定幅等工序。

一、准备工序

坯布准备的目的是可以尽早发现毛织物坯布上的疵点，并及时纠正，以保证成品质量，避免不必要的损失。坯布准备包括生坯检验、编号、修补及擦油污渍等。

1. **生坯检验**　生坯应逐匹检验其物理指标和外观疵点。物理指标检验包括测量长度、幅宽、称重及数经纬密等；外观疵点主要指纺纱、织造过程中所产生的纱疵、织疵、油污斑渍等。在需要修补和处理的疵点旁用笔做好记号，以便于后道工序的修补和擦洗处理工作的进行。

2. **编号**　为了使不同品种的毛织物正确地按染整工艺要求进行加工，应将每匹呢坯进行编号，并将编号缝在呢端角上。同时为了加强岗位责任制，要为每匹呢坯织物建立一张加工记录卡，随工序记录加工情况，以便发现问题，及时查找原因，尽早处理。

3. **修补**　为了不影响织物的外观，提高织物的等级，保证毛织物的质量，对于检验中发现表面有疵点的织物要进行修补。精纺织物表面光洁，疵点容易暴露，因此，对修补要求就高一些；粗纺毛织物因有绒毛覆盖或由于纤维的迁移而使疵点容易被隐蔽，对修补要求相对低一些。修补时，一般先修反面，后修正面。修补后要仔细复查，防止有遗漏，影响成品质量。

4. **擦油污渍**　毛织物在纺织加工及搬运过程中，不可避免地要沾染上一些油污、色渍和锈渍，如不去除，则将会影响成品质量。有的油污渍经过高温工序加工后很难去除，所以，擦油污渍最好在洗、染加工之前进行。

5. **缝袋**　为了防止毛织物在湿加工中产生条痕或卷边，在洗呢、缩呢、染色加工中，可以两边对折，缝制成袋（筒）形进行。对于粗纺毛织物，缝袋时，缝线强力应高一些，否则容易崩断；针距要适当。缝袋时呢坯正面朝里。

二、烧毛

烧毛就是使平幅织物迅速通过高温火焰，以烧掉织物表面上的短绒毛，从而使织物呢面光洁，织纹清晰。毛织物染整加工中，烧毛主要用于精纺毛织物特别是轻薄的、要求织纹清晰的品种，并有利于薄、滑、挺爽风格的发挥。毛面的中厚织物如毛面哔叽、花呢等则不需要烧毛。而毛与化纤混纺织物通过烧毛，可以减少起球现象，从而改善织物的外观。另外，烧毛还可提高色泽鲜艳度,减少纳污吸尘。

1.烧毛设备 毛织物的烧毛多用气体烧毛机,用于燃烧的气体有煤气、汽油汽化气。常用的烧毛机为二火口立式气体烧毛机,如图9-1所示。毛纤维的延燃性较差,所以可不设灭火装置。但毛纤维燃烧后的灰烬呈球形,嵌于织纹中不易脱落,故必须加强水洗才能去除。

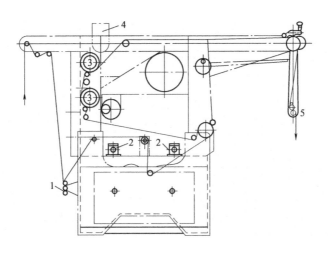

图9-1 二火口立式气体烧毛机结构示意图
1—张力架 2—火口 3—毛刷 4—吸尘装置 5—出呢装置

2.烧毛工艺 毛织物烧毛工艺应根据产品风格、呢坯情况以及烧毛机的性能来制订。精纺薄型毛织物如派力司、凡立丁等要求纹路清晰,手感滑爽、呢面光洁,一般多采用强火、快速工艺进行两面烧毛。光面中厚织物如华达呢等可以弱火慢速正面烧毛。表面需要有绒毛的织物以及漂白或浅色的匹染织物可以不烧毛。化纤织物最好染色后烧毛,浅色织物要弱火烧毛,否则易引起色光的变化,对涤纶还要注意所用分散染料升华牢度,以防止脱色。

烧毛的速度应根据织物的性质、火焰的强弱以及火焰与织物间的距离而定,总原则是强火快速、弱火慢速、中火中速,织物越薄或者混纺织物中合成纤维含量越高,则织物行进速度越快。另外,火焰与织物的角度也影响烧毛效果,如果火焰与呢面垂直,则烧毛彻底;当火焰与呢面呈锐角时,烧毛后的呢面与剪毛效果相似;当火焰与呢面成切线时,只能烧到织物的外表面。因此,火焰与织物的角度应根据具体品种及烧毛要求而定。

三、煮呢

羊毛纤维在纺纱、织造过程中,经常受到外力的作用,织物内部存在不同的内应力,若此时再进行洗、染等松式加工,则在湿热条件下,会导致织物不均匀地收缩。另外,从织机上下来的织物呢面很不平整,且起皱,手感粗糙,缺乏弹性,幅宽也很窄。

煮呢的目的就是使毛织物在一定的温度、湿度、张力、时间和压力条件下,消除织物内部的不平衡张力(内应力),产生定形效果,使织物呢面平整挺括、尺寸稳定,并且手感柔软丰满而富有弹性。

对于粗纺毛织物来说,需经过缩绒工序,使织物表面起绒毛,所以一般不需要煮呢,因为煮呢后，毛纤维表面的部分鳞片层会被破坏，影响织物的缩绒性能。而精纺毛织物都要通过煮呢，这样不仅可以起到定形作用，而且还会使呢面平整致密，手感光滑、光泽持久，又有薄挺风格的加工效果，所以，煮呢是精纺毛织物染整加工的重要工序之一。

1. 煮呢原理　煮呢原理是利用湿、热和张力的作用，减弱和拆散羊毛纤维肽链间的交键，如二硫键、氢键和盐式键等，以消除内应力。长时间的湿热处理，会使交键拆散，而取向伸直的肽链之间在新的位置上会形成了新的稳定的交键，阻止羊毛纤维及其织物从形变中会复过来，因而有永定作用。煮呢就是利用羊毛的这种性质，使羊毛获得"永久定形"的效果。

2. 影响煮呢质量的工艺因素

（1）煮呢温度：从羊毛定形的角度来讲，煮呢温度越高，定形效果越好。从实验结果来看，当温度接近100℃时，羊毛才会获得永久定形的效果。但温度越高，羊毛所受损伤越大，表现为强度下降，手感发硬，而且色坯还会褪色、沾色、变色。实际生产中煮呢温度视纤维性质、织物结构、风格要求、染色性能及后部工序而定，一般高温约95℃，中温约90℃，低温约80℃，低于80℃定形效果甚微。白坯煮呢一般选取较高温度；色坯煮呢选择的温度宜低些；粗而刚性较强的纤维，纱线捻度较大或轻薄硬挺的织物，温度可高些；细而柔软的纤维，松软丰厚的织物，温度可低些。

（2）煮呢时间：从分析定形的效果来看，煮呢时间越长，定形效果越好。因为煮呢时间长，旧键拆散较多，新键建立较完善，因而定形效果好。如果煮呢时间过短，原有交键被拆散，但新键未建立或建立不完全，则定形稳定性差，会产生"过缩"或"暂时定形"的效果。但是煮呢时间不能过长，因为在高温下，羊毛会受到损伤，而且时间越长，强力损失越多，所以，煮呢时间的选择要均衡多方面因素考虑。

煮呢时间和温度有直接关系，煮呢温度越高，煮呢时间越短；而煮呢温度越低，则所需时间越长。高温短时间，生产效率高，定形效果好，但易引起煮呢效果不匀、煮呢过重，损伤纤维，颜色萎暗；低温长时间，纤维不受损伤，但定形效果差。经验认为，要求手感挺括的薄型、丝型毛织物，可采用高温短时方案；而手感要求丰厚有弹性的品种，则以低温长时间方案为宜。一般双槽煮呢时间为60min左右，单槽煮呢为20～30min，然后再复煮一次。

（3）煮液pH的选择和水质要求：从煮呢效果来看，煮呢液pH偏高，定形效果好，但高温碱性煮呢易使羊毛损伤，羊毛角朊大分子主键水解，纤维强力降低，手感粗糙、色泽泛黄。煮呢液pH低，定形效果差，而且易造成"过缩"现象。白坯煮呢时，pH大多控制在6.5～7.5。色坯煮呢时，为防止某些色坯在煮呢过程中颜色脱落，并使织物获得良好的光泽和手感，可以在弱酸性条件下煮呢，在煮呢液中加入少量有机酸，调节煮呢液的pH至5.5～6.5。

煮呢时要用洁净的软水，一般软水往往碱度较高，如不加酸，则呢坯质量及上染性能易出现问题。

（4）张力和压力：煮呢时织物上机张力和上辊筒压力对产品风格和手感有很大影响。

织物上机张力越大，伸长越多，内应力降低越快，越有利于定形。张力大小可通过张力架角度来调节。张力过大，会使织物幅宽收缩过多，手感过于板硬；张力过小，则会引起上机不平，易生成鸡皮皱，但手感松软。张力的大小可根据织物品种不同，手感要求、风格不同而定。要求手感丰厚的,如中厚花呢等,张力可小些,以便于织物加热时产生一定的回缩;要求手感挺括的,如薄花呢等,张力可大些,有利于薄滑平整。但要注意的是,上机张力应始终保持一致。

织物煮呢时,经受上辊筒的压力,使织物表面平滑而有光泽,手感挺括。但对要求呢面丰满或纹路凹凸清晰或易生水印的织物,则应减轻压力,甚至卸压煮呢。辊筒两端的压力要和中央均匀一致,否则会使呢面凸起,或造成水印。所谓水印,是由于织物中纱线变形移位,引起光线反射不一致而给人以波纹斑块不匀的光学效果。斜纹织物如华达呢、哔叽、贡呢等容易产生水印,而且颜色越深越明显。为了避免产生水印,煮呢时应适当降低压力和温度或采用衬布。

(5)冷却方式:煮呢完毕需要冷却,冷却不仅对定形效果起着重要作用,而且对织物的手感有重要影响。冷却方式主要由冷却温度和时间控制,冷却温度越低,冷却时间越长,定形效果越好,但要与煮呢温度配合,煮呢温度越高,降温的效应越为显著。目前,使用的冷却方式有突然冷却、逐步冷却和自然冷却三种。突然冷却就是煮呢后将槽内热水放尽,放满冷水冷却,或边出机边加冷水冷却。突然冷却的织物挺括、滑爽、弹性好,适用于薄型织物。逐步冷却为煮呢后逐步加冷水,采取冷水溢流的方式冷却,用这种冷却方法冷却的织物手感柔软、丰满,适用于中厚织物。自然冷却为煮呢后织物不经冷却,出机后卷轴放置在空气中自然冷却 8~12h,自然冷却的织物手感柔软、丰满、弹性好,并且光泽柔和、持久,适用于厚织物。总之,煮呢后的织物冷却越透,定形效果越好。降温速度对织物手感有明显影响,急降温手感挺括,缓降温手感柔软而有弹性。

3. 煮呢工序的安排 煮呢工序的安排是根据织物规格、质量、染整设备以及产品风格来确定的,有先煮后洗、先洗后煮和染后复煮三种程序。

(1)先煮后洗:可使织物先初步定形,在以后的洗呢、染色加工中可减少织物的皱折和收缩变形,一般用于要求挺括的品种,如全毛及混纺凡立丁、薄花呢及华达呢等。有些品种仅煮呢一次达不到要求,故常采用先煮后洗、洗后复煮的形式两次煮呢。洗后复煮可提高定形效果,呢面平整,并可改进手感。但这种安排要求呢坯质量好,不但纱疵织疵少,而且呢面洁净,少油疵。否则,纺织疵点暴露会更加明显,呢坯上的油污一经高温处理更难去除,甚至发生沾污。

(2)先洗后煮:可使织物手感柔软,丰厚,滑细而有弹性,光泽柔和。国内采用这种工序安排的较多。特别是对于织疵和含油污较多的呢坯更加适宜,一般用于毛哔叽、中厚花呢等织物。其缺点是对于薄平纹及疏松结构织物易产生呢面不平整、泡泡纱和发毛等疵病,而对于条格花色织物容易变形。

(3)染后复煮:一般用于定形要求比较高的品种,用以补充染色过程中所损失的定形效果,去除染色过程中所产生的折痕,从而增进织物的平整度,有利于刷毛、剪毛,可使织物手感活络,光泽好。但如果复煮条件控制不当,容易使呢坯褪色、沾色或变色,所以染色牢度较差的毛织物不宜采用染后复煮工艺。这种织物因为多了一道湿热处理工序,所以易引起纤维损伤,成本也有所提高。

4. 煮呢设备 毛织物煮呢是在专用的煮呢机上进行的,煮呢机主要有单槽煮呢机和双槽煮呢机,此外,还有蒸煮联合机等。

(1)单槽煮呢机:单槽煮呢机是最普通的一种煮呢设备,如图 9 - 2 所示。其结构简单,在煮呢过程中织物受到较大的压力和张力作用,因此煮后织物平整,光泽好,手感挺括,富有弹性。单槽煮呢机主要用于薄织物及部分中厚型织物。

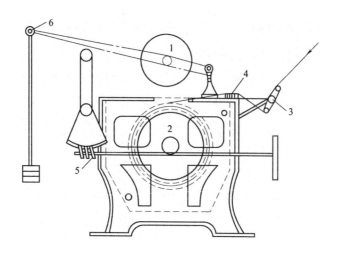

图9-2　单槽煮呢机结构示意图

1-上辊筒　2—下辊筒（煮呢辊）　3—张力架

4—扩幅板　5—蜗轮升降装置　6—杠杆加压装置

用单槽煮呢机煮呢时,在槽内先放入适量的水(浸至下辊筒2/3处),开蒸汽调节水温,并根据加工品种,调整上辊筒压力。平幅织物经张力架、扩幅板进机,然后正面向内反面向外卷绕在下辊筒上。卷绕时要保证织物呢边整齐、呢坯平整。卷呢完毕,再绕以细布数圈。煮呢辊在槽内缓缓转动。同时上辊筒施加压力并用蒸汽加热,从而按工艺条件开始煮呢。第一次煮呢完毕,将织物倒头反卷,在相同的条件下进行第二次煮呢,以获得均匀的煮呢效果,然后冷却出机。单槽煮呢机煮呢时内外层温度差异大;如果温度和压力过高,易使织物产生水印;由于煮呢过程中要翻身调头,所以生产效率低。

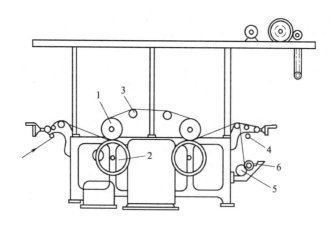

图9-3　双槽煮呢机结构示意图

1—上轧辊　2—下轧辊（煮呢辊）　3—扩幅板　4—张力架　5—牵引辊　6—卷呢辊

（2）双槽煮呢机:双槽煮呢机的结构与单槽煮呢机相似,如图9-3所示,主要是由两台单槽煮呢机并列排放而组成。煮呢时,呢坯往复于两个煮呢槽的下辊筒之间,所以生产效率高。平幅织物在双槽煮呢机中煮呢时,所受的张力、压力均较小,所以,煮后织物手感丰满、厚实、织纹清晰,并且不易产生水印,但定形效果不及单槽煮呢机好。该型机械主要用于华达呢等要求织纹清晰的织物。

（3）蒸煮联合机:为了增强定形效果,将毛织物进行蒸呢、煮呢联合加工,可获得不同的手感和光泽。蒸呢联合机结构如图9-4所示。利用蒸煮联合机对毛织物煮呢时,平幅织物经电动吸边、针板拉幅后,和包布共同卷绕在蒸煮辊上,吊入蒸煮槽内,蒸煮时可通热水内外循环,均匀穿透织物进行热煮,热煮后可通蒸汽由里向外汽蒸。一般是先热煮,而后汽蒸,蒸毕再以冷水内外循环冷却或抽气冷却。可以单独热水煮呢或汽蒸,也可以两者结合进行。利用蒸煮联合机煮呢,呢坯经纬张力均匀,煮呢匀透,冷却彻底,煮后织物具有良好的定形效果及手感,弹性足,并且生产效率高,适用于薄型及中厚织物。其缺点在于操作不当时易产生呢边深浅不同或水印。

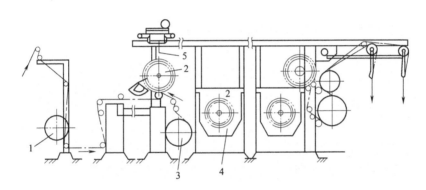

图9-4 蒸煮联合机结构示意图

1—成卷辊 2—蒸煮辊 3—包布辊 4—蒸煮槽 5—吊车

四、洗呢

呢坯中的羊毛是已经过初步加工的,其中的天然杂质已基本去除,但仍含有人工杂质,如纺纱、织造过程中所加入的和毛油、抗静电剂等,烧毛时留在织物上的灰屑,在搬运和储存过程中所沾染的油污、灰尘等污物。这些杂质的存在,将影响羊毛纤维的光泽、手感、润湿性及染色性能等。

洗呢的目的主要有两个方面,一是洗去毛织物上的一切杂质,为染色创造良好的条件,并提高染色牢度和染色鲜艳度;二是发挥羊毛纤维所特有的弹性及光泽,使织物手感柔软、丰满、光泽柔和,并具有一定的身骨。洗呢是毛织物染前的必经工序,对精纺毛织物尤为重要。

为达到上述目的,洗呢时应注意以下几点:洗呢工艺的制订,要根据织物的品种、风格以及原料、设备等情况来考虑;加工时,要严格执行工艺条件,避免羊毛纤维受到损伤;洗净呢坯上的污垢,并冲净残皂,同时要适当保留织物上的油脂,以使织物手感滋润。一般精纺毛织物的洗净呢坯含油脂率0.6%,粗纺织物的洗净呢坯含油脂率为0.8%。洗后织物要不发毛、不毡化,精纺织物要保持清晰的织纹,呢面要光洁。

1.洗呢原理和洗呢用剂 洗呢就是利用洗涤剂溶液润湿、渗透毛织物,然后经过机械的挤压、揉搓作用,使污垢脱离织物,并分散到洗液中的加工过程。实际生产中,以乳化法洗呢最为普遍。乳化法常用的洗涤剂有肥皂、净洗剂 LS、洗涤剂 209、雷米邦 A(洗涤剂613)、平平加 O、净洗剂 105 及净洗剂 JU 等。

(1)肥皂:肥皂属阴离子型洗涤剂,为脂肪酸钠盐。肥皂的润湿、渗透、乳化、扩散作用好,去污力强,洗后织物手感丰满、厚实。但肥皂洗呢时要使用软水,并且肥皂易在水中水解,生成的脂肪酸黏附在织物上很难洗去。

(2)净洗剂 LS:净洗剂 LS 属阴离子型洗涤剂,为脂肪酰胺磺酸钠,具有良好的润湿性和扩散性,耐酸、耐碱、耐硬水,所以适应性较广。洗后的呢坯较为松软,但呢面易发毛。

(3)洗涤剂 209:又称胰加漂 T,水溶液呈中性,性质与净洗剂 LS 相似或更好,为应用已久的良好的洗呢剂,但价格高。洗后的呢坯手感丰满柔软。

(4)雷米邦 A(洗涤剂613):它是黏稠的棕色液体,对硬水较稳定,遇酸沉淀,洗涤力稍差,但在碱性介质中较好,常与其他洗剂混合使用。雷米邦 A 对羊毛有一定的保护作用,洗后呢坯较为滑润。

(5)平平加 O:平平加 O 属于非离子型表面活性剂,为十八烷基聚氧乙烯醚,其渗透性及扩散作用较强,抗硬水性能好,洗呢时能够使污垢均匀地分散在洗液中,与肥皂混用可提高肥皂的净洗效果。

(6)净洗剂 105:净洗剂 105 是以非离子型表面活性剂为主的复合洗剂。其乳化性能、润湿渗透性均较好,净洗能力较强,耐酸碱、耐硬水,但洗后呢坯稍感粗糙。

(7)净洗剂 JU:净洗剂 JU 也属于非离子型表面活性剂,是环氧乙烷咪唑衍生物。它具有良好的润湿、分散、乳化能力,耐酸,耐碱,抗硬水,适于 30～50℃洗涤,并可与肥皂混用,但洗出的呢坯较粗糙。

2.洗呢工艺因素分析

(1)洗呢温度:从理论上讲,提高温度,可以提高洗呢效果。因为提高洗呢温度,可以提高洗液对织物的润湿和渗透能力,增强纤维的膨化,削弱污垢与织物间的结合力,因而可提高净洗效果。但温度超过某一限度,尤其在碱性介质中,往往会损伤羊毛纤维,使织物呢面发生毛毡化、手感粗糙、光泽不好,凡在洗呢中所造成的疵点,在高温下更容易形成。因此,合适的洗呢温度应当既满足净洗效果的要求,同时又不损伤羊毛纤维,在保证洗净效果的前提下,洗呢温度应越低越好。一般情况下,纯毛织物及毛混纺织物的温度为40℃左右。

(2)洗呢时间:洗呢时间是根据纤维原料的含杂情况、坯布的组织规格以及产品的风格而确定的。洗呢时间的长短影响净洗效果、织物的风格与手感。在洗呢过程中,全毛精纺中厚织物不但要求洗净织物,而且要洗出风格,所以洗呢时间一般比较长,为 40～120min;匹染的薄型织物和毛混纺织物,对手感的要求相对来说较低些,所以洗呢时间稍短些,一般为 40～90min;粗纺毛织物洗呢的目的,主要是洗净织物,其产品风格是靠缩呢工艺来实现的,所以洗呢时间较短,一般约为 30min。

（3）洗呢浴比:洗呢浴比主要取决于织物的种类和洗涤设备。洗呢浴比不仅影响洗呢效果,而且也影响原料的消耗。浴比大,呢坯运转时变动就大,为保持洗液浓度,就需要使用较多的洗涤剂,但会引起织物的漂浮;浴比小,使用的洗涤剂相对较少,而且对于精纺织物还有轻微缩绒作用,洗后织物手感更佳。但浴比过小,则织物浸渍不透,会造成洗呢不匀而产生条形折痕,容易引起呢面收缩不匀,形成缩斑,使手感粗糙,花型模糊和纹路不清等。总之,生产时采用的浴比以洗液浸没织物且织物运转顺畅为宜,精纺毛织物因要求纹路清晰,手感柔软,富有弹性,浴比要大些,一般为 1∶5 ~ 1∶10。粗纺织物结构较疏松,洗后还需缩呢,浴比可小些,一般为1∶5 ~ 1∶6。

（4）洗呢液的 pH:从洗涤效果来讲,pH 越高,净洗效果越好,因为碱性物质能使和毛油中的动、植物油脂皂化,同时又抑制肥皂的水解,并增强肥皂的乳化能力,使肥皂充分发挥洗涤作用。实际生产中,含油污较多的呢坯,洗液的 pH 一般偏高,使用的洗涤剂为肥皂和纯碱,pH 控制在9.5 ~ 10;而油污较少的呢坯一般用合成洗涤剂,洗液的 pH 一般偏低,控制在 9 ~ 9.5。用于调节 pH 的碱剂有纯碱、氨水等,其中以使用氨水的效果最好,因为氨水碱性低于纯碱,而且洗后产品的手感、光泽较好。pH 较高时,虽有利于洗净呢坯,但如果温度也较高,则羊毛纤维易受损伤,从而影响羊毛制品的光泽、手感以及强力,因此,加工时应从净洗效果和羊毛损伤两方面综合考虑,严格控制洗液的 pH。

（5）压力:洗呢机上有一对大辊筒,织物经过时要受到挤压作用,以促使污垢脱离织物。挤压作用强,洗呢效果好。挤压力的大小是由上辊筒的重量决定的。洗呢时压力的控制应视织物的品种而定。一般来讲,纯毛织物压力可大些,控制在 5.4 ~ 6.4kN(550 ~ 650kgf);毛混纺织物的压力要适当小些,尤其含有腈纶和黏胶纤维的混纺织物,因纤维的弹性差,压力更应小些,甚至可以不加,压力过大易产生折痕。

（6）洗后冲洗:洗呢完毕必须用清水冲洗,以去掉织物上的洗呢残液。洗后冲洗是一道非常重要的工序,因为如果呢坯冲洗不净,将直接影响后道加工的质量。冲洗时间和冲洗次数应根据织物的含污情况和水流量而定,生产上多采用小流量多次冲洗工艺,第一道、第二道流量小些,水温稍高些(较洗液温度高 3 ~ 5℃),以后水量逐渐加大,水温逐渐降低,冲洗 5 ~ 6 次,每次10 ~ 15min。呢坯出机时 pH 应接近中性,温度与车间温度相同即可。

（7）呢速:洗呢时的车速对洗呢效果也有很大的影响,特别是在冲洗时,冲洗效果的好坏既与水的流量有关,同时也和呢坯前进速度有关。呢速过快,呢坯容易打结;呢速过慢,影响净洗能力,所以要控制呢速。精纺毛织物的呢速一般采用 90 ~ 110m/min,粗纺毛织物的呢速一般采用 80 ~ 100m/min。

3. 洗呢设备 洗呢加工方式不同,所使用的设备也有区别,洗呢设备有绳状洗呢机、平幅洗呢机和连续洗呢机。其中常用的洗呢设备为绳状洗呢机,如图 9 - 5 所示。

绳状洗呢机有上、下两只辊筒,其中下辊筒为主动辊,上滚筒为被动辊,上、下辊筒形成一个挤压点,绳状织物通过该挤压点时受到挤压作用,从而达到洗呢目的。机槽的作用是储存洗涤液和呢坯,机械正常运转时,织物在机槽内不会缠结。分呢框的作用是分开运转中的呢坯,该机构与自动装置相连接,当呢坯打结时,可使机械停止运转。污水斗在大辊筒之下,其作用一是向机内加洗涤剂时,通过放料口,洗涤剂可均匀地分散在机槽内;二是冲洗织物时,把污水斗下面的水口关闭,将呢坯中挤出的污水通过污水出口管排出机外,便于洗净织物。现在已从自动控制、提高洗涤效率、提高车速等方面进行了改造。

绳状洗呢机洗呢效率高,洗呢效果好,其缺点是容易使织物产生折痕,所以,绳状洗呢机一般用于粗纺毛织物以及中厚精纺毛织物的加工。

对于薄型纯毛精纺织物的洗呢,一般采用连续式平幅洗呢机。平幅洗呢机洗呢效率低,手感较差,因此应用受到限制。

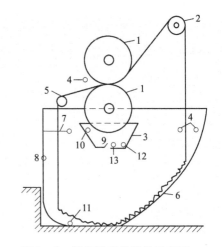

图9-5 绳状洗呢机结构示意图

1—上、下辊筒 2—后导辊 3—污水斗
4—喷水管 5—前导辊 6—机槽 7—分呢框
8—溢水口 9—放料口 10—加料管 11—出水管
12—保温管 13—污水出口管

五、缩呢

羊毛纤维在缩呢剂、温度和压力的作用下会相互交错、毡合,这就是羊毛纤维所特有的缩绒性。利用这种特性整理粗纺毛织物,可使织物质地紧密,手感丰厚柔软,保暖性增强,这种加工过程称为缩呢,它是粗纺毛织物整理的基础。少数品种的精纺毛织物,为使其手感丰满、表面具有轻微绒毛,也可采用轻缩呢加工工艺。

1. 缩呢目的 缩呢工序主要用于粗纺毛织物的加工。通过缩呢作用,可使粗纺毛织物质地紧密,厚度增加,弹性及强力获得提高,保暖性增强,手感柔软丰满。缩呢作用既可改善织物的外观,同时又可掩盖某些织造疵点。粗纺毛织物通过缩呢作用,可达到规定的长度、幅宽和单位重量等,是控制织物规格的重要工序。

羊毛纤维的缩绒性取决定于羊毛纤维鳞片的定向摩擦效应、羊毛纤维的弹性以及羊毛纤维的卷曲性,其中羊毛鳞片的定向摩擦效应是产生缩绒作用的主要因素。

2. 缩呢原理 羊毛表面被具有方向性的鳞片所覆盖,这些鳞片的自由端指向羊毛尖端方向。当羊毛纤维受外力作用时,会使羊毛纤维发生移动,这种移动由于鳞片层的作用,纤维从根部向尖端方向移动的摩擦系数小于从尖端向根部方向移动的摩擦系数,其结果是羊毛移动必趋向于阻力较小的方向,这种由于顺逆摩擦系数不同而引起的定向移动效应叫"定向摩擦效应"。缩呢加工时,加入适当的缩呢剂,促使鳞片层张开,定向摩擦效应更加明显。缩呢后羊毛根部在织物内部缠结毡缩,尖端露于织物表面呈自由状态,形成绒毛。事实证明,鳞片层较多的细羊毛比粗羊毛缩绒性好,而当鳞片层受到损伤或被破坏时,缩绒性大大下降。羊毛纤维具有良好的弹性和卷曲性,当受到外力拉伸时,羊毛纤维伸直产生一定的形变,此时,可将邻近的羊毛纤维带向新的位置而逐渐缠结。这样,大量的纤维互相靠拢而纠缠形成缩绒。

3. 缩呢设备　毛织物的缩呢加工,是在专门的缩呢设备上进行的。缩呢机有多种类型,其中常用的有辊筒式缩呢机和洗缩联合机两种。辊筒式缩呢机应用更为普遍,我国生产的辊筒式缩呢机有轻型缩呢机和重型缩呢机。这两种缩呢机的结构、织物运转及缩呢方式基本相同。

(1)辊筒式缩呢机:结构如图9-6所示。缩呢机有上、下两只大辊筒,下辊筒为主动辊,可牵引织物前进,上辊筒为被动辊,绳状织物经过两辊筒间时受到挤压作用,从而促进缩呢加工。辊筒压力的大小可用手轮进行调节。缩箱是由两块压板组成的,上压板采用弹簧加压,调节活动底板和上压板之间的距离,即可控制织物经向所受到的压力大小,从而控制织物的长缩。而织物的幅缩是由缩幅辊完成的。缩呢辊由一对可以回转的立式小辊组成,两辊之间的距离可以调节。当两辊之间距离较小时,织物纬向受到压缩,所以可通过调节两辊间的距离来调节幅缩。分呢框的作用是防止在缩呢机中运转的织物纠缠打结。呢坯打结时,抬起分呢框便可自动停车。在操作缩呢机时,必须注意机内清洁卫生,检查机件,保证设备正常运转。缩呢加工时,要经常检查呢坯的长缩、幅缩和呢面情况,以保证缩呢质量。如发现呢坯有破洞、卷边及折卷问题,要停机进行处理,不可在运转中用手加以纠正。用硫酸作缩剂时要及时洗净呢坯,防止发生风印及纤维损伤,同时要及时冲洗铸铁部件以防生锈。

织物进行缩呢时的运转流程为:

大辊筒→缩箱→机槽→导辊→分呢框→导辊→缩幅辊→大辊筒

缩呢时,呢坯以绳状由辊筒带动在设备中循环,并把呢坯推向缩呢箱中,由缩箱板的挤压作用使织物长度收缩,织物出缩箱后滑入底部,然后再由辊筒牵引经分呢框和缩幅辊后,重复循环,完成缩呢加工。

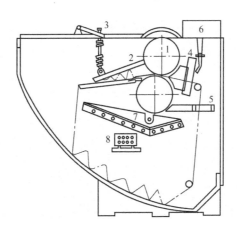

图9-6　轻型辊筒式缩呢机结构示意图

1—辊筒　2—缩箱　3—加压装置　4—缩幅辊　5—分呢框　6—储液箱　7—污水斗　8—加热器

(2)洗缩联合机:洗缩联合机是洗呢机和缩呢机的结合,在同一机器上达到既缩呢又洗呢的目的。洗缩联合机的结构如图9-7所示。

在洗呢机的上下辊筒前后分别装有缩呢板和压缩箱等缩呢机构。洗缩联合机多用于轻缩产品,用洗缩联合机洗呢时,伴以适当的缩呢作用,如法兰绒和要求呢面丰满的中厚型精纺织物,可以缩短加工时间,整理效果也较好。但不宜用于单纯的缩呢加工,否则不仅效率低,而且缩呢后织物的绒面较差。

4.缩呢工艺条件分析 羊毛织物缩呢时,其缩呢效果与缩呢剂的种类、缩呢液的 pH、温度及机械压力有密切的关系。

（1）缩呢剂:干燥的羊毛是不能进行缩呢的,织物必须在含有缩呢剂的水溶液中才能获得缩呢效果。因为缩呢剂水溶液可以使羊毛润湿膨胀,鳞片张开,增强羊毛纤维的定向摩擦效应,利于纤维的相互交错,提高其弹性和润滑性等,同时也可提高羊毛的延伸性和回缩性,使纤维之间易于相对运动,从而利于缩呢加工的进行。

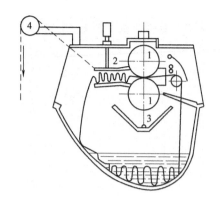

图 9-7 洗缩联合机结构示意图
1—辊筒 2—缩箱 3—污水斗 4—出呢导辊

缩呢剂应具有以下性能:溶解度高,润湿渗透性好,能大大提高羊毛的定向摩擦效应,并且缩呢后容易洗除。常用的缩呢剂有肥皂、碱、合成洗涤剂及一些酸类。缩呢剂使用时,其浓度应视织物品种及含污情况而定。重缩呢或含污较大时,缩呢剂浓度应高些,但浓度过高,缩呢速度慢且不均匀;而浓度过低则润湿性差,缩呢过程中落毛多,缩呢后织物的绒面手感松薄,缩呢效果不好。

一般干坯缩呢时,肥皂浓度为 30~60g/L;湿坯缩呢时,肥皂浓度为 80~150g/L。当缩呢液中加入的纯碱或缩呢剂有效成分高时,可以适当减少缩剂的用量。

（2）缩呢液 pH:缩呢液的 pH 对缩呢效果的影响非常显著,毛织物在缩呢过程中的收缩百分率与缩呢液的 pH 的关系如图 9-8 所示。

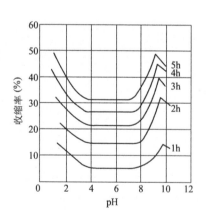

图 9-8 缩呢液 pH 与毛织物收缩率的关系

当羊毛织物在 pH < 4 或 pH > 8 的介质中进行缩呢时,其面积收缩率大;而在 pH 为 4~8 的介质中进行缩呢时,毛织物面积收缩率较小。因为羊毛纤维在不同 pH 的溶液中,其润湿、溶胀程度不同,延伸性和回缩性也不同,因而缩呢效果不同。当 pH 为 4~8 时,羊毛润湿性小,定向摩擦效应差,其拉伸和回缩性能较低,因而对缩呢不利;而当缩呢液 pH < 4 或 pH > 8 时,由于羊毛润湿、溶胀性好,鳞片张开较大,羊毛的定向摩擦效应好,受外力拉伸时变形大,回复性强,因而利于缩绒;但当 pH > 10 时,羊毛纤维分子中大量的二硫键被拆散,此时羊毛纤维拉伸性虽然很高,但回缩性低,缩呢速度反而降低。所以,缩呢液 pH 一般控制在小于 4 或在 9 ~ 9.5 之间。

(3)缩呢温度:缩呢温度对缩呢效果影响也很大,提高缩呢液的温度,可促进羊毛织物的润湿、渗透性,使纤维溶胀,鳞片张开,从而加速缩呢的进行。但当温度过高时,纤维的拉伸、回缩能力较差,负荷延伸滞后现象越来越明显,回缩性能降低,反而不利于缩呢,如图 9 - 9 所示。所以碱性缩呢温度一般控制在 35 ~ 40℃,酸性缩呢可高些,一般在 50℃左右。但需注意,这一温度是由缩呢的热量、毛织物本身热量以及机械运转摩擦所产生的热量共同维持的。

(4)缩呢压力:羊毛纤维虽然具有缩绒性,但缩呢时如果不施加外力使纤维发生相对运动,是不会产生明显的缩呢效果的。施加外力可以使毛纤维紧密毡合。一般来讲,机械压力越大,缩呢速度越快,缩后织物越紧密;而压力小时,缩呢速度慢,缩呢后织物较蓬松。缩呢时压力的大小,要根据织物的风格要求来控制,既要使织物的长、宽达到规格要求,同时又要保证呢面丰满,并且不损伤羊毛。

(5)其他因素:影响缩呢效果的其他因素包括原料、纺织加工工艺及染整加工工艺等。例如纯羊毛织物、细毛、短毛织物的缩呢效果较混纺粗毛、长毛织物的好;毛纱细、捻度大的织物缩呢效果不如毛纱粗、捻数小的织物缩呢效果好;经纬纱密度小的松结构织物比密度大的紧密织物缩呢效果差;交叉点

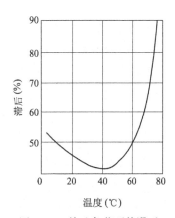

图 9 - 9 羊毛负荷延伸滞后
现象与温度的关系

多,浮毛短的织物比交叉点少,浮毛长的织物缩呢困难;经拉毛的织物有利于缩呢;炭化毛、染色毛织物缩呢效果不如原毛好等。

5. 缩呢方法 毛织物缩呢有两种分类方法,即按缩呢前织物含湿分类和按使用缩呢剂分类。

(1)按含湿分类:缩呢时,根据毛织物呢坯的干湿程度,可分为干呢坯和湿呢坯。干坯缩呢就是把未经洗呢的含污呢坯,用肥皂、纯碱或合成洗涤剂进行洗呢和缩呢。干坯缩呢时,缩呢剂浓度不会降低,因此缩呢效率高,缩呢后织物紧密厚实,绒面丰满。此法工序简单,适用于含污较少、短毛含量较多的中低档产品,因为省去了初洗工序,所以落毛较少。湿坯洗呢是指织物先经洗呢,洗后不烘干直接缩呢。由于呢坯含水,吸收缩呢剂较为均匀,所以,缩呢效果匀净,缩呢后织物手感、光泽较好,适用于中高档产品,但湿坯缩呢效率较低。

(2)按缩呢剂分类:由于所使用缩呢剂不同,毛织物缩呢分碱性缩呢、中性缩呢和酸性缩呢及先碱后酸缩呢等。

①碱性缩呢:碱性缩呢可分为皂碱缩呢和肥皂缩呢两种。

皂碱或合成洗涤剂加碱缩呢时采用干坯缩呢,缩呢后织物结构紧密,手感厚实但较硬。此

法成本低，操作简便，一般用于素色中、低档产品。但对于花色织物易发生沾污现象。碱性缩呢时 pH 控制在 9~9.5，缩呢温度控制 35~40℃，缩呢剂用量为呢坯重量的 90%~100%（owf）。

肥皂或合成洗涤剂缩呢是目前使用较多的缩呢方法。织物先经洗涤，然后用肥皂和少量纯碱、渗透剂等进行缩呢。缩呢后织物手感柔软、丰满、光泽好，常用于色泽鲜艳的高中档产品。对于紧密织物宜用高凝固点的油酸皂或合成洗涤剂。缩呢时肥皂浓度为 80~120g/L，pH 在 9 左右，温度控制 35~40℃，缩呢液用量以加入缩呢剂后用手挤压呢坯，可挤出缩呢液为度。

②中性缩呢：中性缩呢一般指用合适的合成洗涤剂在接近中性条件下进行干坯或湿坯缩呢。中性缩呢时间短，纤维损伤小，对花色织物的沾色少，缩呢后织物手感稍硬，不活络，一般用于要求轻度缩呢的织物。有的织物，如提花毛毯等，洗净脱水后不加缩呢剂，只利用毛织物所含水分即可进行轻缩呢。中性缩呢选用雷米邦 A 或净洗剂 105、净洗剂 209、净洗剂 LS 等，浓度为 20~40g/L。中性缩呢液用量为泥坯重量的 95%~110%（owf）。这种方法比较经济，常用于粗纺毛毯或制服呢。有时也可用此方法校正缩呢时生成的大折痕或缩呢斑以及煮呢造成的水印和因处理时间过长而引起的过度伸长。

③酸性缩呢：此方法用硫酸或醋酸作为缩呢剂进行缩呢，缩呢速度快，纤维抱合紧，织物强力、弹性好，起球落毛少，并可防止有色织物脱色、搭色，但缩呢后织物手感粗糙，光泽也较差。此方法主要用于对强力要求高并耐磨的产品，如军服呢、再生毛、短毛混纺织物；也适用于要求不沾色的花色品种。酸性缩呢时，织物先经净洗，特别是缩前洗呢的肥皂必须冲净，否则发生沉淀。然后在洗呢机中浸酸（硫酸浓度为 0.2%~0.5%），对于深色的呢坯，酸液中也可加入少量平平加 O 或净洗剂 LS 等耐酸表面活性剂，运转 10~20min 后，取出并轧去多余的酸，轧液率为 85%~90%，然后进行缩呢。硫酸缩呢时缩呢剂的用量为 1.5%~4.5%（owf），醋酸缩呢时缩呢剂的用量为 4%~8%（owf），醋酸缩呢较硫酸缩呢柔和，但气味重，成本高，可用于条格花呢等。酸缩呢容易腐蚀设备，对劳动保护不利。

④先碱后酸缩呢：织物先用碱性缩呢，缩至 2/3 的程度，冲洗干净碱剂后再用酸性缩呢，缩呢加工后的织物既有碱性缩呢的绒面和手感，又具有酸性缩呢的紧密身骨和耐磨性，一般适用于短毛混纺织物或再生毛纺织物。虽然如此，由于这种方法加工工序比较复杂，生产效率低，缩呢用原料消耗较大，所以实际上采用较少。

6. 缩呢长度的计算　毛织物经缩呢后，粗纺织物的经向收缩率一般是 10%~30%，纬向收缩率一般为 15%~35%；精纺织物经向缩率一般为 3%~5%，纬向缩率一般为 5%~10%。计算方法及公式如下：

$$呢坯缩呢后长度(m) = 呢坯重量(kg) \times \frac{1 - 整理损耗率(\%)}{成品单位重量(kg/m) \times [1 + 伸长率(\%)]}$$

为了方便计算，把 $\dfrac{1 - 整理损耗率(\%)}{成品单位重量(kg/m) \times [1 + 伸长率(\%)]}$ 作为缩呢系数，则：

$$呢坯缩呢后长度(m) = 呢坯重量(kg) \times 缩呢系数(m/kg)$$

整理损耗率是呢坯在整理过程中的重量损耗占呢坯重量的百分率,即:

$$整理损耗率 = \frac{生坯重量 - 成品重量}{生坯重量} \times 100\%$$

伸长率是呢坯在缩呢以后的加工过程中,所产生的伸长占缩后呢坯长度的百分率,即:

$$伸长率 = \frac{成品长度 - 缩呢后呢坯长度}{缩后呢坯长度} \times 100\%$$

各种呢坯的缩呢系数由各厂根据加工工艺、设备及操作等因素综合决定。在投产试验阶段,根据织物设计单及以往实践经验估计,先求出整理损耗率,然后估算出缩呢系数及缩呢长度。待形成成品后,再实际测出该产品的长度及成品重量,计算出实际损耗率和实际伸长率,然后再调整缩呢系数。

六、脱水

毛织物脱水是应用物理机械方法,将织物中游离的水分脱去。

1. 离心脱水机脱水　离心脱水机脱水效率高,脱水后织物含湿率约为30% ~ 50%,织物不伸长,但脱水不均匀。脱水时织物为绳状加工,运转时又受到离心力挤压的作用,所以,对精纺织物等抗皱性较差的产品易产生折痕。另外,它是间歇操作,劳动强度大,一般适用于不易产生折皱的松结构的粗纺织物、散毛和绒线等。

2. 真空吸水机脱水　真空吸水机脱水均匀,能连续操作,劳动强度低,但脱水效率相对较低,脱水后织物含湿率为35% ~ 45%。加工时织物为平幅状态,所以,适用于精纺毛织物。脱水时织物经向受到一定张力的作用,所以脱水后织物伸长为1% ~ 2%。

3. 压力脱水机脱水　压力脱水机脱水是用轧辊将织物中游离水分挤去。压力脱水机脱水效率高,能连续操作,脱水均匀,脱水后织物平整。但如果进布时织物不平整或辊筒压力不匀,毛织物易产生折印及变形,因此,要注意轧辊材料及加压程度,避免将织物轧板。压力脱水机脱水后织物含湿率为40%左右。一般适用于较粗厚的精、粗纺织物,不适用于立绒织物。

七、烘呢定幅

1. 烘呢目的及要求　毛织物在湿整理后,需要把织物进行烘干,以便存放或进行干整理。同时,还要根据产品规格要求及呢坯在后整理过程中幅缩情况,确定其烘呢幅宽。

烘呢加工时不能将织物完全烘干,否则,毛织物手感粗糙,光泽不好;但烘干不足,会使织物收缩,呢面不平整。所以,烘干时要保持织物具有一定的回潮率,全毛织物及毛混纺织物回潮率一般控制在8% ~ 12%。

2. 烘呢设备　毛织物一般较厚,烘干较慢,烘干所需的热量较多,所以宜采用多层热风烘干。生产上一般使用多层热风拉幅机(图2-5)进行烘干,适用于精纺、粗纺毛织物。

3. 烘呢工艺

(1)烘呢温度和湿度:烘呢温度过高,织物回潮率会过低,手感粗糙,浅色织物还易于泛黄;烘呢温度过低,则回潮率过高,使烘干织物幅宽不稳定。烘干温度应根据织物的松紧、厚薄、轻重以及纤维类别而定。精纺织物对手感要求高,烘呢温度可低些,一般为75~80℃;粗纺毛织物的含水率较高,故烘呢温度应高些,一般为80~90℃;化纤织物则可高温烘干,但需注意染料的升华牢度。

(2)呢速:呢速的选择应视烘房温湿度、织物结构和含潮率及烘呢后织物定型效果及织物风格等因素权衡而定。对于薄型织物,车速可快些,温度可低些;而丰厚织物,则温度要高些,车速慢些。

总之,烘干温度不可过低,否则烘干效果差,幅宽也不稳定;烘干温度也不可过高,否则易形成过烘,使织物手感变硬,色泽泛黄、光泽变差。从经济效果出发,不必采用一般所谓的逐步升温的烘干方法,而是先以较高温度较快地烘去游离水分,然后逐步降低温度达到平衡。

精纺织物烘呢有三种方法:一是高温快速烘呢,烘房温度为90~110℃,呢速16~20m/min,这种烘干方法虽然生产效率很高,但烘呢质量较差;二是中温中速烘呢,烘房温度70~90℃,呢速10~15m/min,适用于含水率低的薄型织物;三是低温低速烘呢,烘房温度60~70℃,呢速7~12m/min,适用于中厚型全毛及其混纺织物。粗纺毛织物较为厚重,不易烘干,一般采用高温低速烘呢,烘房温度以80~90℃,呢速5~8m/min为宜。

烘干结束,纯毛织物的回潮率应控制在8%~13%,混纺织物应考虑各混纺组分的标准回潮,取其加权平均值并照顾回潮较大的一方。

(3)烘呢张力:烘呢张力对产品质量和风格有较大影响。对于要求薄、挺、爽风格的精纺薄型织物,应增大伸幅和经向张力,一般拉幅6~10cm;精纺中厚织物要求丰满、厚实风格,伸幅不宜过大,经向张力也应低一些,一般拉幅控制在2~4cm。为增加丰厚感,粗纺织物一般拉幅4~8cm,对于精纺中厚织物、松结构织物及粗花呢,经向需适当超喂,超喂量一般为5%~10%。

学习任务9-2　毛织物干整理

毛织物的干整理是利用机械和热的作用,改善织物的手感、弹性、光泽和外观,发挥毛纤维的特性,提高毛织物的服用性能。对于粗纺织物,干整理起着更重要的作用。毛织物的干整理包括起毛、剪毛、刷毛和烫毛和蒸呢整理等。

一、起毛整理

起毛就是利用起毛机械将纤维末端从纱线中拉出来,使织物表面均匀地覆盖一层绒毛。根据毛织物品种不同,采用不同的起毛工艺,可以拉出直立短毛、卧伏顺毛、波浪形毛等,给予织物不同的外观。通过起毛加工,织物丰厚柔软,保暖性强,织纹隐蔽,花型柔和。但织物经起毛后,由于经受了激烈的机械作用,织物强力有所下降,重量减轻,在加工中应注意。起毛整理一般用于粗纺织物的加工,某些粗纺织物需要多次起毛。所以对粗纺织物来说,起毛是一道非常重要的工序,精纺织物要求呢面清晰、光洁,一般不进行起毛整理。

1.起毛机械　起毛加工是在专门的起毛设备上进行的。常用的起毛机有钢丝起毛机、刺果起毛机和起剪联合机等,其起毛作用都是用钢针或刺钩将纤维一端拉出形成绒毛的。加工时,织物沿径向前进,而绒毛则大部分从纬纱中拉出。

（1）钢丝起毛机:钢丝起毛机生产效率高,但由于起毛作用剧烈,易拉断纤维,所以对织物强力有影响,普通钢针易生锈,所以用于干坯起毛。钢丝起毛机的示意图见图2-21和图2-22。

（2）刺果起毛机:刺果湿起毛机起毛较缓和,对织物强力损伤较小,经刺果起毛的织物绒毛细密,平顺丰满,手感、光泽较好,起出的绒毛较长,适用于湿起毛、水起毛,但生产效率低,一般用于高级拷花大衣呢和提花毛毯的起毛。刺果起毛又有直刺果和转刺果起毛之分。转刺果的起毛作用柔和,起出的绒毛蓬松柔和,光泽悦目,起毛效果均匀,适用于长绒毛织物和造纸毛毯的起毛。

2. 起毛方法　起毛方法按毛织物的状态可分干起毛和湿起毛两种。按设备分有钢丝干起毛、钢丝湿起毛、刺果湿起毛和刺果水起毛四种。

（1）钢丝干起毛:钢丝干起毛起出的绒毛浓密,但落毛较多,该方法又分为生坯干起毛和染后干起毛。生坯干起毛一般用于制服呢和普通大衣呢,起毛目的是缩呢前拉出一层绒毛,以提高缩呢效果;生坯干起毛还可拉掉一部分草刺等杂质。粗纺织物一般采用染后干起毛,以简化工序,提高生产效率,降低生产成本。

织物采用钢丝干起毛时,起毛调节分三步进行。先以较小的起毛力缓和地刺破并拉出纱线表面纤维,然后用较大的起毛力全面深入地起毛,最后可根据产品的需要把顺起毛针辊和逆起毛针辊速度调节到梳理范围内进行梳毛,以使绒面匀密和平整。

适用于钢丝干起毛的毛织物有海军呢、维罗呢、制服呢、长毛织物、提花毛毯及人造毛毯等。

（2）钢丝湿起毛:钢丝湿起毛较少单独使用,属于刺果起毛的预备性起毛。毛织物经湿整理后,先用钢丝湿起毛拉出织物表面绒毛,再用刺果起毛机拉出长而柔软的绒毛。钢丝湿起毛的调节只需上述钢丝干起毛的前两步。这种起毛方法适用于高级呢绒刺果起毛前的预备性起毛,如拷花大衣呢等。生产时要选用不锈钢针。

（3）刺果湿起毛:刺果湿起毛起出的绒毛长而柔顺,光泽悦目,织物手感丰厚。起毛时选用旧刺果轻起毛,然后用部分新刺果再全面深入起毛。一般用于粗纺长绒面品种的后阶段起毛,如拷花大衣呢、兔毛及羊绒大衣呢等。

（4）刺果水起毛:织物起毛时先通过水槽,在带水情况下进行起毛,由于羊毛充分膨润,此时更易拉出长毛来。羊毛本身有卷曲性,起毛时多次拉伸和复原,使拉出的绒毛柔顺,呈波浪形,刺果水起毛常用于波浪花纹的羊绒织物和具有波浪的长毛提花毛毯。

织物起毛的难易以及起毛效果与原坯品质、含油量、毛纱质量、织物组织结构、织物含水量及起毛前工序加工、起毛工艺及起毛设备等都有关系。羊毛细而短,起毛浓密,柔软光滑,羊毛粗而长,起毛厚实蓬松。织物纱支数低,原纱捻度较少,有利于起毛。纬纱的影响更加显著,经纬纱异捻向的织物起毛平顺而均匀。织物的组织规格也影响起毛效果,经纬纱密度大,组织点多的织物难起毛;纬浮长的织物,起毛厚密,斜纹组织比平纹组织易于起毛;缎纹组织最易起毛。织物经缩呢后,紧密度增加,较难起毛。水分能使纤维溶胀,提高纤维的塑性,故湿起毛对纤维损伤小,比干起毛容易,且绒头长,落毛少。较高的温湿度和较低的 pH 易于起毛;起毛设备主要影响织物的风格,如钢丝起毛机起毛作用剧烈,易拉断纤维,降低织物强力;而刺果起毛机起毛作用轻,不易拉断纤维,也不易损伤织物;直刺果起毛机起出的绒毛长、光泽好;转刺果起毛机起出的绒毛蓬松厚实、光泽悦目。总之,起毛加工时要根据织物起毛类型、染整工艺等严格控制起毛条件,才能获得良好的起毛效果。

二、剪毛

无论是精纺毛织物还是粗纺毛织物都需要进行剪毛。粗纺毛织物剪毛的目的是将起毛后呢面上长短不一的绒毛剪齐,使呢面平整,获得良好的外观。粗纺毛织物的剪毛安排在起毛工序之后,工序安排如下:

熟坯修补→刷毛→剪毛→蒸呢

精纺毛织物剪毛后纹路清晰,呢面光洁,光泽也得到改善。精纺织物的剪毛安排在熟修刷毛以后蒸呢之前,工序安排如下:

熟坯修补→拉毛→刷毛→剪毛→刷毛→蒸呢

因此,对于毛织物来说,剪毛是一道重要的工序。毛织物视其表面要求,一般需进行多次刷毛和剪毛。

1.剪毛设备 剪毛机有纵向(径向)剪毛机、横向(纬向)剪毛机和花式剪毛机三种。毛纺厂使用较多的是纵向剪毛机。纵向剪毛机有单刀式和三刀式两种,这两种剪毛机的主要机构都是由螺旋刀、平刀和支呢架三部分组成,如图 9-10 和图 9-11 所示。

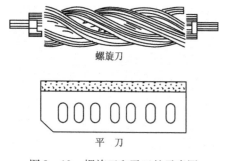

图 9-10 螺旋刀和平刀的示意图

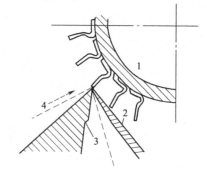

图 9-11 螺旋刀、平刀和支呢架的位置图
1—螺旋刀 2—平刀 3—支呢架 4—呢坯

支呢架的作用是支承受剪呢坯接近刀口,有实架(单床)和空架(双床)之分。采用实架剪呢时,剪毛效率高,剪毛绒面平整,但如果织物背面有纱结或硬杂物时,则易使织物突起,剪破呢坯,所以,实架剪毛对呢面的平整性要求较高;空架剪毛不易剪破织物,但生产效率较低,剪后绒毛不齐,呢面不易平整,所以加工时采用实架剪毛较多。

螺旋刀的旋向有左旋和右旋两种,每一种都是由心轴与卷绕在它上面的螺旋刀片组成。在三刀式剪毛机上,不同旋向的剪毛螺旋刀交叉相间安装,以使剪毛效果匀整。螺旋刀的刀口有两种,一种是光刀口,另一种是刀片里侧刻有锯齿细纹。光口刀剪毛时,毛易滑动,常用于精纺毛织物剪毛;有锯齿的刀片,用于粗纺毛织物的剪毛,它能够控制纤维的倒伏,防止其滑动而提高剪毛效果。

平刀刀刃部分非常锋利,剪毛时与螺旋刀形成剪刀口。在加工过程中,为了获得良好的剪毛效果,必须调整好平刀、螺旋刀和支呢架三者之间的相对位置。平刀与螺旋刀成切线,并在中心线稍后的位置,剪毛效果最好。支呢架与刀口的距离,应视织物品种和呢面要求而定,精纺薄织物呢面要求光洁,支呢架与刀口的距离要小些。而粗纺毛织物和精纺中厚织物要求有一定的绒面,支呢架与刀口的距离要大些,工厂多用隔距片或牛皮纸来调整。

2. 影响剪毛效果的因素

(1)螺旋刀与平刀的角度:角度越小,剪毛效率越高。一般采用的角度为28°～30°。

(2)螺旋刀刀片数目:刀片数目越多,剪毛效果越好。工程上一般采用20～24片。

(3)剪毛隔距:可根据织物厚度和剪毛要求而定。精纺织物要求光洁,隔距一般为15～30μm;粗纺毛织物要求表面为绒面,隔距一般为40～70μm。

(4)剪毛次数:精纺毛织物如经过烧毛工序,则剪毛次数可少些;湿整理后如果呢面发毛,则剪毛次数应多些。剪毛次数应根据试验后的剪毛效果来确定。

3. 剪毛方法　以三刀剪毛机为例,如图9－12所示,织物通过刷毛辊,将织物底绒刷起,然后通过展幅装置进入剪毛口,剪落的绒毛进入吸尘装置;织物剪毛后,再经刷毛辊刷毛,然后出机,进入下一个剪毛区,再次剪毛。

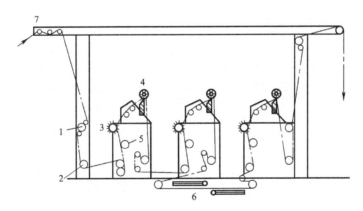

图9－12　三刀剪毛机结构示意图

1—张力架　2—调节式导呢辊　3—刷毛辊　4—剪毛刀
5—翼片辊　6—呢坯翻身导布辊　7—进呢导辊

织物剪毛时,要使剪毛刀口与支呢架之间的距离始终保持一致,此外织物进机时要展幅,不能卷边、折皱,同时织物不能有纱结或硬杂物,以免剪坏织物及损伤刀口。剪毛机如没有自动抬刀装置,当接头经过刀口时,应将螺旋刀及平刀一同抬起,接头通过后立即轻放,以避免剪断织物。如果织物品种不同、颜色不一,不能同机剪毛。

现在还有许多工厂使用由起毛机和剪毛机组合而成的起剪联合机,其具有机电一体的优点,使起毛和剪毛工序有机结合,提高了生产效率。主要适用于各种粗纺织物的起毛和剪毛。

三、刷毛

1.刷毛目的　刷毛分剪前刷毛和剪后刷毛两种。剪前刷毛目的是去除呢面上的杂物,并使绒毛竖起,利于剪毛;剪后刷毛可去除呢面上剪下的短绒毛,使呢面光洁。粗纺毛织物经过蒸刷加工后,绒毛可向同一方向顺伏,赋予织物良好的外观。

2.蒸刷设备　刷毛一般在刷毛机上进行,因刷毛机前常附有汽蒸箱,故又称为蒸刷机,如图9－13所示。

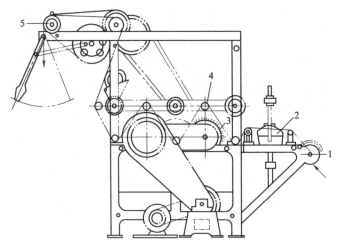

图9－13　蒸刷机结构示意图
1—张力架　2—汽蒸箱　3—刷毛辊　4—导辊　5—出呢导辊

织物进机后,先通过汽蒸箱上的不锈钢多孔板,绒毛经汽蒸后变软、易刷,而后进入密植有猪鬃的刷呢辊,进行刷毛,其转向与织物相反,和织物有四个接触点。蒸刷时,蒸汽压力及织物张力都不宜过大,否则,织物会伸长过多,影响其规格及缩水率。根据织物品种不同,可调节织物与刷毛辊之间的接触面,接触面不宜过大,以免织物在受到一定张力作用时发生伸长。对于粗纺毛织物,必须顺毛方向上机,以防刷乱绒毛。蒸汽给汽量因织物品种而异,以透过织物为宜。精纺毛织物刷毛目的主要是刷净织物表面,所以可不经汽蒸直接刷毛。蒸刷后的毛织物应放置几小时,使织物吸湿均匀,充分回缩,降低缩水率。

四、烫呢

烫呢就是把含有一定水分的毛织物通过热辊筒受压一定的时间,使织物呢面平整,身骨挺实,手感滑润,光泽良好。烫呢整理的缺点是光泽不够自然持久,织物手感板硬,易伸长。大多数精纺织物不经烫呢,只有要求纹路清晰的华达呢、哔叽类织物,为了避免电压整理后压平纹杠,一般需经烫呢;一般的粗纺织物均需要烫呢,但厚绒或要求绒毛直立的粗纺织物,不需要烫呢整理;含锦纶成分的毛混纺织物,多数要经烫呢整理,以使织物具有平挺风格,并使光泽柔和。

1.烫呢机　烫呢机又叫做回转式压光机,有单床、双床之分,以单床应用更为普遍。回转式压光机如图9－14所示。

烫呢机的主要机构有大辊筒、上下托床、加压油泵和蒸汽给湿装置等。大辊筒为中空结构,

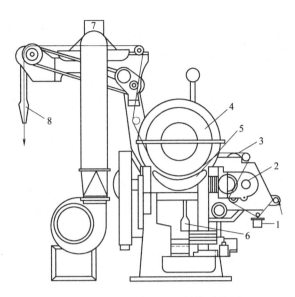

图9-14 回转式压光机结构示意图

1—遇针自停装置 2—刷毛辊 3—蒸汽给湿槽 4—大辊筒
5—托床 6—油泵 7—冷却风管 8—落布架

内可通入蒸汽加热,其表面刻有纹线,运转时可带动织物前进。托床可通入蒸汽加热,其内面为铜质光板,上、下托床可通过油泵活塞压向大辊筒。织物通过大辊筒和托床时,呢坯受到一定的压力作用和摩擦作用,从而产生烫呢效果。

2. 烫呢工艺 烫呢加工效果与大辊筒和托床之间的压力、大辊筒和托床的温度、织物受压次数及织物前进速度有关,同时织物的回潮率及出机后的冷却均会影响烫呢效果。烫呢时,大辊筒和托床的温度为100~120℃;上、下托床与辊筒的压力视织物品种、风格的不同而不同,压力过大,烫呢后织物的光泽不自然,而且手感粗糙;织物受压次数与机型有关,单托床式烫呢机为一次,双托床式烫呢机为两次;织物的前进速度在4~6.5m/min范围内;织物出机后,要使用风扇迅速冷却。

烫呢一般安排在蒸呢前进行,这样可使织物光泽好,身骨挺。但也有少数品种在蒸呢后进行,这样可使产品手感坚挺,减少烫后伸长和纬缩,光泽较足,但有时不自然。粗纺织物一般在拉毛、剪毛后烫呢。

五、蒸呢

毛织物经过前几道工序的加工后,由于受到张力和拉伸作用发生一定的伸长,织物内部存在内应力,如果将此织物制成服装,容易发生变形。因此,织物在整理的最后阶段,必须经过蒸呢加工。蒸呢就是使织物在张力、压力的条件下经过汽蒸,使其呢面平整、形态稳定、手感柔软、光泽悦目及富有弹性的加工过程。蒸呢是粗纺毛织物的最后一道整理工序,它对织物获得永久定形、尺寸稳定、降低缩水率都是至关重要的。

1. 蒸呢原理 蒸呢原理和煮呢相同,煮呢是在热水中给予织物以张力而定形,而蒸呢是用蒸汽汽蒸使呢面平整挺括。毛织物在蒸汽中施以张力进行蒸呢时,可使羊毛纤维中部分不稳定的二硫键、氢键和盐式键等逐渐减弱、拆散,内应力减小,从而消除呢坯的不均匀收缩现象,同时在新的位置上建立起新的交键,产生定形作用。

2.**蒸呢机** 工程上常用的蒸呢机有单辊筒蒸呢机、双辊筒蒸呢机和罐蒸机。

(1)单辊筒蒸呢机:蒸呢机的主要机构为一轴心可通入蒸汽的多孔钢质大辊筒(蒸辊),如图9-15所示。

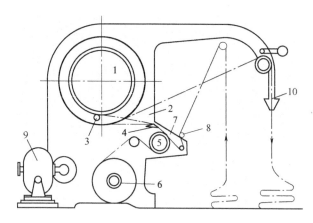

图9-15 单辊筒蒸呢机结构示意图

1—蒸呢辊筒 2—活动罩壳 3—轧辊 4—烫板 5—进呢导辊
6—包布辊 7—展幅辊 8—张力架 9—抽风机 10—折幅架

蒸呢时,平幅织物和蒸呢包布同时卷绕在蒸辊上,张力架调节张力,使织物平整;烫板可通入蒸汽熨烫包布及织物,使之平整;压辊由杠杆连接压锤,其作用是在卷呢时给予包布及织物一定压力,使之卷绕平整。大辊筒在运动状态下进行蒸呢,首先开蒸辊内蒸汽,待蒸汽透出呢面后,关闭活动罩壳,开始计算汽蒸时间。蒸至规定时间后,开启蒸汽阀,使蒸汽由外向内蒸呢。在整个蒸呢过程中,抽风机将透过呢层的蒸汽抽走。蒸呢结束时,关闭蒸汽,开启罩壳,并将织物和蒸呢包布抽冷抽干,然后织物退卷出机。

由于该机蒸辊直径大,织物卷绕层薄,同时由于蒸呢和抽冷的双向性,所以蒸呢作用均匀、效果好,蒸后织物身骨挺括,手感滑爽,光泽柔和持久。单辊筒蒸呢机一般适用于薄型织物。

(2)双辊筒蒸呢机:双辊筒蒸呢机是由两个多孔的蒸呢辊筒组成,其直径小于单辊筒蒸呢机的蒸辊。辊筒轴心可通入蒸汽。这种蒸呢机由于蒸呢与抽冷都为单向性,而且蒸呢辊筒上卷绕的呢层较厚,所以内外层织物蒸呢效果差异较大,织物在一个蒸呢辊筒上蒸呢后,必须调头蒸第二次。双辊筒蒸呢机冷却速度较慢,定形作用缓和,蒸后织物手感柔软。由于两个辊筒可交叉蒸呢。所以生产效率高。常用的双辊筒蒸呢机如图9-16所示。

(3)罐蒸机:罐蒸机的主要机构为蒸罐和蒸辊。罐蒸时,先将罐内抽成真空,将蒸汽交替由蒸辊内部和外部通入,使织物在压力状态下以较高的温度进行蒸呢。蒸呢结束后,抽去蒸汽,通入空气,开罐并通过轴心抽冷,然后出呢。罐蒸机的蒸呢作用强烈,由于可内外喷汽和抽冷,所以蒸呢效果均匀,蒸后织物定形效果好,具有永久的光泽。中厚织物可获得坚挺丰满的外观,薄

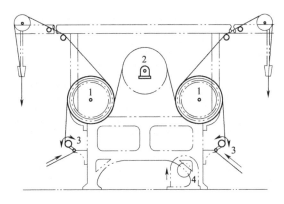

图 9 - 16　双辊筒蒸呢机结构示意图
1—蒸呢辊筒　2—包布烘干辊筒　3—张力架　4—抽风机

织物可获得挺爽手感。又由于进布、出布、卷绕、抽冷均可在罐外进行,所以生产效率高,但罐蒸后呢坯强力有所下降。

3.影响蒸呢效果的因素

(1)压力和时间:从织物蒸呢效果来说,蒸汽压力越高,蒸呢时间越长,蒸呢定形效果越好,蒸后织物呢面平整,手感挺括,光泽较强。但蒸呢时压力过高、时间过长,会造成织物强力下降,漂白织物泛黄,所以应控制好蒸呢压力和蒸呢时间的关系,即压力大则时间短,压力小则时间长。但时间不能过短,压力不能过低,否则蒸汽不易均匀地穿透织物,影响定形效果,造成呢面不平,手感粗糙,光泽不良。工程上蒸汽压力一般采用147～294kPa,蒸呢时间为5～15min。

(2)卷绕张力:蒸呢时的卷绕张力要根据织物品种加以调整。一般来说,精纺薄型织物张力大些,蒸后织物呢面平整,手感挺括滑爽,光泽较强;精纺中厚型织物张力宜小些,蒸后织物手感活络;粗纺织物比较厚,张力宜大些。但是张力不能过大或过小,张力过大织物手感呆板,缩水率增加,并且织物易产生水印;张力过小则蒸后织物光泽不足,易产生波纹横印,定形效果不理想。

(3)蒸呢后冷却:蒸呢后的抽冷可使定形作用固定下来,织物冷却越充分,定形效果越好。如果抽气冷却不充分,则呢面不平整,手感松软,无光泽。冷却时间应视织物品种和织物经蒸呢后出机时的呢面温度而定,一般出机时呢面温度低于30℃,冷却时间为10～30min。

(4)蒸呢包布:蒸呢包布的选择对蒸呢后织物的光泽、手感都产生直接影响。蒸呢包布有光面和绒面两种。使用光面蒸呢色布蒸呢,蒸后织物光泽强,身骨好;而使用绒面蒸呢包布蒸呢,蒸后织物光泽柔和,手感柔软。蒸呢包布强力要高,组织要紧密,表面要平整光洁,纱支条干均匀,不能有严重的织疵。包布幅宽要比呢坯宽20～30cm,而且包布不宜过短,织物卷绕于蒸呢辊上后包布还要多绕数圈,否则,局部蒸汽逸散后会造成蒸呢不匀。在进行蒸呢操作时,必须保证呢坯两边和中间受热要均匀一致,这样才能使蒸呢效果均匀一致。蒸前要保证呢坯的幅宽,并要控制好蒸后呢坯幅宽的变化。所使用的蒸呢包布必须保持干燥,否则易产生蒸呢疵病。包布多为纯棉或涤棉混纺织物。

六、电压

经过湿整理和干整理后的精纺毛织物，表面不够平整，光泽较差，尚需经过电压整理，改善其外观。电压就是使织物在一定的温度、湿度及压力条件下作用一定的时间，通过这种作用，织物可获得平整的呢面、润滑坚挺的手感以及悦目的光泽。电压整理是一般精纺织物在染整加工中的最后一道工序，除要求织纹饱满的织物（华达呢、贡呢等）外，都需要经过电压整理。

1. 电压机及其操作 电压机有间歇式和连续式两种，目前多采用间歇式电压机，如图9-17所示。

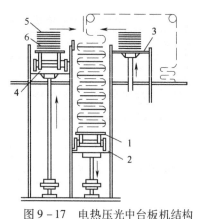

图9-17 电热压光中台板机结构
示意图

1—夹呢机 2—中台板机 3—右台板机
4—左台板机 5—纸板 6—电热板

电压机的操作过程是先将织物通过折呢机上的落布架送到夹呢车上，与此同时要将电热板和电压纸板依次插入呢层中，其插入原则是每层织物两面都要有电压纸板。每匹呢至少需插入一张电热板，并且为防止烧坏织物，电热板上、下要多加几张电压纸板。折呢的要求是织物平整，布边整齐，张力均匀。折呢完毕后将夹呢车推到压呢机上，加压至规定压力，旋紧螺母，使织物处于压力条件下，然后通电加热。加热时，通过温度调节器控制温度，保温加热完毕后，织物在压力状态下冷却。同一呢坯必须还要经第二次电压，第二次电压时，要将第一次压呢时的折叠处折到纸板中心去，这样才可使整匹织物电压效果均匀一致。

2. 电压工艺因素 电压工艺参数应根据织物组织规格和产品风格进行适当的调整。

（1）压力：电压压力应视织物品种、风格而定。薄织物要求手感滑爽，光泽好，压力要大些，一般为24.5～29.4MPa；中厚织物要求手感丰厚活络，压力宜小些，一般为14.7～19.6MPa；原料较差的毛织物不宜重压，以防产生呆板的极光。

（2）温度：温度越高，电压后织物光泽越强，但如果温度过高，则容易产生极光及电压板印。对于光泽要求高的产品，电压时温度可高些；需要柔和光泽的织物，温度可稍低些；而对于要求自然光泽的织物，温度应更低，但时间较长。一般温度掌握在50～70℃。电压过程中温度要均匀一致。

（3）时间：电压时间包括保温时间和冷却时间。通电达到规定温度后，要保温20min，以使呢坯受热均匀，如果电热板与纸板间的间隔张数多，则时间应适当延长。冷却时间指的是降温冷压时间，一般以逐步冷却较好。冷压时间长，可使织物充分冷却定形，光泽足且持久，手感滑润；冷压时间不够，则织物光泽较差且不持久。一般冷压时间为6～8h。

（4）织物含湿率：含湿织物可塑性大，电压加工时易获得理想的效果。但织物含湿率不能过高，否则，电压后织物易产生刺目极光，手感疲软，光泽不持久；如果含湿率过小，则电压后织物手感粗糙、光泽差。精纺毛织物电压时含湿率一般控制在14%～16%。

（5）电压次数：电压次数应根据织物品种和电压要求决定。多数精纺织物采取连续两次电压，有时为了提高织物的手感和光泽，可采用重复蒸呢及电压。

(6)电压工序的安排：为使出厂织物具有良好的外观，精纺织物电压都安排在最后一道工序，否则织物上的疵点暴露得会更明显。如果织物电压后产生极光或者手感过于呆板，则在电压后再进行蒸呢可给予补偿。

七、搓呢

搓呢是高级粗纺大衣呢的特殊外观整理，可以产生波浪状、涡旋状的呢面外观。搓呢在搓呢机上进行。搓呢机是由主轴带动偏心盘，使上搓板做往复运动。搓板有毛刷、橡皮之分。橡皮搓板又分有平面或带粗细凹凸花纹的，应按织物需要选择，调节搓板的动程、动向以及对呢坯的压力，可把粗纺大衣呢搓出各种外观。

搓呢一般安排在最后一道工序。因此，搓呢时要在一定的张力条件下进行，以防织物发生幅宽变狭。为了保证搓呢后的织物幅宽达到标准要求，搓呢前织物幅宽应比成品幅宽稍大些。

学习任务9-3　特种整理

一、防毡缩整理

1.毛织物发生收缩的原因

(1)松弛收缩：一般毛织物的染整加工，大多采用松式或张力较小的设备。虽然如此，但织物内部仍然或多或少存在一定的张力，产生形变而导致内应力，从而使毛织物存在一定的潜在收缩。因此，当再度润湿时，内应力释放，织物便发生缩水现象；另外毛纤维吸湿以后的溶胀异向性，导致吸湿后织物织缩的增加，也会引起缩水现象。

(2)毡化收缩：毛织物在洗涤过程中，还会发生毡缩现象，即在湿加工中，由于机械力，毛纤维发生蠕动而相互纠缠，使织物产生毡缩现象。毡缩对织物尺寸稳定性的影响非常大，同时它还可影响织物的外观质量，如精纺织物纹路不清等，极大地影响织物的服用性能。

2.预缩整理
机械预缩整理可降低毛织物的潜在收缩，改善缩水现象。经湿整理后的织物，需进行预缩烘干，其中最简单的是把给湿后的织物放置一段时间后，再进入悬挂式干燥机中，采用低温热风进行松式烘干，使织物在松弛状态下，产生自然收缩。常用的帘式防缩机如图9-18所示。湿整理后织物的烘干也可在具有超喂装置的布铗拉幅机上进行，通过经向超喂，增加经向织缩，而达到防缩目的。精纺毛织物经过预缩整理后的缩水率要求不超过1%。

3.防毡缩整理
羊毛鳞片层是羊毛具有缩绒性的主要原因，所以通过破坏羊毛表面的鳞片层，降低定向摩擦效应，限制羊毛纤维的相对移动性能，可以抑制毛织物的毡缩现象，起到防毡缩的作用。羊毛防毡缩整理的基本途径大致有以下几种，破坏羊毛的鳞片层和用树脂沉积物填塞羊毛纤维表面鳞片层的间隙，使其在鳞片表面形成薄膜，这两种方法都可降低羊毛纤维的定向摩擦效应；再者就是采用交联剂，在羊毛大分子间建立新的、稳定的交联键，以限制羊毛纤维的相对移动，从而降低羊毛的拉伸性能。工程上采用较多的是通过破坏羊毛的鳞片层来降低其定向摩擦效应。

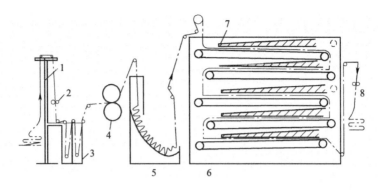

图9-18　帘式防缩机结构示意图

1—进呢架　2—吸边器　3—浸液槽　4—轧干机　5—J形箱　6—烘房　7—传送帘　8—落布架

以化学试剂适当损伤羊毛纤维表面的鳞片层，减小定向摩擦效应，以达到防毡缩目的的方法，称为"减法"防毡缩整理；以树脂或利用交联剂在羊毛大分子间进行交联，通常称为"加法"防毡缩整理。毛织物防毡缩整理的方法简述如下：

（1）氯化法：减法防毡缩整理中，最早采用的破坏羊毛鳞片的方法是用氯处理，该法处理的织物手感柔软，起毛起球减少，但纤维强力下降，失重较少，部分浅色有泛黄现象。使用次氯酸钠处理，虽然方法简便，但处理工艺较难控制，会出现处理不均匀和过于剧烈的情况，影响织物的染色和服用性能，其中处理液的 pH 对羊毛的氯化程度影响较大，pH 越低，作用越剧烈；当 pH 大于 7 时，虽然作用缓慢，处理均匀，但羊毛严重泛黄。

用酸性次氯酸钠稀溶液处理毛织物一般工艺是：有效氯用量为 2% ~3%（owf），温度 15~20℃，处理时间 20min。以次氯酸钠和高锰酸钾的混合溶液处理，效果较好，并可在 pH 为 8.5~10 条件下进行，羊毛非但不泛黄，而且可提高白度，手感也较好。

近年来，广泛应用释氯剂进行氯化处理，其作用缓慢而均匀。二氯异三聚氰酸（DCCA）或其钠、钾盐是常用的释氯剂，商品名为巴索伦 DC，它能在水溶液中水解形成次氯酸，释放出浓度较低的有效氯与羊毛缓慢反应，达到防毡缩的目的，其水解反应速率随 pH 的下降和温度的升高而加快。此法不降低羊毛纤维的强力，避免了手感粗糙和染色不匀及纤维泛黄的缺陷。处理工艺为：织物浸入含有 0.2% 非离子润湿剂、10% 元明粉或食盐的溶液中，用醋酸调 pH 至 4.5，10~25℃ 处理 10min。然后加入 3% ~6%（owf）的 DCCA，由 25℃ 缓缓升至 45℃，处理 1h 左右，为了改善织物手感，减少羊毛泛黄，可用高锰酸钾和二氯二异氰酸拼混使用，效果较好。

氯化处理除了用含有效氯的溶液进行湿处理外，还可采用干法氯处理，即用氯气处理。此法需在密闭容器中进行，通常先将毛织物的回潮率调节至 8% ~12%，进入容器，而后通入干燥氯气，在室温下处理 0.5~1h。如果条件适当，可以获得既均匀，对纤维损伤又小的防毡缩效果。但此法使氯化作用只限于纤维的表面，而且对设备要求较高，故实际应用较少。

毛织物经氯化处理后，需经过水洗、并用亚硫酸钠或亚硫酸氢钠溶液进行脱氯处理，去除过量的氯，然后水洗中和，最后进行柔软处理，以改善毛织物的手感。

（2）氧化法：在减法防毡缩整理中，用于毛织物防毡缩处理的不含氯的氧化剂也很多，如过氧化氢、高锰酸钾和其他过氧化物等，其中以过硫酸及其盐类应用较为普遍，处理液 pH 一般在

2 以下,温度以不超过 50℃ 为宜。另外,高锰酸钾的食盐饱和溶液应用也较多,处理后的羊毛手感柔软、光泽好,起球减少 30% ~40%,但产品重量、强力和弹性均有所下降。

高锰酸钾的食盐饱和溶液处理羊毛织物的工艺流程和工艺条件如下:

温水处理→氧化剂处理→水洗→还原处理→水洗→皂洗→中和→水洗

其中,温水处理工艺:60~80℃ 温水浸渍 10min,然后降温至 35~40℃。

氧化剂处理工艺:饱和食盐水溶液 5% (owf),高锰酸钾溶液约 5mL/L,温度为 40℃,浴比 1:20~1:30,处理时间 60min,处理液 pH 为 7,一般掌握溶液由紫红色变为淡粉红色。

水洗工艺:室温清洗 10~15min。

还原处理工艺:雕白粉 15% (owf)或亚硫酸氢钠 3.75g/L,96% 硫酸 2.7mL/L,处理温度 40℃,浴比 1:40,处理时间 20min,处理液 pH 为 1.5,一般掌握溶液淡粉红色消失为止。

皂洗工艺:洗涤剂 0.2g/L,温度为 45℃,时间 15min。

中和工艺:氨水或纯碱浓度为 2% ~3%,室温处理 10~15min。

羊毛的氧化防毡缩处理,可采用织物或制品加工,也有采用毛条加工的。加工方式有连续的,也有间隙的,毛条和织物多以连续式加工进行,而服装多以间歇式加工为主。

(3)蛋白酶处理法:此法的原理是利用蛋白酶将鳞片内层易于被酶解消化的部分抽出,也属于减法防毡缩。经这种处理的羊毛,不但具有防缩性能,而且羊毛变得滑而细,富有羊绒感。

(4)树脂加法防毡缩处理:加法防毡缩处理主要是利用聚合物沉积于羊毛纤维表面,以达到防毡缩效果。所用聚合物有聚氨基甲酸酯、聚丙烯酸酯、聚酰胺和有机硅等。这些聚合物都是含有两个或两个以上活性官能团的预聚体,它们在羊毛表面通过自身或与其他交联剂发生作用或与羊毛纤维反应,可进一步聚合或交联成具有网状结构的聚合物,而沉积于羊毛纤维的表面上,它们也可以单体形式在羊毛纤维表面形成聚合物,也可与羊毛纤维发生接枝反应,产生防毡缩作用。

(5)低温等离子体处理:近年来,低温等离子技术用于羊毛防毡缩也受到重视。低温等离子体产生方式有电晕放电和辉光放电。等离子体对高分子材料表面改性包括表面刻蚀、交联和化学改性等。曾有人在 266~532Pa 的氧气中将羊毛以 300W 功率处理 30s,其毡缩率可由 30.6% 降至 6.5%,且其防缩效果随功率的增大或处理时间的延长而提高。

毛织物经防毡缩处理,无论是加法或减法,包括等离子体处理都不可避免地会使羊毛的手感变得粗糙。此外,对羊毛织物的风格、防水性、色泽和染色性能等也带来一定的影响。这也是某些防毡缩整理方法效果虽然优异,但未能工业化生产的原因。在进行防毡缩整理时,为了改善手感,需进行柔软处理。可采用机械柔软法,如对织物进行绳状洗涤;也可采用化学柔软法,以柔软剂进行整理,改善纤维表面的柔软润滑性能。

二、防皱整理和耐久压烫整理

羊毛纤维的分子链具有卷曲的螺旋构象。羊毛纤维的肽链间除氢键外还存在着共价的二硫键,在外力作用下伴随着纤维的变形,肽链间的氢键、二硫键可以发生变形、拆散和重建,使肽链的构象由螺旋形部分或全部转为伸直的构象。当外力去除后,随着外力的大小和作用时间长短的不同,伸直的肽链可有不同程度的回复,因此,羊毛纤维具有良好的弹性。但在湿热条件下,羊毛纤维的防皱性能较差,随着人们对防皱性能要求的提高,开始重视毛织物的防皱和耐久压烫整理。羊毛织物在外力作用下,特别是在湿热条件下发生变形时,蛋白质分子肽链间不仅有氢键的拆散和重建,而且有二硫键的水解、拆散和重建,在新的位置上形成的新的交键,阻滞了肽链构象的转变,导致产生折皱现象。

实践证明,羊毛织物的防皱整理不能采用纤维素纤维织物的防皱整理剂和整理方法。提高羊毛纤维肽链的稳定性可改善羊毛纤维的防皱性。将羊毛纤维在湿热条件下进行一定时间的热处理,使纤维中肽链间不稳定的氢键、二硫键拆散和重建,使之处于较为稳定的状态。但这种整理效果是暂时的,当织物重新进行润湿和蒸汽压烫后,由于交键对湿热的不稳定性,定形效果便会消失。为此在热处理的同时,需进行化学整理,以改善防皱效果的耐久性。其基本途径有:

(1)采用羊毛防毡缩整理中的预聚体进行处理,通过在纤维上形成交联或树脂沉积,将热处理后的防皱效果固定下来,提高整理效果的耐久性。

(2)通过化学定形处理,阻止羊毛纤维肽链大分子上的二硫键和巯基之间的转换。抑制二硫键的水解、拆散和重建。通常采用还原剂处理,如亚硫酸氢钠、单乙醇胺,将羊毛纤维上的二硫键还原成巯基(—SH),利用双官能度或多官能度化合物如甲醛环氧化合物等,对已定形的羊毛纤维中的—SH 进行氧化、封闭或交联,提高羊毛纤维肽链大分子间交键的稳定性,改善防皱效果。

三、毛织物的光泽整理和丝光羊毛

提高羊毛光泽的有效途径主要有两种:一种是使纤维截面异形化,它实际是在强烈的挤压及化学试剂的共同作用下,使羊毛纤维产生横向变形,迫使纤维截面由原来的圆形变成三角形或多边形等不规则截面;另一种方法则是使羊毛表面平滑化,一般通过去除羊毛鳞片来改善羊毛的光泽。第一种方法的工艺实施较为困难,而且获得的截面形状也不规则,加工难度大;第二种方法在防缩绒加工的基础上极易实现,因此,羊毛平滑化加工获得普遍采用。

1. 羊毛平滑化加工 羊毛表面平滑化的实质就是进行剥鳞片加工。它由防缩绒整理技术发展而来,是与仿羊绒研究同步发展起来的工业技术,粗羊毛经过此加工可以获得仿马海毛风格,研究表明以品质支数为 50 支以下的羊毛为宜。凡适用于仿羊绒的方法均适用于仿马海毛加工。其中以氯化法和氯化 - 蛋白酶应用得最普遍。与仿山羊绒不同的是,仿马海毛加工中处理条件比仿山羊绒剧烈,而且可以不进行柔软处理。

经过光泽化加工后会使羊毛纤维的表面光滑、重量损耗 2.5% ~6.0%,在后续加工如染色、整理过程中重量会进一步损失,重量总损耗 6% ~10%。经光泽化加工的羊毛直径减少 1 ~2μm,碱溶解度通常达到 20% ~24%(未处理的羊毛为 12% ~15%)。光泽化羊毛织物的耐磨性下降,而纱线的强度稍有增加,织物的抗起球性能好,可达五级水平,同时具有可机洗性能。

2. 毛织物光泽整理

(1)精纺毛织物的光泽整理:纱线表面的纤维排列越均匀、整齐、平滑,捻度越低,经纬纱的分布越均匀,纱线的屈曲波越小,浮线越长,呢面越平整,毛羽形态越规则或织物表面越洁净,则织物的光泽越好。对不同类型的精纺毛织物,为了获得不同的风格,在整理过程中可采用不同的工艺流程。

精纺花呢需经过以下工序处理:

坯布→烧毛→一洗→单槽煮呢→二洗→双槽煮呢→刷呢→剪呢→蒸呢→电压→罐蒸→成品

其中一洗与二洗对织物光泽、内部反射光和表面反射光的影响规律不同。一洗后织物光泽和内部反射光提高而表面反射光强下降,这与二洗规律截然相反。其主要原因来自三个方面:

①坯布太脏,纤维表面颗粒状污物及油污使织物表现出较强的散射,内部反射光处于较高的水平;

②坯布表面不平,因纱线应力使坯布表面严重凹凸不平,表面反射光强度较低;

③坯布表面纤维的排列混乱、不匀(经纬纱分布不匀)。

经过洗呢(一洗)后上述现象均得到改善,提高了织物光泽。煮呢后洗呢(二洗)与上述特征相反,这是由于进一步洗呢后纱线的蓬松性发生变化,同时受绳状洗呢过程中的机械挤压作用,破坏了煮呢后的平整呢面,使得内部反射光及散射光增加。在织物反射光中如果表面反射光成分过低,则织物的光泽感随内部反射光的增加而下降,由此可见,内部反射光和表面反射光的共同作用结果使得二洗后的光泽下降。

无论是单槽煮呢还是双槽煮呢总是使织物光泽提高,煮呢能使织物表面平整、光滑、纤维排列整齐、纱线屈曲减小且纱线截面变成扁平状,由此,织物表面反射光增强,而内部反射光和散射光成分减少,所以光泽增加。

蒸呢与煮呢的影响规律完全一致。这与它们加工机理的一致性有关,强烈的平整定形作用使内部反射光及散射光下降,表面反射光增强。罐蒸与普通蒸呢相比,对光泽的提高作用更为明显。在蒸呢工艺中抽冷时间对光泽的影响最大,抽冷时间越长,织物越硬挺,表面反射光越强,光泽越强

电压同样也能提高织物的光泽,但光泽的持久性不好。故必须改进电压工艺,以提高织物电压形成光泽的持久性。

此外,研究还发现,织物的光泽与织物的身骨、滑糯性有良好的一致性,与丰厚的变化规律则相反。

(2)粗纺毛织物的光泽整理:粗纺呢绒中除纹面织物外,织物的表面多被绒毛所覆盖,所以,绒毛自身的光泽、绒毛的平伏顺直平行度以及呢面的平整度等影响织物的光泽。像精纺织物一样,不同风格要求的毛织物其整理工艺及流程不同。

粗纺毛织物洗呢、缩呢前后的风格变化极大,坯布为纹面且经洗呢、缩呢后织纹已模糊不清,而且表面还有一定的长短不一的绒毛,所以洗呢、缩呢前后织物光泽变化极大。第一次起毛、剪毛后织物的内部反射光及散射光成分显著增加,而表面反射光及织物光泽下降。这种现象与织物表面形成的浓密绒毛有关,它奠定了短顺毛织物内部反射光成分的基础,虽然光泽指标有所下降,但如果没有良好的第一次起毛、剪毛作为内部反射光的基础,就没有丰满的绒毛和良好的顺毛风格,也就不会有"骠光"的光泽特征。

刺果起毛是使织物表面反射光和光泽指标大幅增加的主要工序，它在短顺毛织物整理中占有重要的位置。研究中发现，短顺毛织物的光泽主要取决于织物表面绒毛的顺直、平伏程度和绒毛的密度，而经过刺果起毛后，绒毛的顺直平行度、平伏度均提高，但在常规折叠（或打卷）停放后的烘干过程中，多数绒毛会因热风烘干机内热风流向的影响而使绒毛翘起、弯曲、变形，丧失了部分平行顺直特征，从而使织物的光泽降低，建议通过刺果起毛后使用打卷停放，烘干前采用增加一道湿刷工序，或增加一道煮呢工序，或增加一道湿蒸呢工序，或在刺果湿起毛时加入具有定形效果的定形剂等途径，使织物表面的绒毛得到定形，以确保织物外观的稳定性，从而提高织物光泽的持久性和稳定性。为了强化定形作用，曾有人在刺果起毛机中加入亚硫酸氢钠、苄醇等化学试剂，收到了一定的效果。此外，从落毛率、绒毛密度以及羊毛的顺直平伏度综合考虑，应以冷水起毛为宜，湿起毛（织物含水相对较低）的效果稍差。在起毛过程中要注意织物表面的刺果痕等疵点。第二次起毛、剪毛时钢丝的拉毛作用破坏了原有的绒毛状态，使得织物的光泽等级有所降低。

烫呢工序是借鉴了羊剪绒的生产工艺而发展起来的一种加工手段，它主要用于短顺毛产品的生产。在烫辊压力及螺旋状沟槽的刷、刮、烫的作用下，织物表面绒毛被烫直、平伏，呢面趋于平整，所以提高了织物的光泽。目前，许多企业使用的烫光剂为10%（体积分数）甲酸、20%（体积分数）乙醇、70%（体积分数）水，其中甲酸能够促使羊毛纤维伸直变形；乙醇能促进试剂向羊毛纤维的渗透，加快烫光剂在烫光过程中的挥发而利于干燥，此时因不存在定形作用，仅靠甲酸、乙醇所获得的光泽只是暂时性的，当烫光后的织物遇到湿、热时，光泽随之丧失，为了强化定形作用，一般可以采用在上述烫光配方中加入其他类型的交联剂，或者亚硫酸盐等。同时，为了改善绒毛的手感，可以添加一定量的有效柔软剂，如有机硅柔软剂，也可以添加少量的油剂等。新型的烫光剂如增光剂NFS、增光剂NA均具有优良的柔软、定形效果，是性能优良的增光剂，其用量依纤维性质不同而异。另外，在生产中为使绒毛整齐、膘光足，往往要烫光2～3次，每次烫光之间可酌情进行剪毛。

3. 丝光羊毛　随着科学技术的进步，有人也将羊毛的"表面平滑化加工"称为"羊毛的丝光"。

目前，在地毯的"丝光"工艺中，几乎均使用碱性次氯酸盐溶液。其主要过程为：

浸碱→氯氧化处理→碱洗→酸中和→清洗

为了保护地毯的色彩，有的企业在洗毯时不采用浸碱工艺，而是直接用清水浸泡地毯后，再用氯氧化试剂进行"丝光"处理。经过上述工艺处理之后，地毯的绒头状态发生了变化。

首先，在化学试剂和机械刮刷力的反复作用下，绒头上端7～10mm处纱线被解捻、纤维呈单根松散状分布，纱线中未被基布或地经握持的羊毛纤维被刷掉，部分细羊毛断裂，绒头呈上细下粗的锥状，而且绒头的上部主要由粗刚毛构成，下端则是细羊毛、两型羊毛和粗毛混杂，整个绒头中几乎没有死毛（优质地毯）；丝光后，绒头上端10～15mm内羊毛纤维的形态产生了变化，羊毛的鳞片被剥除，稍细的羊毛呈针状，有髓羊毛则有空洞且损伤十分明显，在绒头的中部及根部（即距绒头顶端10～15mm之下），羊毛的鳞片逐步趋于完整。由此可见，洗毯的过程也仅是针对地毯绒头的上部纤维进行的。在碱性次氯酸盐及机械力的反复作用下，不仅使绒头部分的羊毛纤维光泽增加,而且使纤维的方向性得到提高,所以,毯面的光泽随之提高。

地毯"丝光"中,第一次碱洗的目的是为了去除绒头中的杂质,使鳞片层部分水解,为氯氧化试剂的化学反应创造条件。但是如果用碱(氢氧化钠)不当,会使羊毛损伤过大,羊毛失去弹性,还会增加地毯在使用过程中的落毛,影响地毯的质量。在这次碱性洗过程中,以低温洗毯为宜,温度小于37℃;地毯先浸水再刮碱液,有利于使碱液较集中地聚集在绒头的尖端部位,使氢氧化钠的浓度由绒头到根部有一个自高到低的浓度梯度;可以在稀碱液中溶解大量的食盐或元明粉,控制羊毛的溶胀,同时也能够有效地减少羊毛的脱色。

氯氧化处理是剥除羊毛鳞片的关键步骤,一般选用次氯酸钙或次氯酸钠,两者的效果基本接近。其中,因次氯酸钠的质量稳定,有效氯含量也稳定,所以,在加工中比次氯酸钙法易于控制。但是由于次氯酸钠在二次碱洗及酸中和过程中不能够生成具有抛光作用的颗粒状沉淀物——氢氧化钙、硫酸钙,所以次氯酸钠洗毯后的光泽不如次氯酸钙,但是织物手感好,无不良的粗糙感。用次氯酸钙洗毯之后要用温水彻底清洗,以去除沉淀物。

第二次碱洗的目的是进一步降解羊毛鳞片的分解物,达到彻底剥除羊毛鳞片的目的。但是碱的用量不宜过多,以防止羊毛的无效损伤。生产中可以借鉴蛋白酶加工技术,以酶代碱。

学习引导

一、思考题

1.试述毛织物干、湿整理的目的和主要内容。

2.简述毛织物煮呢原理,并分析影响煮呢质量的因素。

3.简述毛织物缩呢的目的、原理,并分析缩呢工艺条件。

4.说明毛织物起毛方法及影响起毛难易和效果的因素。

5.试述蒸呢的目的、原理和影响蒸呢质量的工艺因素。

6.分析羊毛发生毡缩和折皱的原因,说明常用防毡缩和抗折皱的处理方法。

7.什么是丝光羊毛? 说明丝光羊毛的加工工艺。

二、训练任务

毛织物整理工艺设计

1.任务

(1)毛织物干整理工艺设计;

(2)毛织物湿整理工艺设计;

(3)毛织物特种整理工艺设计。

2.任务实施

(1)选择合适的毛织物和需要的整理方法。

(2)设计毛织物整理工艺:

①工艺流程；

②助剂与设备；

③工艺条件；

④工艺说明。

3.课外完成：以小组为单位，编制成 ppt。

4.课内汇报形式：小组讲述，其他小组提问，教师指导，共同完成学习任务。

三、工作项目

任务：按照客户要求生产一批具有抗皱防缩功能的精纺毛织物面料。

要求：设计整理工艺并实施，包括工艺流程、工艺条件、设备及工艺操作等。

学习情境 10　针织物整理

学习任务描述：

针织物形成方式不同于机织物，根据生产方式的不同，可分为纬编针织物和经编针织物。由线圈互相串套组成的针织物具有良好的弹性和透气性，且对人体运动的适应性强，具有对机体"压力"的调节功能。由于织造方法和组织结构不同，即使组成针织物的纤维相同，整理方法和整理的重点和前面介绍的机织物整理也不完全相同。

针织物的整理工艺可分两类：物理机械性整理，如防缩、起绒、剪毛、烧毛、轧光、轧纹等整理；化学整理，如柔软、硬挺、树脂整理、功能整理等。要实现针织物整理的目的，生产技术部门要根据整理的目的和要求来设计工艺：加工工艺流程、设备选择、工艺条件制订，工艺实施等。

学习目标：

1. 能根据针织物特点，选用一般整理方法；
2. 掌握针织物机械预缩整理工艺；
3. 掌握针织物抗起毛起球整理工艺。

学习任务 10 – 1　针织物的一般整理

一、针织物的组织结构及特点

针织物后整理的一个最主要目的是稳定织物，即要减少由于纺纱过程、纤维种类、线圈结构及织物质量等原因而引起的潜在的张力。针织物的一般整理就是消除各种应力引起的尺寸变形的过程。

针织物的基本结构是线圈。通过线圈的相互套结形成复杂的空间结构。每一个线圈分为三部分，圈柱、针编弧和沉降弧，如图 10 – 1 所示。

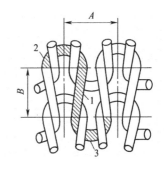

图 10 – 1　线圈组织结构

1—圈柱　2—针编弧　3—沉降弧

两条相邻线横向对应点之间的距离叫做圈距，纵向对应点间距离叫做圈高。线圈的圈柱和圈弧可在外力作用下相互转移，因此，针织物具有极易变形的特点。在通常情况下，每一种针织物都有一个最稳定的结构形态，用密度对比系数来表示，它等于圈高/圈距或横向线圈密度/纵向线圈密度。例如，一般平纹汗布的密度对比系数为 0.67 ~ 0.87，而双罗纹棉毛布为

0.8～0.94,接近于结构的最稳定形态。当针织物受到纵向拉伸时,圈高增加,圈距减小,密度对比系数增大,使其脱离了稳定的结构形态,当外力去除后,又可逐步回缩而恢复到稳定状态。如使针织物在较大外力作用下,或者反复受到外力作用,则会使线圈产生较大变形,套结点的接触变得紧密,而其结构远离稳定状态,如图10-2所示。

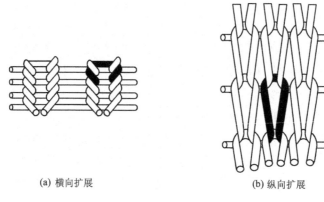

(a) 横向扩展   (b) 纵向扩展

图 10-2 线圈受力变形图

这种不稳定的状态在水和外力的作用下,可通过松弛而恢复原状,这就导致缩水现象的发生。此外,纤维和纱线在外力作用下变形而产生的内应力,通过水分子对应力的松弛作用,也会引起纤维和纱线的收缩,而产生缩水。

二、防缩整理

棉针织物弹性好,较机织物易于变形且有良好的吸湿透气性,给人以松软舒适感,是理想的内衣料,但有较大的缩水现象,影响了服用性能。

棉针织物易缩水的主要原因是其易变形的线圈结构。同时,由于棉纤维在水中具有溶胀特性,也会引起织物结构的收缩,造成缩水。因此,针织物应尽可能在无张力的松弛状态下生产,但完全的松弛生产几乎是不可能实现的。为减小棉针织物的缩水现象,一是减少加工张力,应用松式加工设备,减少纤维及线圈的变形,提高其形态结构的稳定性;二是对于受外力作用而处于不稳定性状态的织物施以相反的作用力,在湿热条件下,强迫其回缩,以达到预缩的效果。此外,棉纤维也可利用丝光和碱缩的定形作用以及树脂整理来阻止纤维的变形,从而达到防缩的目的。但它们都不能有效地限制线圈的滑移、变形,因此效果较差。目前应用较为广泛的是机械防缩整理,在机械、水、热和外力的作用下,强迫织物进行回缩。三超喂防缩、阻尼预缩和双呢毯防缩等,都是目前应用较多的机械防缩整理方法。

1.三超喂防缩整理 三超喂包括超喂湿拉幅、超喂烘干和超喂轧光。

(1)超喂湿拉幅:棉针织物在染整加工中,大部分是处于紧式加工状态,将受有张力而变形的针织物烘干,而产生"干燥定形"形变,产生这种形变后,即使进行防缩处理,效果也较差。湿扩幅就是在烘干以前,给经过脱水或轧液的织物以足够的超喂,然后进行拉幅,通过超喂拉幅而使其回缩。因为棉纤维在润湿状态具有较高的塑性变形能力,所以防缩效果较好。湿扩幅率取决于前处理加工中织物的伸长率,伸长率过小,则防缩效果差,而过大又会导致横向缩水率增加,必须保持足够的超喂量,以达到稳定的扩幅率和收缩效果,在配有免保养链条的拉幅机上可以达到20%的超喂拉伸(取决于产品的要求)。拉幅过程有助于后序的松弛烘干的进行,因为拉幅可以使织物组织结构的连接点松弛而消除应力变形。图10-3所示圆筒针织物常用的二轮超喂预缩装置。拉幅后织物被传送到松弛烘干工序。

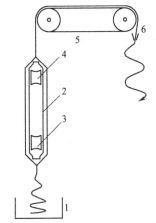

图10-3 圆筒针织物超喂湿扩幅预缩机示意图

1—转盘堆布器 2—超喂扩幅长撑板
3,4—超喂轮 5—传送带 6—落布斗

织物表面的平整度,改善其光泽,最后需经轧光处理。为减小织物在轧光过程中的收缩,在轧光机前需采用超喂装置,将织物先经超喂扩幅,然后进行蒸汽给湿,再轧光。常用的超喂轧光机有卧式和立式两种,简易式超喂轧光机如图10-4所示。为提高防缩效果,需加强超喂,增加蒸汽给湿,减小轧辊压力和硬度,采用单压点轻压热轧,使轧光整理效果较好,这样不但可以完全消除织物原有的伸长,而且还具有回缩作用,也可以达到一定的预缩目的。

2. 阻尼预缩整理 这种预缩整理方法是对圆筒针织物在平幅双层状态下,施加纵向挤压力,迫使线圈纵向缩短和横向扩展,从而使织物获得预缩的效果。阻尼预缩整理机如图10-5所示。将织物通过汽蒸和布撑扩幅装置以平幅松弛状态

(2)超喂烘干:经湿扩幅的织物,如果使其处于完全松弛的状态进行烘干,是会发生进一步收缩的,而趋于完全平衡状态。当进行圆网烘燥时,由于进机张力及织物紧贴于圆网表面,因此会引起织物伸长而降低防缩效果,所以必须进行超喂烘干,使织物经传送带超喂进机,并使织物经过几个速度依次降低的圆网辊筒进行松弛状态下的烘干。在超喂烘干中,由于超喂松弛及循环排风,在圆网辊筒上的织物形成波浪起伏状态,并随着织物的烘干回缩而逐渐变平。传送带的超喂量应大于或等于织物烘干后的回缩率和起伏长度之和,并且输送带上的织物不能受到滑移牵引作用,机前堆布位置应位于输入端的正下方,以减少进机时的张力。也可采用其他可以精确调节超喂量的松弛烘干定形机。

(3)超喂轧光:为了提高针

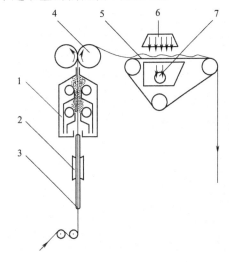

图10-4 立式超喂轧光机结构示意图

1—汽蒸箱 2—扩幅辊 3—张力架 4—热轧辊
5—传送带 6—冷风装置 7—出风口

喂入一对表面速度不同、旋转方向相反的阻尼辊之间,进布辊表面光滑,且速度大于表面粗糙的减速阻尼辊,从而使织物在其间形成一个超喂挤压区。织物进入挤压区前,受到阻尼刀和进布辊之间的空隙的制约作用,使其既受到挤压而又不起皱。阻尼刀由电加热,阻尼辊由蒸汽加热,

以增加织物的热塑性,促进织物松弛定形,提高防缩效果。

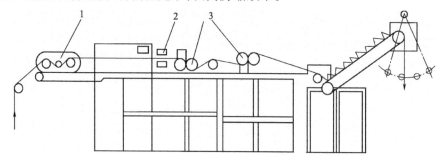

图 10-5 COMPACTOR M4 型阻尼预缩整理机结构示意图

1—张力辊 2—汽蒸箱 3—挤压点

该阻尼装置一般装有两组挤缩装置,阻尼刀为一上一下,作用原理相反,可使圆筒针织物两个侧面获得同样的预缩效果。阻尼挤压工作原理如图 10-6 所示。挤缩率是按工艺要求分段完成的,第一段完成挤缩率全部的 3/4,第二段完成 1/4。织物经阻尼预缩以后,线圈形态稳定,防缩效果良好。例如纯棉或棉毛混纺成衣要求缩水率为 4%,则调整挤缩率第一段为 8% 左右,第二段为 3%,这样成衣的缩水率就可以控制在 4% 以下了。

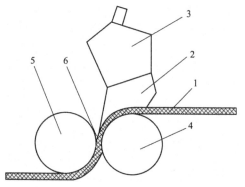

图 10-6 阻尼挤压工作原理示意图

1—织物 2—阻尼刀 3—制动器
4—喂入辊 5—阻滞辊 6—挤压点

3. **双呢毯预缩整理** 双呢毯预缩机如图 10-7 所示,它适用于各种纤维圆筒针织物的预缩整理。其预缩原理和三辊橡胶毯预缩机相似。将经超喂扩幅、蒸汽给湿的织物紧贴于处于拉伸状态又富有弹性的呢毯表面,当呢毯由拉伸转入收缩状态时,织物随呢毯产生同步收缩,从而提高防缩效果。利用双呢毯的作用,可使织物双面得到同时整理。

4. **汽蒸预缩整理** 可采用学习情境 8 中提及的汽蒸预缩机对针织物进行预缩整理,其结构如图 10-6 所示。汽蒸预缩整理机适用于针织物、真丝织物等在松弛抖动状态下,以饱和蒸汽进行预缩整理。该机通过织物的超喂,饱和蒸汽的高温汽蒸,强烈的机械震荡和急骤冷却,能使织物收缩率降低,并使织物手感丰满。

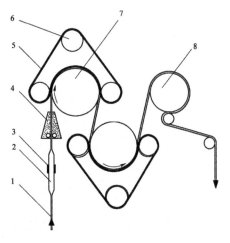

图 10-7 双呢毯预缩机

1—圆筒针织物 2—扩幅架 3—超喂轮 4—蒸汽箱
5—呢毯 6—呢毯张紧辊 7—加热承压辊 8—冷却辊

三、绒毛针织物的整理

针织物中有三大类绒毛产品:一是针织人造毛皮,以腈纶针织物较多,其长毛是在织造过程中形成的;二是针织天鹅绒、丝绒织物及仿皮产品等,是通过将成圈针织物的线圈剪断而形成的绒面产品;三是针织绒布,通过起绒,将其坯布表面浮线中的纤维拉出,产生细密的绒毛。我们在此只介绍针织绒布的起绒整理。

起绒又称起毛、拉毛或拉绒。起绒整理是生产针织绒类产品的传统工艺,针织物经起绒整理后,改善了织物的风格和外观,使织物具有毛型感,增加织物的蓬松性,手感柔软、丰满,并增加了其保暖性。

针织绒布起绒在钢丝起毛机上进行。针织物和机织物有不同的组织结构,因此起毛性能也有所差异。需起绒的针织物多为台车针织物,其正面是由细纱组成的平纹组织;反面为粗支纱组成的斜纹组织,其表纱和起绒纱的交叉点为右斜的则为正罗纹,而其交叉点为左斜的则为反罗纹。为了便于干起毛,一般起绒纱的线密度较高,薄型针织物为 58.3tex(10 英支),而厚型的为 97.2tex(6 英支)。纱的捻度越低,越易起绒,但过低,易产生落绒现象,强力损失也较大。起绒效果还受起绒纱的线圈密度、线圈长度以及与面纱的用量比等因素影响,密度越高,配比越大而线圈越长,越易起绒,且绒面较厚而且短密,不易露底。

棉针织物起绒有坯布起绒、染前起绒和染后起绒三种不同方式,需根据产品性能进行适当的选择。因为原棉中含有较多的蜡状物质,有润滑作用,因此坯布较易起绒;染前和染后起绒都易拉断纤维而损伤织物,所以需要先上蜡,后起绒;对于深色织物,一般是轻煮练或不煮练,因此易起绒,但大量的染化料使纤维的摩擦系数增加,需要增大起绒力。针织物经起绒后,长度增加 25% ~30% ,幅宽收缩 30% ~35% 。

为了稳定幅宽,织物起绒后需要进行轧光扩幅整理。一般棉针织物在三辊轧光定形机上进行,幅宽由扩幅撑板控制。化纤类织物定形在轧光整理机或双面呢毯定形机上进行,幅宽除由扩幅撑板控制外。还可视情况给湿或加热、加压来控制,但必须适当、均匀。反之,绒毛被压死或有"极光"或给湿较多的针织物不宜存放,且不利于控制幅宽,故达不到定形效果。起绒针织物的重量减轻,强力稍有降低,因此需对起绒条件进行适当控制。

四、防皱整理

通过树脂整理可以提高棉及涤棉混纺针织物的防皱性能,并有一定的防缩作用。近年来,防皱整理在高级纯棉及涤棉混纺针织物中应用较多。其防皱原理、整理工艺及设备和整理品性能均与棉及涤棉混纺机织物的树脂整理相似。

学习任务 10 - 2　抗起毛起球整理

一、针织物起毛起球现象

针织物品种很多,这些针织物在实际服用和洗涤过程中,由于不断受到摩擦,当外部摩擦力大于纤维强力或纤维间的摩擦力和抱合力时,纤维的自由端就从织物或纱线的表面拉出,在织物表面呈现出毛绒,这种现象称为"起毛"。若这些毛绒再继续不断地受到摩擦作用,且不能及时脱落,就会互相纠缠在一起,被揉成许多球形小粒,通常称为"起球"。这些突出在织物表面的毛球,极易使污物、灰尘黏附,使织物的穿着性能和外观受到严重损害。因此,对质量要求较高的针织物应进行防起毛起球整理。

影响起毛起球的因素很多,但归纳起来主要有纤维性能、组成织物的纱线、织物组织结构、染整工艺、穿着条件五个方面。

1. 纤维性能的影响　纤维的卷曲波形越多,加捻时纤维不容易伸展,在摩擦过程中纤维容易松动滑移,在纱线表面形成毛绒。纤维越细,显露在纱线表面的纤维头端就多,越易起球,纤维柔软性也越好,因此细纤维比粗纤维易于纠缠起球。强力高、抗弯刚度大的纤维一般不易起毛起球,但强度高、耐磨性强的纤维当摩擦而起球后,就难以脱落,涤纶就是如此。

2. 纱线的影响　纤维间的摩擦力和抱合力也影响织物的起毛起球性。长纤维之间的摩擦力及抱合力大,使纤维难以滑到织物表面,因此,长丝较短纤维、粗纤维较细的纤维不容易起毛起球;捻度高的纱线,纤维间抱合紧密,纱线在受到摩擦时,纤维在纱线内滑移相对较少,起球现象就少。但是,针织物一般为柔软性织物,过高的捻度会使织物发硬,因此不能靠提高捻度来防止其起球。可以通过提高纱线的光洁度来改善织物的起毛起球性,纱线越光洁,表面毛绒就短而少,织物越不易起球。

3. 织物组织结构的影响　组织结构疏松的织物比结构紧密的织物易起毛起球。结构紧密的织物与外界物体摩擦时,不易产生毛绒,而已经存在的毛绒,由于纤维之间的摩擦阻力较大,而不易滑到织物表面上来,故可减轻起毛起球现象。如高机号羊毛衫一般比较紧密,所以低机号织物比高机号织物易起毛起球。表面平整的织物不易起毛起球,表面凹凸不平的织物易起毛起球。因此,胖花织物、普通花色织物、罗纹织物、平针织物的抗起毛起球性是逐渐增加的。另外,变形丝较正常丝、针织物较机织物、纬编织物较经编织物易起毛起球,涤纶低弹变形丝针织物就更易于产生起毛起球现象。

4. 染整工艺的影响　纱线或织物经染色及整理后,对抗起球性将产生较大影响,这与染料、助剂、染整加工工艺条件有关,绞纱染色的纱线比用散毛染色或毛条染色的纱线易起球;成衣染色的织物比纱线染色所织的织物易起球;烧毛和热定形等染整加工可减轻织物的起毛起球现象,如果经树脂整理等处理后,其抗起毛起球性将大大增强。

5. 穿着条件的影响　一般情况下,织物在穿着时所经受的摩擦越大,所受摩擦的次数越多,则起球现象越严重。

二、针织物抗起毛起球整理

抗起毛起球的方法较多,如改变纤维的结构、成分与性能,改变纱线的纺纱工艺及织物结构,改变染整工艺等。通常采用的后整理方法有:

1. 烧毛、剪毛和热定形 利用烧毛、剪毛,去掉织物表面的绒毛,使显露在织物表面的纤维头端减少,从而使织物不易起毛、起球。通过热定形可提高纤维的强力和刚性,抑制织物表面的起毛起球作用。

2. 生物抛光 利用生物酶(如纤维素酶用于纤维素织物,蛋白酶用于羊毛等针织物)的水解和机械的冲击作用,联手除去了织物表面的毛绒和纤维的末梢,可以降低织物的起毛起球趋势。其整理效果是持久的,因为纤维的末梢被除掉而不是在原处被覆盖(像用树脂整理等)。即使在家用洗衣机里重复洗涤后,经生物抛光的织物表面仍保持无毛绒。但生物抛光会使织物有至少 1% ~5% 的失重,一般强力损失 5% ~15%,若工艺条件控制不当,失重、强力损失将更严重。所以必须严格控制工艺条件,否则会造成酶失活或纤维严重损伤、严重失重,而且不太适宜大批量同时处理(有缸差),具体工艺学习情境 6 生物酶整理。

3. 轻度缩绒 羊毛衫等针织品经过轻度缩绒后,其毛纤维的根部在纱线内产生毡化,纤维之间相互纠缠,因此增强了纤维之间的摩擦系数,使之紧密厚实,使纤维在遭受摩擦时不易从纱线中滑出,进而使羊毛衫等织物的起球现象得以减少。轻度缩绒工艺流程为:

毛衫浸润→轻度缩绒→清洗→脱水→烘干

各阶段工艺要求如表 10 – 1 所示:

表 10 – 1 轻度缩绒各阶段工艺要求

工 序	浴 比	温度(℃)	pH	溶液和助剂	时间(min)
浸润	—	35	7	水	5 ~ 8
轻度缩绒	1: 20	30 ~ 35	7 ~ 7.5	净洗剂 0.2% ~ 0.5%(owf)	3 ~ 8
清洗	1:(20 ~ 30)	25	—	水	5
脱水	—	—	—	—	—
烘干	—	85	—	—	20 ~ 45

4. 树脂整理 通过适当的树脂整理,可以有效地改善针织物的起毛起球性能。抗起毛起球树脂整理剂一般为多种高分子聚合物的混合分散液,聚合物主链上具有活性基团,这些活性基团具有多功能性和极强的活性,可以自身交联,也可以与纤维上的活性基团键合,使纤维表面包裹一层具有一定强度、耐洗又柔软、弹性好、耐磨的树脂膜。同时,树脂均匀地交联凝聚在纱线的表层,使纤维端黏附于纱线上,以减弱纤维的滑移,摩擦时不易起球,减少起毛倾向,从而达到良好的抗起毛起球性。

用于针织物抗起毛起球整理的树脂,应对纤维有较强的黏结力,而且具有一定的强度,固化交联成膜要柔软,不影响被处理织物的手感;树脂应有强的亲水性,易于溶解,成膜干燥后,有较好的耐洗性;不影响被处理织物的色泽和色牢度等;对人体皮肤无刺激;无异味;树脂性能稳定,应用方便、可靠。常用的抗起毛起球树脂整理剂有聚丙烯酸酯类化合物、聚氨酯(PU)类和有机硅酮树脂。

(1)聚丙烯酸酯类化合物:常采用的为丙烯酸酯自身交联型树脂,例如丙烯酸酯和丙烯酰胺的共聚物效果较好,其结构为:

$$-CH_2-CH-CH_2-CH-CH_2-CH-$$
$$\ \ \ \ \ \ \ \ \ |\ \ \ \ \ \ \ \ \ \ \ \ \ \ \ \ |\ \ \ \ \ \ \ \ \ \ \ \ \ \ \ \ |$$
$$\ \ \ \ \ \ \ \ COOR\ \ \ \ \ \ CONH_2\ \ \ \ \ COOR'$$

通过改变 R 基团,可以改善树脂对涤纶的黏合力和织物的手感,酰氨基可以增加树脂的交联性能,提高成膜强度。在整理中,引入适当的热固性树脂,可以改善黏合强力和耐洗性,但用量应适当,否则织物手感会变得硬脆,可加入适量的有机硅柔软剂改善手感。交联剂对黏合强力也有增强作用,如环氧树脂、酰胺—甲醛类交联剂等效果较好。一般采用轧烘焙工艺,操作方便,工艺流程简单。目前,一般的树脂已不能满足客户对织物的高要求,因为织物经某些抗起毛起球剂(树脂)处理后存在手感变硬、强力下降、色光变化的现象。另外,有的树脂在加工过程中需进行高温焙烘。下面是涤/棉针织物的抗起毛起球整理工艺。

工艺处方:

聚丙烯酸酯抗起毛起球整理剂	50~80g/L
渗透剂	3g/L
柔软剂	10~15g/L

工艺流程:

二浸二轧(轧液率80%)→预烘(80℃,3min)→焙烘(160℃,4min)

(2)聚氨酯类化合物:聚氨酯是一种无甲醛树脂整理剂,能在织物表面形成强韧的薄膜,且耐低温、耐脆化、耐摩擦,拉伸强度高、弹性好,并有一定亲水性。不影响织物原有的吸水性能,也不影响服装的穿着舒适性能。织物经处理后可改善纤维间的黏结力,减少纱线毛羽,减少静电,有利于抗起毛起球。

涤/棉针织物的抗起毛起球整理工艺如下。

工艺处方:

聚氨酯抗起毛起球整理剂	50g/L
碳酸氢钠或有机碱	调节 pH 为 8

工艺流程:

浸轧(二浸二轧,轧液率85%)→预烘(80℃,3min)→焙烘(160℃,4min)

(3)有机硅酮树脂:有机硅酮树脂因存在破乳漂油、粘辊等问题,并且影响被处理织物的吸湿性、白度及色光,故在应用时受到很大限制。

学习引导

一、思考题

1. 针织物的结构特点是什么?

2. 针织物整理的目的是什么?

3. 针织物的机械防缩整理有哪些方法?

4. 针织物为什么易起毛起球,如何解决?

二、训练任务

针织物整理工艺设计

1. 任务

(1)针织物一般整理工艺设计;

(2)针织物抗起毛起球工艺设计。

2. 任务实施

(1)选择整理方法并选取合适织物;

(2)设计针织物整理工艺:

①工艺流程;

②药品与设备;

③工艺条件;

④工艺说明。

(3)课外完成:以小组为单位,编制成 ppt。

(4)课内汇报形式:小组讲述,其他小组提问,教师指导,共同完成学习任务。

三、工作项目

涤/棉针织物抗起毛起球整理生产

任务:按客户要求生产一批涤/棉针织物,要求产品具有抗起毛起球功能。

要求:设计涤/棉针织物整理工艺并实施,包括工艺流程、工艺条件、设备、工艺操作及产品质量检验等。

学习情境11　成衣整理

学习任务描述：

学习任务包括成衣整理概述、牛仔成衣整理、真丝绸成衣整理、棉成衣整理、羊绒衫整理。学习任务按照生产过程中成衣整理项目来设计。每个学习任务包括成衣产品风格认知、整理方法选择、成衣选择、整理剂选用、设备选用、工艺流程设计、工艺条件制订及工艺实施等。

学习目标：

1. 掌握成衣整理的特点及应用。

2. 掌握牛仔服装整理、真丝绸成衣、羊毛成衣整理及棉成衣整理工艺。

3. 能设计牛仔服成衣整理、真丝绸成衣、羊毛成衣整理及棉成衣整理工艺并实施。

成衣整理始于牛仔服的石磨，之后又兴起丝绸服装的砂洗，全棉及涤/棉服装的水洗、砂洗、柔软洗。20世纪90年代，酶处理技术应用于牛仔服水洗和纯棉服装的超级柔软洗；永久性压烫树脂用于成衣整理，形成了洗可穿、抗皱等特点，使棉类服装的尺寸与形态稳定性有较大提高，在很大程度上提高了服装的品位与附加值。

随着按个人需求生产纺织品的趋势不断增强，人们希望在尽可能短的时间内获得符合自己要求的服装，如尺寸、图案、色彩及款式等。在当今的休闲服和运动服装市场，成衣染整的产品能适应快速变化的市场需求，颜色和批量的选择变得灵活。在纺织品"需求引导加工"的生产体系中，染整将尽量安排到最后阶段，也就是说，21世纪染整将向纺织服装工业生产链的下游转移。这种变化趋向将促使染整加工工艺和设备发生重大的变革，成衣整理加工将越来越受到人们的重视。

成衣染整分为三大步，前处理、染色和后整理。前处理主要是退浆及去除油污，为后续加工作准备。染色一般采用直接染料、活性染料和涂料，还原染料和硫化染料也有少量应用。除涂料外，其他染料的染色工艺与常规吸尽法染色相同。用涂料吸尽法染色的成衣需先进行纤维的阳离子改性处理。染色后的整理加工，根据要求而定，可经过柔软整理、磨洗整理及树脂整理等。

成衣整理值得注意如下几个问题：

（1）磨洗：有石磨洗、酶洗、砂洗，使织物获得仿旧、起绒等特殊效果；

（2）成衣防皱整理：低甲醛或超低甲醛防缩防皱整理、无甲醛防缩防皱整理；

（3）成衣柔软整理：柔软剂柔软整理，改善成衣染整加工后的手感。

学习任务 11 – 1　牛仔服装成衣整理

牛仔成衣因具有坚牢、耐磨、挺括、穿着舒适的独特魅力而长盛不衰,风靡全球,特别是其青春洒脱的形象吸引着众多年轻的消费者。随着工艺技术的进步,牛仔服装已在传统工艺的基础上,有了较大的发展,尤其是牛仔服装成衣染色的开发与应用,使得牛仔服装的花色品种,特别是在色泽、手感等方面有了很大变化。利用成衣整理,能在牛仔布上产生独特的外观,如用石磨、雪花磨或生物酶磨洗对牛仔服装进行洗旧处理;还可采用各种化学处理,如手工砂洗以及用喷枪喷射高锰酸钾产生一种斑点漂白效果;或增加更为个性化的效果,如喷砂处理、激光镂花、扎染、局部染料/漂白剂处理、浅地染色、套染和靛蓝染料褪色处理;或使用如植绒、刺绣和涂层的效果;或靛蓝染色的提花织物,亚麻和棉的机织或针织物;牛仔布上的激光镂空,暗淡光泽图案;还有使用丝光弹力牛仔布等。弹力牛仔布手感丰满,柔软厚实,穿着舒适,易与其他服装搭配,因而在国际服装市场上久盛不衰,一直是市场上的流行面料。

一、牛仔面料

牛仔布分普通牛仔布产品和低特(高支)精梳牛仔布,前者是以粗犷豪放为特点,后者以其细洁柔和的风格呈现于世。

在牛仔布市场中,虽然棉最为重要,但也有采用一系列的混纺织物,如棉/涤(50/50)织物,以及棉与其他纤维如 Tencel、亚麻,甚至是黄麻、氨纶、羊毛纱线一起织造。

经典的牛仔服装是用靛蓝染料染色的棉纱作经纱和本色棉纱做纬纱织成斜纹布,而后制成的服装,然后再采用石磨、水洗等工艺进行整理。而广义的牛仔服装则泛指采用天然纤维、化学纤维及其混纺原料,制成的各种面料、各种颜色的牛仔服装。按原料可分为:纯棉、黏/棉、麻/棉、氨纶弹力等牛仔服装;按纺纱工艺分为环锭纱、精梳纱、强捻纱等;按印染工艺则可分为染色、印花及丝光牛仔服;按后整理工艺则可分为水洗、石磨洗和生物酶洗等;按织物组织则可分为斜纹、平纹及贡纹等。

牛仔布是服装面料的重要部分,而靛蓝染色的牛仔布更是全球流行,无人不晓,由于靛蓝染料在棉牛仔布上的流行外观,它可能是唯一被大众所认识的染料。牛仔服装多色调、彩色化是通过两种染色途径取得的:一种是用牛仔面料或制成的服装经涂料浸染或轧染而上色,再通过水洗、石磨等后整理而成;另一种是靛蓝纱或硫化黑纱夹白纱织成经白纬蓝或经白纬黑的斜纹面料制成的牛仔服装,经石磨洗或生物酶磨洗泛白后,再用还原染料、直接染料、硫化染料、活性染料等套染各色。

二、牛仔服装磨洗原理

1. 石磨原理　将浮石放在石磨洗涤机内,浇上稀释的次氯酸钠溶液于浮石上,经过转动,使浮石均匀地吸收溶液,然后投入牛仔服装进行石磨处理,由于浮石与服装、服装与服装间的相互摩擦以及石磨机转鼓式机壁的作用,部分地磨掉牛仔服装上表面结合的靛蓝染料或硫化黑染料,使纱线泛白。而浮石经过运动及相互摩擦,产生大量灰渣和粉末,粘满牛仔服装,这些带有湿度的灰渣粉末都含有一定量的次氯酸钠溶液,而次氯酸钠是弱氧化剂,能将牛仔服装上的靛蓝或硫化黑发色基团破坏,起到了一定的剥色漂白作用。由于服装上所沾的灰渣粉末轻重不一,极不均匀,所以脱色、泛白的形态、多少、大小也是不规则的,于是形成了粗犷的洗旧风格。

2. 雪花磨原理 雪花磨牛仔服装,其外观泛白面广,且泛白的白度更白,蓝底白面反差较大,但不如石磨磨白均匀,雪花磨磨白的地方,犹如大堆雪花,布满整件衣服。它除了以浮石和服装间以及石磨机转鼓式机壁的摩擦作用,去除织物表面结合的部分靛蓝染料外,主要是通过浮石中散发出的高锰酸钾溶液的强氧化作用,消除部分靛蓝色素。要达到雪花形态效果,高锰酸钾的强氧化作用需要借助浮石及其灰渣粉末作为介质。一般浮石选择似鹅蛋大小及形状为佳,通过石磨机转鼓的转动,浮石上的高锰酸钾溶液与牛仔服装接触、摩擦,浮石经摩擦形成的灰渣粉末不规则地黏附在服装上,这时高锰酸钾自身还原而放出氧,对靛蓝色素产生强烈的氧化使之脱色,再经过后道处理,脱黄和荧光增白剂增白,消除黄光,而使织物更具洁白感,明亮而悦目。

3. 生物酶磨洗原理 采用机械磨损以获得褪色的外观,主要是利用浮石处理以去除表面的靛蓝染料。但是,浮石会损伤加工设备,产生污泥砂粒,残留在牛仔裤的口袋和缝线中。而生物酶磨洗是使用纤维素酶,在中性或酸性条件下,对牛仔服装进行生物抛光,不存在上述残渣问题。

牛仔服装生物酶磨洗(又称湿磨)使用的是一种特殊的纤维素酶。纤维素酶是对纤维素纤维具有降解能力的酶,其与纤维素纤维的作用过程,首先是纤维素纤维吸附酶,然后开始水解,酶分子很大,通常要比水分子大 1000 倍以上,因此不能渗透到织物内部,水解作用仅在织物表面进行。酶主要是使牛仔织物表面的靛蓝染色层变松,变松的染色层又借助水洗设备的摩擦和揉搓作用而脱落,从而达到或超过石磨水洗的"穿旧感"效果。

同时,在酶洗过程中,酶削弱了纤维表面突出的小纤维,使其极易从纤维上折断,从而去除织物表面的毛羽,减少了机织牛仔布表面的绒毛,表面变得光洁,并降低了洗涤时的起球性,获得一种更为柔软、光滑的手感,若使用合适的化学柔软剂还可进一步改善和提高其柔软性能。

但是,如果过分延长纤维素酶的作用时间,则会引起织物的强力损伤。可用洗涤剂洗涤来终止酶的继续作用,避免织物纤维强力的下降。经纤维素酶洗旧的牛仔服装比石磨整理后的牛仔服装要柔软,表观深度浅,泛白明亮,服装各部分强力下降较为均匀,无绒毛,表面光滑,无局部损伤。

生物酶磨洗的特点是:

(1)纤维素酶对任何工艺印花、染色的纤维素纤维织物都有仿旧的效果;

(2)能使纤维素纤维织物减量和具有永久性柔软手感;

(3)可使织物悬垂性大大增加,触感厚重,表面可以产生绒毛,从而使产品产生温暖的感觉和诱人的光泽;

(4)能去除死棉、棉结,使布面光洁。斜纹织物的纹路更为清晰,凹凸感显著增加;

(5)不污染环境;

(6)对牛仔织物不需石磨洗,不需次氯酸钠褪色即可达到石磨洗牛仔布的风格,且易洗涤,花纹细腻,白处不发灰,穿着舒适性提高,是替代石磨洗的升级替换工艺。

除纤维素酶外,真菌漆酶也可用于漂白靛蓝染色织物。漆酶能降解溶液中或织物上的靛蓝染料,因此,可用于替代氯漂白体系,如次氯酸钠漂白。经研究证明,由不同真菌菌种制得的漆酶,对去除由棉纤维表面蛋白质的吸附所引起的沾污也很有效。对两种真菌漆酶(Polyporus sp 和 Sclerotium rolfsii)进行研究,结果显示,它们都能氧化不溶性的靛蓝染料,生成靛红(吲哚 - 2,3 - 二酮),然后进一步降解为 2 - 氨基苯甲酸,2 - 氨基苯甲酸还具有减少再沾污的功效。采用一种介体化合物,一般为低分子有机化合物,可增强漆酶的作用,在此介体中,漆酶更易接近不溶性的靛蓝分子,更快地攻击靛蓝分子,靛蓝分子在漆酶的作用下降解,起漂白作用,从而改变了靛蓝染色牛仔布的外观。表 11 - 1 为牛仔布洗旧整理常用酶制剂。

表 11 - 1　牛仔布洗旧整理常用酶制剂

产品	性能说明	公司名称
DeniMax PB/BT	中性纤维素酶,高对比效果,含 pH 缓冲剂	Novozymes
DeniMax 362S	微碱性纤维素酶,含抗返沾色组分和缓冲系统,对纤维损伤低	Novozymes
DeniMax 992、991	酸性纤维素酶,可达到较高程度的石磨效果	Novozymes
Blue - J Spertra Kleen	酸性纤维素酶,亦可用于抛光整理	Bayer

4. 电化学漂白　除上述方法外,还可采用电化学漂白工艺处理牛仔服装。德司达(DyStar)公司申请专利的电化学漂白工艺,是在一个电解池的氯化钠溶液中通入电流,产生具有漂白作用的次氯酸钠,用于漂白靛蓝染色的牛仔布。通过控制电流和盐的浓度,以控制所产生的次氯酸钠量,提升处理的效能和重现性,降低污水负载。而在传统的工艺中,经常出现次氯酸钠过量。在此电化学漂白工艺中,残余的处理液还可以循环使用。

三、牛仔服装磨洗工艺

牛仔服装以牛仔布缝制而成,而牛仔布大多采用靛蓝染色的经纱和本色的纬纱交织而成。用这样的牛仔布缝制好的衣服,色泽暗淡、外观呆板、浮色严重、浆硬而不柔软,必须通过适当的后整理才能成为成品服装。牛仔服的后整理工艺多种多样,根据人们的要求而定。具有陈旧的外观,穿在身上自在、自然而不呆板,逐渐成为人们对牛仔服的时尚追求。牛仔服后整理设备一般由喷砂机、工业用滚筒洗衣机、脱水机、烘干机及其他一些辅助设备组成。

磨洗工艺流程为:

将牛仔服装钉线→喷砂洗→退浆→清洗→脱水→烘干→理平→石磨或酶洗→清洗→后处理→清洗→柔软→脱水→烘干、成品

注意:可根据客户的要求,增加或减少其中的工序,各工序前后都应充分水洗。

(一)磨前准备

1. 钉线　为了提高牛仔服装石磨、酶洗的质量,使袋盖、门襟等达到均匀磨损效果,在退浆、磨洗前,先用手枪钉线针将牛仔上衣的门襟钉两针,每袋盖各钉一针,牛仔裤的裤腰钉两针,备退浆用。

2. **喷砂洗** 用高压喷枪喷出的金刚砂磨洗服装局部。一般将膝盖、臀部、肘部、背部等人们在穿着中易磨损的部位的靛蓝磨去一部分，在洗完的成衣上，产生好像穿过很长时间的感觉，使人们穿上更自然。这道工序无特殊要求，只需根据客户的需要，控制砂洗部位的磨损轻重。应该注意的是，在砂洗前衣服上的折皱应先烫平。

3. **退浆** 去除纱线中的浆料和赋予服装柔软度，以利于磨洗。

(二)磨洗工艺

1. 石磨工艺操作

(1)将40kg左右干浮石放入150kg石磨机内，再将含有100～140g/L有效氯的次氯酸钠加3倍清水稀释，取其3000mL淋浇于机内浮石上，开机转动几分钟，使浮石含液均匀；

(2)将退浆、烘干、理平的牛仔服装30件投入机内，干磨20min；

(3)将磨好的牛仔服装三车并为一车共90件投入另一台无漏槽石磨洗涤机内清洗；

(4)清洗完毕需换水，换水升温到40℃，加入大苏打2g/L，处理5min；

(5)换水加入液碱[30%（36°Bè）]1.5g/L、荧光增白剂VBL0.1%～0.15%（owf），处理10min，去黄增艳。

(6)于50℃温水洗5min，再冷水洗两次，脱水，烘干。

2. 雪花磨工艺

(1)将鹅蛋形浮石浸于4%浓度的高锰酸钾溶液中浸1～2h，捞出沥干备用；

(2)将石磨机擦干，再将沥干的高锰酸钾浮石倒入机内，投入已退浆、烘干、理平的牛仔服装，磨20min出机；

(3)换机冷水清洗，将牛仔服上的浮石灰渣及高锰酸钾洗掉，换水升温至60℃，加入3g/L草酸、2mL/L冰醋酸，进行消除黄斑处理，约10min，以退掉黄斑为准。

(4)冷水清洗，再换水升温至40℃，加入皂粉2g/L，洗涤5min；

(5)放掉洗涤液，冷水洗5min，再换水升温至60℃，加入纯碱1g/L，荧光增白剂VBL约0.3g/L，处理10min放掉，再换温水，冷水各清洗5min，出机脱水、烘干。

3. 生物酶磨洗工艺

(1)生物酶洗工艺流程：

淀粉酶退浆→水洗→酶洗→酶的失活→水洗→柔软整理→烘干→整烫→包装（成品）

生物酶洗一般在摩擦作用较强的工业洗衣机和喷射溢流染色机中进行。牛仔服装多选用工业洗衣机，布匹绳状加工则可采用喷射溢流染色机。该工序与成品的质量好坏有着密切关系。

(2)酶洗工艺：

①纯棉靛蓝牛仔服中性酶洗：

Indiage NeutraG（Genencor 中性酶，粒状）	0.5%～1%（owf）
pH（商品中已有缓冲剂）	6～8
浴比	1:10
温度	45～55℃
时间	60min

②纯棉靛蓝牛仔服弱碱性酶洗：

Denimax Ultra BT（Novo 弱碱性酶，粒状）　　1.5% ~2.5%（owf）

pH（商品中已有缓冲剂）　　　　　　　　　　　7 ~8

浴比　　　　　　　　　　　　　　　　　　1:（4 ~10）

温度　　　　　　　　　　　　　　　　　55 ~66℃

时间　　　　　　　　　　　　　　　45 ~90min

③纯棉靛蓝牛仔服弱酸性酶洗：

Denimax Acid SBX（Novo 弱酸性酶颗粒、粒状）　1% ~2.5%（owf）

pH　　　　　　　　　　　　　　　　　　　4 ~5

浴比　　　　　　　　　　　　　　　　　　1:10

温度　　　　　　　　　　　　　　　　45 ~55℃

时间　　　　　　　　　　　　　45 ~90min

（3）工艺操作：

①工业洗衣机内加水至刚好浸没已退浆的牛仔服装,使其能漂浮,一般正常载重量是洗衣机内装载成衣的20% ~25% ,浴比1:（10 ~15）,加热到55℃,按酶的类型调节 pH,加入生物酶磨洗。

②酶洗后,放水达较高液面,开始翻滚,并加热到80℃,加入净洗剂 LS 0.5g/L 进行洗涤,或在 pH 为10 ~11的条件下洗15min,终止生物酶的继续作用。

③冷水清洗1 ~2次,换水升温至40℃,加入柔软剂 HC 4g/L,处理20min,以增加成衣的手感,然后脱水、烘干。

牛仔服装使用生物酶磨洗,虽生产成本较高,但褪色较均匀,织物纹路清晰,色泽明艳,可用于牛仔精品的精磨。

（4）注意事项。

①纤维素酶的用量。不同纤维素酶的活力是不同的,因此其用量也要视其活力和最终的磨洗效果来确定。用量太少,达不到磨洗作用,用量太大则会过度磨损而使织物强力下降过大并增加成本,故一般用量掌握在1% ~3%（owf）。对于厚重、耐磨不易出立体感的织物,可以在纤维素酶处理的同时加入浮石,这样效果更好。

②浴比。浴比是个较关键的因素,浴比太小,织物带液太小,加之摩擦不充分,影响酶洗效果;浴比太大则酶浓度太低,且织物漂浮在液面,与酶的相互接触不紧密,摩擦不充分,酶洗效果差。故浴比应控制在1:（6 ~12）为宜。

③酶洗工作液 pH。每种酶均有其最适宜生存的 pH 环境,只有在此 pH 范围内,它才能充分表现出最高的催化活性。酸性纤维素酶的最佳工作液 pH 在4.5 ~5.5之间,而中性纤维素酶最佳工作液 pH 在6 ~8之间。弱碱性酶最佳工作液 pH 在7 ~8之间。牛仔服水洗可用中性、酸性纤维素酶。酸性酶用量少且效果快,但服装返染严重。中性酶用量相对大,效果较好。一般高档牛仔大多用中性酶处理,水洗后的外观纹路更清晰、立体感更强,但其成本较酸性酶高,可以按不同要求选择使用。

④酶洗温度。酶洗温度视酶的种类而定。温度太低，酶过于稳定，不能充分发挥催化作用；温度太高，酶将部分甚至全部失去活力而丧失催化作用，一般控制在45～55℃。

⑤酶洗时间。酶洗时间视最终效果而定，时间太短，作用不充分，起不到应有的效果；时间太长，则会使织物磨损过度，强力下降过大而影响服用效果，还会增加服装返染程度。且在用酸性酶处理时，还会导致更为严重的沾色。故一般酸性酶洗掌握在45～90min，中性酶洗掌握在60～120min。

⑥酶失活。酶洗后可以通过升高温度至80℃，或加入烧碱或漂白剂来终止其活力。

（三）磨后清洗

工艺处方及条件：

纯碱	0.5g/L
双氧水	0.5g/L
粉末状羧甲基纤维素	0.2g/L
浴比	1:20
温度	60℃
时间	10min

磨后清洗的目的是去除酶洗、石磨后服装表面粘上的浮色、绒毛等杂质，使布面洁净、细致。

（四）牛仔服套染工艺

牛仔成衣在磨洗后，可以采用直接染料、涂料、还原染料、硫化染料套染各色。染色时，应控制好下缸量、染料量、浴比、染色时间、温度及水洗后处理等工序。设备可采用特大陶缸手工进行；也可采用各种型号的工业洗衣机进行染色和水洗。

（五）柔软整理

工艺条件：

牛仔成衣柔软剂	5g/L
浴比	1:20
温度	40℃
时间	10min

整理后就可脱水、烘干。柔软整理后服装更有韧性和滑爽感，穿着更舒适。

四、牛仔服装其他整理工艺简介

1. **破坏洗**　随着人们审美观点的改变，破坏洗越来越流行。一般，破坏洗大多用于较厚的斜纹布（帆布）。它采用先退浆，再酵素石洗或化学石洗的水洗方法。服装在破坏洗中经过浮石打磨和化学品的作用。在某些部位（骨位、领角等）产生一定程度的破损，使得本来较为紧密硬挺的组织结构变得相对稀松柔软，色泽灰暗陈旧，产生很"破"的效果，风格粗犷。

2. **重漂整理**　重漂整理分三步进行，前处理工艺即退浆工艺与雪花洗工艺相似，其与石磨整理工艺的不同之处在于前者不放浮石。

重漂流程为：

进水→加次氯酸钠浓漂水→放入牛仔服装→续缸加浓漂水→漂后第一次水洗→大苏打脱氯→水洗并加适量增白剂、柔软剂→取出脱水→烘干、熨烫

经重漂整理的牛仔服，大部分靛蓝染料被剥去，色泽既不像染成的浅蓝色，也不是洗褪了的颜色，而是略带浮蓝的浅色。其色泽既含蓄又鲜明，饱满而有活力。

3. 碧纹洗　碧纹洗也叫"单面涂层或涂料染色"，这种水洗方法是专为经过涂料染色的服装而设计的，其作用是巩固原来的艳丽色泽，使手感更柔软。

工艺流程为：

服装浸染涂料→烘干→焙烘（130～150℃）→水洗→（将浮石装入水洗机）→酶洗（调节pH，转洗30～90min）→70℃热水充分冲洗（2次）→柔软（去掉浮石）→用转笼烘燥机烘干（可根据需要加入浮石）

4. 套色（拖色）　在成衣水洗过程中加入染料进行成衣染色（或加色），是近年来较为流行的染色方法。与传统染色工艺相比，成衣染色具有批量小、交货期短的优点，风格独特，适合于各种天然纤维。有常规染色、扎染、吊染、球染及套染等方式。染料采用直接染料、酸性染料、活性染料及涂料等。活性染料大多使用低温型染料。但需充分水洗至中性，并及时烘干，以避免风印等疵病。直接染料则工艺简单，但色牢度不理想，需要加固色剂固色。

工艺流程为：

退浆→漂洗→套色→过水（25℃，2min）→固色（固色油1mL/L，25℃，2min）→过水（25℃，2min）→柔软（阳离子软片20mL/L，2min）→脱水→烘干→整烫

直接染料套色工艺处方：

直接染料	xg/L
盐	3g/L
温度	60℃
时间	6min

硫化染料套色工艺处方：

硫化元染料	xg/L
硫化碱	0.85xg/L
温度	90～95℃
时间	20～30min

需注意的是，套色不同于白布染色，白布染色不够深可通过再次染色加深来改善，染坏了还可以剥色重染。牛仔服装则不同，因为牛仔服装本身有颜色，很容易在套色时掉色，如果一次套色不成功，再套就更难达到要求。所以套色一定要快、准，更重要的是在套色前先打小样，确定工艺参数。

5. 蜡洗　蜡染即蜡防染色，蜡染与蜡洗的不同之处在于前者是白图案、蓝花、蓝线条，而后者则是蓝图案、蓝底、白线条。通过设计，可以生产出许多美丽的图案，再进行染色可以获得更丰富的颜色。由于蜂蜡附着力强，容易凝固，也易龟裂。蜡染时，染液便顺着裂纹渗透，获得自然的冰纹图案。对于线条细而图案较精致的服装，工艺处方如下：

蜂蜡	1kg
石蜡	0.3kg
松香	0.03kg(如果蜡面易碎,可多加些松香)

对于线条比较粗犷的图案可用以下工艺处方：

石蜡	0.5kg
蜂蜡	0.5kg
松香	0.02kg

工艺流程为：

涂蜡→漂洗(高锰酸钾溶液2%~5%,磷酸2%,室温2~5min)→去蜡[纯碱 g/L、渗透剂0.5g/L,洗衣粉(或枧油3g/L,95~100℃,30min)]→草酸还原(50℃左右,3~8min)。

根据需要,还可对部分图案进行再次涂蜡、染色、除蜡、染色。

6.扎洗　扎洗是在水洗过程中,用细绳将织物局部或者全部捆扎后再进行水洗,以使洗后布面呈现随意的深浅色对比,有浮云般的效果。

学习任务 11-2　真丝绸成衣整理

真丝绸成衣主要有双绉、薄绢纺衬衫,素软缎、花软缎,中老年人穿的绢纺衣裤,老年人穿的杭罗衣裤,戏服以及男女圆领汗衫等。

真丝绸成衣的特点是布面光洁,具有悦目柔和的光洁,质地轻薄,手感柔软而富有弹性,穿着华丽高贵,轻盈而潇洒。

一、真丝绸成衣染色简介

真丝绸成衣染色常用的染料有弱酸性染料、中性染料、活性染料及直接染料。

真丝绸染色设备有：

(1)成衣染色机:可用于真丝绸成衣的染色,但要谨慎操作,因其极易打结,造成色花。

(2)陶器染缸:用特大号陶器缸,用手工操作染色,简单方便,不易染花,所染衣服的数量可多可少,优于成衣染色机。

二、真丝绸服装砂洗工艺

真丝绸成衣整理主要为砂洗,砂洗后的丝绸称为砂洗绸。所谓砂洗绸,就是将练熟的真丝绸置于含有助剂的碱性溶液中,通过施以机械摩擦与水流冲击的作用而制成的一种丝绸产品。目的是使真丝绸织物起绒,并具有仿旧的风格。外观像经过长期洗刷而泛白,同时,织物的表面形成细而密的绒毛,产生非常松软和细腻的触感及厚实而蓬松的丰满度,弹性回复力特别强,织物有身骨。

1.砂洗工艺流程

前处理→染色→膨化砂洗→水洗→中和→水洗→柔软整理→脱水→中温半烘燥(烘八成干)→打冷风→检验→理平→折齐装箱

2. 砂洗助剂 砂洗助剂主要有膨化剂(砂洗剂)和柔软剂两种。膨化剂可使纤维膨化、结构变松,为纤维的水解断裂提供条件,从而使织物表面突出的组织点断裂而起绒。酸、碱、中性盐等都可使真丝膨化。为防止纤维损伤过度,一般使用弱碱或弱酸。纯碱因其价格便宜,砂洗质量稳定,故而多有使用。

3. 砂洗设备 可采用 SWA602 – 220 型或 240 型砂磨洗涤机,也可采用各种型号的工业洗涤机进行砂洗。

4. 砂洗处方及工艺 膨化剂用量视砂洗轻重以及品种而异。对于电力纺砂洗时的纯碱用量为 7g/L 左右,时间 30min 左右,温度 45℃ 左右,浴比 1∶(20~40)。

(1)砂洗。将 SWA602 – 220 型砂磨机内进水到一定部位,升温到规定温度,加入已配好的砂洗助剂,并开机运转 2~3min,停机打开仓门,投入已染好色待砂洗的真丝绸衣裤,关好仓门,开机运转,按工艺要求进行砂洗。在砂洗过程中,每隔 5~8min 停机,打开仓门查看一次,衣袖、裤脚有无缠绕、打结,如有则应及时清除后继续运转,直到规定要求,就再延长砂洗时间,直至符合绒面质量要求为止。

砂洗完毕,换水洗 5min,再换水加入 2~3mL/L 冰醋酸进行中和,处理 5min,水洗、柔软。

(2)柔软处理。柔软剂可保护砂洗龟裂的原纤不会剥离,又能明显提高织物的弹性、柔软度、蓬松度和厚实感。

柔软处理工艺处方及条件:

丝柔软剂 DF – 4	10mL/L
温度	40~45℃
时间	15~20min
浴比	1∶20

(3)烘燥及打冷风。柔软处理后,将织物脱水,再经过热蒸汽干燥机烘 5~7min,关掉热源,打冷风 40~60min,使蓬松的真丝绸成衣上倒伏的短绒毛在冷风的吹动下竖起来,增加其丰满度、柔软性和悬垂性。

学习任务 11 – 3 　棉成衣整理

一、纯棉成衣砂洗

纯棉制作的西裤、外套等,经砂洗后要求手感滑糯,防缩抗皱性好,布面色泽朦胧含蓄,边角处有装饰性的磨白效果。

1. 工艺流程及条件 效果较好的有石洗加酶法和石磨加柔软法两种。

(1)石洗加酶法工艺流程为:

浮石和生物酶加在一起水洗(50℃,30min,布和浮石的质量比为 1∶1)→捞出服装→冲净石

屑→皂洗(60℃,20min 杀酶)→水洗→柔软洗(30℃,20min)→脱水→烘干→冷磨(30~50min)

或先酶洗(50℃,40min)→服装捞出投入石磨机内石洗(20min,布和浮石的质量比为1∶2)→冲水→皂洗(60℃,20min)→水洗→柔软洗→脱水→烘干

(2)石磨加柔软法工艺流程为:

石磨(室温 20min,布和浮石的质量比为1∶3)→冲洗→皂洗(60℃,20min)→柔软洗(40℃,20min)→脱水→烘干→冷磨(30~50min)

2. 成衣染色 常用成衣染色方法有直接染料吊染、球染法染色,成衣阳离子变性后涂料染色等。

二、纯棉成衣的树脂整理

树脂整理应用于全棉西裤、衬衫、T 恤衫等,可使服装保形性好,挺括柔软,穿着舒适,服用性能大大提高。

1. 工艺流程及条件

将成衣浸入配好的整理工作液中→浸泡 10min→脱水(脱水下来的工作液可回收再用)→烘干→焙烘(145℃,4min)

2. 整理液处方

超低甲醛整理剂	10%(owf)
聚乙烯柔软剂	5%(owf)
催化剂	2%(owf)
有机硅柔软剂	2%(owf)
渗透剂 JFC	0.2%(owf)

也可使用无甲醛整理剂,如多元羧酸中的丁烷四羧酸(BTCA),整理品的 DP 级可达到 4.5级以上,耐洗牢度好、强度保留度高、白度好,是一个比较理想的整理剂,但其价格较贵。

三、棉针织成衣整理

棉针织成衣的整理工艺流程:

前处理→染色→水洗或酶洗→柔软→烘干

以涂料染色为例,对棉针织成衣整理作简要说明。

1. 成衣涂料吸尽法染色
成衣在染色前,用阳离子涂料接受剂预处理,使其纤维带正电荷。涂料不溶于水,制备时加入阴离子表面活性剂,所以带负电荷。染色时便沉积于带正电荷的纤维表面,通过黏合剂固着,成衣烘干时进一步固着,提高染色牢度。

接枝工艺处方:

接枝剂	5%~10%(owf)
pH	10~11
浴比	1∶20
温度	85℃

时间	30min

染色工艺条件：

色浆	x(owf)
pH	7
浴比	1:20

升温曲线如下：

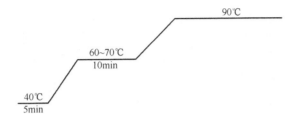

染色后的针织成衣，在 35℃下先碱洗 5min（Na_2CO_3 1g/L，净洗剂 1.5g/L），再进行固色处理。

固色工艺：

黏合剂	3%~8%(owf)
温度	50℃
浴比	1:20
时间	15~20min

染色时选用染色专用涂料用于浸染，要求其颗粒要小，细度小于 0.5μm。

2. 水洗　采用浮石水洗，温度 40℃，时间 20~25min。

3. 柔软处理　非离子柔软剂 15~20g/L，温度 40℃，时间 10~15min。

四、棉成衣其他整理

1. 成衣活性染色与纤维素酶整理一浴法加工

（1）成衣。28tex/28tex，385 根/10cm×228 根/10cm 纯棉纱卡（经前处理）女休闲夹克、男休闲西裤。

（2）设备。XPG - 200 型水洗机，SS754 - 1200 型工业脱水机和 SWA801 - 120 型工业烘干机。

（3）生产工艺流程。

成衣（经前处理）进水洗机（50℃，2min）→染色、酶处理（50℃，40min）→固色、失活（60℃，30min）→水洗→皂洗→水洗→中和→柔软→脱水→烘干

（4）实例。

实例1　枣红色女休闲夹克，一浴法工艺处方：

红 B - 2BF	3.2%(owf)
大红 B - 3G	0.8%(owf)
中性酶 CS - 87	2.5%(owf)

食盐	30g/L
纯碱	20g/L
浴比	1∶20

实例2 咖啡色男休闲裤,一浴法工艺处方:

黄 B－4RFN	0.4%（owf）
红 B－2BF	0.15%（owf）
蓝 B－2GLN	0.1%（owf）
中性酶 CS－87	2.5%（owf）
食盐	20g/L
纯碱	15g/L
浴比	1∶20

2.全棉针织 T 恤免烫整理

（1）工艺流程:

成衣准备→配制免烫工作液→浸渍免烫工作液→脱液→预烘→熨烫→焙烘→整理→检验→包装

（2）工艺条件:

室温浸渍（5min,浴比1∶10）→脱水（带液率70%～100%）→预烘（50℃,烘至含湿率15%）→蒸汽熨斗熨烫→焙烘(130℃～150℃,4～8min)

成衣免烫整理设备主要有高温焙烘箱和连续焙烘机两类,高温焙烘箱是间歇生产设备,连续焙烘机可连续生产,生产效率较高。

免烫整理工作液处方如下:

免烫整理剂	120～180g/L
氯化镁	8.0～12.5g/L
柠檬酸	0.55～1.05g/L
渗透剂 JFC	0～3g/L
柔软剂	5～20g/L

学习任务 11－4　毛成衣整理

一、羊绒衫一般后整理

羊绒衫后整理工艺是否合理,对绒衫成品的质量影响较大。后整理工艺合理,处理得好,在羊绒衫表面就会产生绒毛,手感柔软、滑爽。反之若缩绒过度,则使羊绒衫毡化,织物变厚,弹性不好,手感发硬;若缩绒不足,也无法使羊绒衫获得丰满柔软的手感。

羊绒衫后整理工艺流程:

羊绒衫浸渍整理液→缩绒→清洗→脱水→柔软处理→脱液→烘干

浸泡时间为 25 ~ 60min，温度 30℃ 左右，根据颜色和原料密度不同而定。

缩绒水温 30 ~ 35℃，浴比 1 : 30，pH 为 7，缩绒时间 15 ~ 30min，转速 25r/min 左右。精纺羊绒衫缩绒后需要进行柔软处理，柔软剂用量 1%（owf）左右，时间 15min 左右。脱水后的羊绒衫含水率为 20% ~ 30%，因此要进行烘干，烘干温度 70℃ 左右，时间为 30min。整理后的羊绒衫性能优良，风格独特，手感滑糯、丰满，光泽柔和，轻薄，且耐磨、耐洗、耐起球，穿起来更加舒适、高雅，容易维护保养。

二、毛成衣丝光整理

随着生活水平的提高，广大消费者对羊毛织物的手感、光泽和舒适性的要求越来越高，丝光羊毛织物成了近几年的市场热点，但都是以丝光毛条作为原料，全国的生产量有限，价格高，投资大，不能满足国内外广大消费者的需求。能否把成衣通过丝光处理，使羊毛改性使其具有丝光羊毛的风格，便成了研究重点。

采用以化学和生物相结合的方法，对羊毛织物的纤维进行改性。由于羊毛的复杂微结构以及酶特有的催化专一性，只有经过一定的化学预处理使羊毛外层鳞片层破坏，生物酶水解作用才能由表及里持续地进行。在酶整理前利用氧化剂、还原剂或专用前处理剂对羊绒衫进行前处理，克服传统整理方法带来的不匀、色变等弊病，减少羊毛纤维的损伤，使羊毛纤维变得柔软而又光滑，极大地改善了普通羊毛织物的服用性能。

工艺流程：

毛织物→前处理→生物酶处理→洗鳞→超柔软整理→烘干→成品

学习引导

一、思考题

1. 牛仔服装整理工艺有哪些？

2. 牛仔服装整理具有什么样的特点？

3. 牛仔服装整理加工过程中要注意哪些问题？

4. 如何设计牛仔服装整理加工工艺？

5. 真丝绸服装砂洗具有什么样的特点？

6. 真丝绸服装砂洗加工过程中要注意哪些问题？

7. 如何设计真丝绸服装砂洗加工工艺？

8. 棉成衣整理工艺有哪些？

9. 棉成衣整理加工过程中要注意哪些问题？

10. 如何设计各类棉成衣整理加工工艺？

11. 毛成衣整理工艺有哪些？

12. 毛成衣整理具有什么样的特点？

13. 如何设计各类毛成衣整理加工工艺？

二、训练任务

成衣整理工艺设计

1. 任务

(1) 牛仔服装整理（石磨或生物酶洗）工艺设计；

(2) 真丝绸服装砂洗工艺设计；

(3) 棉成衣砂洗工艺设计；

(4) 羊绒衫整理工艺设计与实施。

2. 任务实施

(1) 选择成衣整理方法。

(2) 设计整理工艺：

① 工艺流程；

② 药品与设备；

③ 工艺条件；

④ 工艺说明。

(3) 课外完成：以小组为单位，编制成 ppt。

(4) 课内汇报形式：小组讲述，其他小组提问，教师指导，共同完成学习任务。

三、工作项目

牛仔成衣酶洗生产

任务：按客户要求生产一批水洗牛仔服装。

要求：设计牛仔服装成衣酶洗工艺并实施，包括工艺流程、工艺条件、设备、工艺操作及产品质量检验等。

参考文献

［1］孙恺.染整工艺原理(第二分册)［M］.北京:中国纺织出版社,2008.

［2］陈克宁,董瑛.织物抗皱整理［M］.北京:中国纺织出版社,2005.

［3］曾林泉.纺织品整理365问［M］.北京:中国纺织出版社,2010.

［4］范雪荣.纺织品染整工艺学［M］.北京:中国纺织出版社,2000.

［5］邢凤兰,徐群,贾丽华.印染助剂［M］.北京:化学工业出版社,2002.

［6］杨静新.染整工艺学［M］.北京:中国纺织出版社,2004.

［7］董永春,滑钧凯.纺织品整理剂的性能与应用［M］.北京:中国纺织出版社,1999.

［8］刘正超.染化药剂［M］.北京:中国纺织出版社,1995.

［9］马晓光.纺织品物理机械染整［M］.北京:中国纺织出版社,2002.

［10］陶乃杰.染整工程(第四册)［M］.北京:中国纺织出版社,2001.

［11］罗巨涛.染整助剂及其应用［M］.北京:中国纺织出版社,1999.

［12］盛慧英.染整设备［M］.北京:中国纺织出版社,1999.

［13］陈立秋.新型染整工艺设备［M］.北京:中国纺织出版社,2001.

［14］刘国良.染整助剂应用测试［M］.北京:中国纺织出版社,2005.

［15］陈颖.生物酶在染整加工中的应用(一)［J］.印染,2003(11).

［16］范雪荣,王强,王平等.可用于纺织工业清洁生产的新型酶制剂［J］.针织工业,2011(5):29－33.

［17］王府梅.日本新合纤的风格性能、发展过程及技术特征［J］.中国纺织大学学报,1998,24(1).

［18］罗巨涛.涤纶仿真织物前处理加工技术及对产品质量的影响(一)［J］.印染,1997(8).

［19］曹迎迎.涤纶差别化仿真丝面料的染整加工［J］.印染,2011(2).

［20］孔繁超.毛织物染整理论与实践［M］.北京:中国纺织出版社,1989.

［21］姚金波.毛纤维新型整理技术［M］.北京:中国纺织出版社,2000.

［22］宋心远,沈煜如.新型染整技术［M］.北京:中国纺织出版社,1999.

［23］瞿永.蚕丝织物黄变原因及改善措施［J］.上海纺织科技,2011(5).

［24］张静.聚醚氨基硅油/丝素整理剂对真丝绸的抗皱增重［J］.丝绸,2009(9).